普通高等教育“十四五”规划教材

智能仪器设计基础

杨轶璐　刘　强　编著

中国石化出版社

内容提要

本书在讲述智能仪器工作原理的基础上，介绍智能仪器的设计方法。主要内容包括：绪论、主机电路、智能仪器的人机接口、测量输入通道、输出通道、SPI和I^2C总线、智能仪器的数据处理技术、智能仪器的程序设计、智能仪器设计的相关技术及设计实例。

本书可作为测控仪器、测控技术与仪器、自动化及相关专业本科生和研究生教材，也可供测控技术、自动化、电子、电力、机电一体化、计算机应用等领域的工程技术人员学习参考。

图书在版编目（CIP）数据

智能仪器设计基础 / 杨轶璐，刘强编著．—北京：中国石化出版社，2022.1

ISBN 978-7-5114-6546-7

Ⅰ.①智…　Ⅱ.①杨…②刘…　Ⅲ.①智能仪器—设计　Ⅳ.①TP216

中国版本图书馆CIP数据核字（2022）第019379号

中国石化出版社出版发行

地址：北京市东城区安定门外大街58号

邮编：100011　电话：(010)57512500

发行部电话：(010)57512575

http://www.sinopec-press.com

E-mail：press@sinopec.com

北京科信印刷有限公司印刷

全国各地新华书店经销

*

710×1000毫米 16开本 17.5印张 274千字

2022年2月第1版　2022年2月第1次印刷

定价：49.00元

前言

仪器仪表是信息获取的重要工具，它能获得准确的测量数据。在自动化、信息化社会中，仪器仪表发挥着越来越重要的作用。

智能化是仪器仪表的发展方向。智能仪器是一种新型仪器，它是测量技术、传感器、计算机、微电子、信息处理、人工智能等多种技术相结合的产物。目前在工业控制、智能仪器仪表、家用电器、网络和通信、汽车电子等诸多领域，得到了广泛应用。

《智能仪器设计基础》是一门应用设计类课程。它的先修课程有模拟电子技术、数字电子技术、单片机原理及测控电路设计等。本书共10章，主要内容包括：绪论、主机电路、人机接口、输入通道、输出通道、SPI和I^2C总线、智能仪器的数据处理、智能仪器的程序设计、智能仪器设计的相关技术及设计实例。

本书突出实用性和典型性。书中的应用实例，大多来自科研工作及教学实践，且经过检验。

本书由辽宁石油化工大学杨轶璐、刘强编写。其中杨轶璐编写了第1、2、3、5、10章，刘强编写了第4、6、7、8、9章。

本书可作为工科院校的本科生、研究生的智能仪器设计课程的教材以及毕业设计工作的参考书，也可供从事自动控制、智能仪器仪表、检测技术、电力电子、机电一体化以及各类工程技术人员学习参考。

鉴于作者水平有限，加之时间仓促，书中难免存在错误和疏漏之处，敬请各位读者批评指正。

编者

目　录

1 绪论

1.1 概述

仪器仪表是人类认识世界的重要工具，是信息采集、信息测量和处理的重要手段和设备。仪器仪表广泛地应用在经济建设、科学研究和国防军工等多个部门。科学技术是第一生产力，而仪器仪表是推动科技进步和国民经济迅速发展的关键技术之一。

1.1.1 仪器仪表的重要性

（1）仪器仪表是信息获取的工具

仪器仪表是信息获取的源头，是重要的测量工具。仪器仪表通过测量获取数据，定量准确地描述被测对象的特性，并可以实现对测量数据的存储、显示、处理和传输。仪器仪表是人类认识世界的重要工具。假如没有仪器仪表，就不能定量地认识工业生产过程、环境和产品。在信息“采集—传输—处理”的信息流中，仪器仪表是源头，因此人们越来越认识到仪器仪表的重要性。正如钱学森院士所说，“新技术革命的关键是信息技术。信息技术是由测量技术、计算机技术、通信技术三部分组成，其中测量技术则是关键和基础”。

（2）仪器仪表在经济建设和国防军工中发挥巨大作用

现代化工业生产过程离不开仪器仪表，自动化程度越高，需要的仪器仪表和传感器就越多。仪器仪表作为实现采集、测量、处理和控制的重要手段和设备，对现代化生产具有先导作用，对国民经济有着巨大的影响力和辐射能力。

“神舟”系列飞船的成功发射，以及航天员出舱遨游太空的实现，是我国科技发展的新里程碑。从飞船的发射到返回整个过程，哪个环节都离不开准确可靠的测量数据，离不开仪器仪表。精确打击武器的各种武器系统的打击精度，首先取决于测量的准确度。

仪器仪表和测量控制技术是新技术革命的先导和基础。先进的科学仪器设备是知识创新和技术创新的前提，也是创新研究的主要内容和创新成果的体现。在历年诺贝尔物理和化学奖的获奖中，大约有 1/4 与科学仪器有关，如电子显微镜，CT 断层扫描仪，扫描隧道显微镜等。

关于仪器仪表的重要作用，还有许多实例。总之，仪器仪表的发展水平是国家的技术水平和综合国力的重要体现，能不能创造出高水平的新式科学仪器和设备，体现了一个民族、一个国家的创新能力。因此，各国都非常重视仪器仪表的发展。

1.1.2 仪器仪表的发展历史

19 世纪以来，出现了许多描述物理现象的定律，它们都需要相应的电测仪器、仪表来定量地加以验证，因此发明了基于物理定理的模拟式仪表。这些仪表中最典型的有伏特表、安培表、功率表和测温表等磁电式模拟仪器仪表。20 世纪初至 20 世纪 50 年代，出现了电子管等新的电子器件。同时，随着电子技术与控制技术的发展，又出现了电子仪器仪表，产生了以记录仪、电子示波器、信号发生器等为代表的电子式模拟仪器。这些磁电式和电子式模拟仪器仪表统称为第一代仪器仪表——模拟式仪器仪表。

随着集成电路的出现，数字技术在测量中获得了成功的应用，20 世纪 60 年代出现了以集成电路芯片为基础的第二代仪器仪表——数字式仪器仪表，如数字电压表、数字电流表、数字频率计、记忆示波器等。这类仪器仪表的特点是将模拟信号的测量转变为数字信号的测量，并以数字方式显示和输出测量结果，适用于快速响应和高精度的要求，还可以将数据通过接口输入计算机处理。

随着单片机的问世，20 世纪 70 年代出现了内含微处理器的第三代仪器仪表——智能仪器仪表。智能仪器仪表不仅能完成某些测量任务，还能进行各种复杂的数据运算处理，且能适应被测参数的变化，进行自动补偿、自动选择量程、自动校准、自动检测故障、自动进行指标判断与分选，以及进行逻辑操作、定量控制与程序控制等工作。

随着新型单片机和大规模可编程集成器件的出现，新研制生产的智能仪器仪表不断产生，并且正在逐渐取代传统的仪器仪表。

随着微电子技术与计算机技术的飞速发展，测试技术与计算机深层次的结合正引起仪器仪表领域里一场新的革命。一种全新的仪器结构概念导致第四代仪器仪表——虚拟仪器仪表和网络化仪器仪表的出现。

本书讨论的智能仪器是指含有微处理器的电子测量仪器。

1.2 智能仪器的组成和特点

1.2.1 智能仪器的基本组成

智能仪器由硬件和软件两大部分组成。硬件部分包括微机系统、输入通道、输出通道、人—机对话通道及通信接口，其基本组成，如图 1.1 所示。

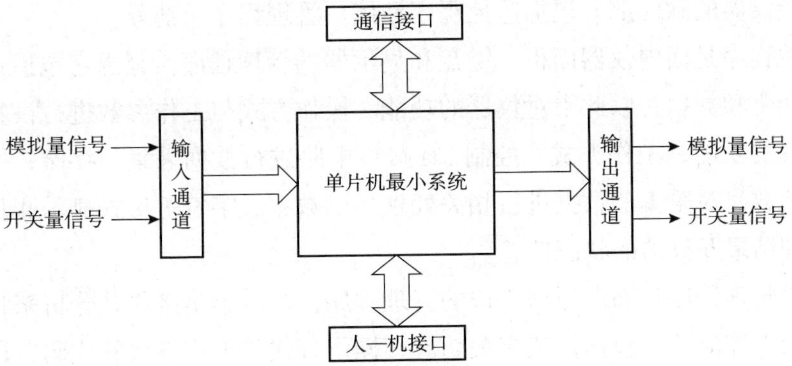

图 1.1 智能仪器基本组成

（1）单片机最小系统

单片机芯片配以必要的外部器件就能构成最小微机系统。对于较复杂的智能仪器，需较大的存储器容量和较多的 I/O 接口。单片机能够提供很强的扩展能力，可以直接与外部存储器和 I/O 接口电路相连接，构成功能较强、规模较大的微机系统。

（2）输入通道

输入通道是微机系统与采集对象相连接的部分。由于所采集的对象不同，有开关量信号、频率量信号、模拟量信号。而这些信号都是安放在测量现场的传感器或变换装置产生的，许多参量信号不能满足微机系统输入的要求，需要形式多样的信号变换和调节电路，如放大电路、整形电路、A/D 转换电路等。

（3）输出通道

根据输出控制的不同要求，输出通道电路是多种多样的。有 D/A 转换电路、放大隔离电路等，其输出信号有模拟量信号、开关量信号和频率量信号。

（4）人—机接口

智能仪器中的人—机对话是用户为了对智能仪器进行干预及了解智能仪器运

行状态所设置的通道。人—机对话通道所设置的设备主要有：键盘、语音输入、手势输入、显示器、扬声器和打印机等。

（5）通信接口

通信接口的作用是实现智能仪器与外部系统相联系，需符合通信总线规定的标准。通常采用 RS–232 标准、RS–485 标准和 IEEE–488 标准。具有远距离数据通信功能，便于组成测控网络。

智能仪器的软件部分包括监控程序和接口管理程序两部分。

监控程序是面向仪器面板、键盘和显示器的管理程序。其内容包括：通过键盘输入命令和数据，以此来对仪器的功能、操作方式与工作参数进行设置；根据仪器设置的功能和工作方式，控制 I/O 接口电路进行数据采集、存储；按照仪器设置的参数，对采集的数据进行相关处理；以数字、字符等形式显示测量结果、数据处理结果及仪器的状态信息。

接口管理程序是面向通信接口的管理程序，其内容是接收并分析来自通信接口总线的远控命令，包括描述有关功能、操作方式与工作参数的代码；进行有关的数据采集与数据处理；通过通信接口送出仪器的测量结果、数据处理结果及仪器的现行工作状态信息。

1.2.2 智能仪器的主要特点

计算机技术与测量仪器的结合产生了智能仪器。由于使用了计算机，仪器的功能得以扩展，性能指标大大提高，而且呈现出某些智能特点，具有很大的发展潜力。智能仪器具有以下几个方面的特点。

（1）智能仪器汇集各种高新技术

德国著名化学家门捷列夫曾说："没有测量，就没有科学。"人们为了准确、深刻、全面地认识自然界，必须利用一切先进的科学原理和技术手段来研制、开发各种新型的仪器，通过先进的仪器发现并认识新的现象、规律和原理。智能仪器就是随着各种新技术的发展而发展的，是电子技术、计算机技术、传感技术、信号处理、网络等领域的新技术相融合的产物。新原理、新设计概念、新器件、新材料和新工艺技术都在智能仪器中得到了应用，智能仪器汇集了各种高新技术。

（2）测量过程的软件控制

智能仪器中的微处理器可以对测量过程进行控制，实现测量自动化。如可实现自动校零放大、自动极性判断、自动量程切换、自动报警、过载保护、多点巡回检测等。测量过程用软件控制后，简化了原有数字化仪器的硬件结构，缩小了体积及功耗、提高了可靠性、增加了灵活性，使仪器的自动化程度更高。智能仪器在软件的控制下，可以方便地实现人—机对话、自检、自诊断、自校准以及CRT显示及输出打印和制图等功能，这就是人们常说的“以软（件）代硬（件）”的效果。

软件在智能仪器中占有举足轻重的作用，它给智能仪器的设计带来很大的方便。当需要改变功能时，只需改变程序，而不需要改变硬件结构。因此，灵活性非常强。但工作速度相对硬件逻辑较慢，这是软件控制的特点。现在高档单片机的速度较快，一般都能满足智能仪器实时性的要求。

（3）强大的数据处理功能

对测量数据进行运算、存储及数据处理是智能仪器最突出的特点，通过数据处理可以改善测量精确度，并对测量结果再加工。

在提高测量精确度方面，大量的工作是对随机误差及系统误差进行处理。过去传统的方法是用手工的方法对测量结果进行事后处理，不仅工作量大、效率低，而且往往会受到一些主观因素的影响，使处理的结果不理想。在智能仪器中采用软件对测量结果进行实时、在线的处理，可收到很好的效果。这样不仅方便、快速，而且可以避免主观因素的影响，使测量的精确度及处理结果的质量都大为提高。由于可以实现各种算法，不仅可实现各种误差的计算及补偿，而且使在线测量仪器中常遇到的诸如非线性校准等问题也易于解决。

对测量结果的再加工，可使智能仪器提供更多高质量的信息。例如，一些信号分析仪器在微计算机的控制下，不仅可以实时采集信号的实际波形，在CRT上复现，并可在时间轴上进行展开或压缩，还可对所采集的样本进行数字滤波，将淹没于干扰中的信号提取出来；也可对样本进行时域的（如相关分析、卷积、反卷积、传递函数等）或频率的（如幅值谱、相位谱、功率谱等）分析。这样就可以从原有的测量结果中提取更多的信息。这类智能仪器在生物医疗、语音分析、模式识别和故障诊断等各个方面都有广泛的应用。

（4）多功能化

传统的电子仪器的功能仅取决于硬件，仪器的结构、电路是按照特定目标设计的，功能比较单一。智能仪器中的微处理器可以进行测量过程控制及数据处理，因此容易实现多功能化，这是智能仪器的主要特点之一。例如，智能化电度表测量出电流、电压、相位后，通过计算很容易求出有功功率、无功功率、视在功率、电能、功率因数等，还可进行分时计费、预置用电量需求，具有自动记录、打印、报警及控制等许多功能。如果不用微机控制，在一台仪器中是很难实现多功能的。

（5）操作自动化

智能仪器的自动化程度高，通常都能自动选择量程、自检、自校准，有的还具有很强的自测试和自诊断功能。它能测试自身的功能是否正常，如果不正常，还能判断发生故障的部位，并给出提示，大大提高了仪器的可靠性，给使用和维护带来了很大的方便。

（6）对外开放性

智能仪器具有各种接口，可方便地进行扩展和对外通信，能很方便地接入自动测试系统中，接受遥控，实现自动测试。

随着网络技术的发展，智能仪器迅速地朝着网络化方向发展。分布在不同地点的不同仪器仪表通过网络联系在一起，实现数据传输与资源共享，进行网络化测量。

1.3 智能仪器的发展趋势

智能仪器总体发展趋势是朝着小型化（微型化）、集成化、数字化、多功能化、智能化、网络化、自动化的方向发展。仪器的性能、精度、灵敏度、稳定性、可靠性等指标将不断提高。当前仪器的微型化、智能化和网络化尤其受到人们的关注。

（1）技术指标不断提高

提高仪器仪表的技术指标是测量技术永恒的追求，其技术指标的高低，标志着一个国家测量技术的水平。现在仪器仪表的测量范围不断扩大，测量值朝着极大和极小两个方向发展。如电压从纳伏至几百万伏；电阻从超导至 $10^{14}\Omega$；谐波测量从基波至超过 50 次谐波；加速度为（10^{-14}~100）g；频率测量至 10^{12}Hz；压力测量至 10^{8}Pa；温度测量从接近绝对零度至 10^{8}℃等。测量的准确度、灵敏度、响应速度不断提高。智能化技术有助于仪器仪表功能的扩展和技术指标的提高。

（2）小型化、微型化

随着微电子技术的迅速发展，大规模和超大规模集成电路的集成度越来越高，体积越来越小。嵌入式微处理器和计算机的功能日趋强大，体积也不断缩小，为智能仪器的小型化、微型化提供了条件。智能仪器的小型化、微型化对航天、航空、医疗等有重要意义。

仪器仪表的小型化，也使得各种便携式、手持式仪器走进千家万户。特别是随着社会发展和生活水平的提高，人们对自己的生活质量和健康水平日益关注，检测食品质量的便携式仪器仪表以及健康状况和疾病警示仪器仪表将有较大发展。

（3）智能化

现在的智能仪器能自动地对测量过程进行控制，自动对测量数据进行处理、分析、判断，能实现自校准、自诊断，被认为具有一定的智能行为。但这类智能行为仅仅是低级的智能，与人类的智能行为还相距甚远。人们一直在研究如何利用计算机实现人类的智能行为，使机器像人那样思维、分析、判断、推理、学习。这正是人工智能研究的内容和追求的目标。随着人工智能的发展，智能仪器的智能水平也将不断提高，将具有更高层次的智能行为。

（4）系统化

随着科学技术的发展和生产自动化程度的提高，系统中需要测量的物理量越来越多，被测量物理量的分布空间也不断扩大。例如一个大型水电站的测控系统，仅检测大坝安全性的传感器就达数千个，而且分布在整个大坝的不同位置上。又如为了保证飞船、卫星正常运行，安装大量传感器进行实时监测，各种测控装置构成一个完整的自动测试系统。对于复杂的测量任务，几台仪器无法完成，需要多台仪器和大量传感器组成测试系统。测量技术向着系统化的方向发展。

（5）网络化

随着计算机和网络技术的发展，测量技术向网络化的方向发展。智能仪器安装网络接口，可以通过网络方便地将分布在不同地域的仪器连接起来，组成分布式测量系统。特别是 Internet 的出现，促进了网络化仪器的发展。网络化仪器可以实现资源共享，使一台仪器为更多的用户使用，降低了测量成本。网络化仪器扩大了被测量的空间分布范围，可以实现跨地域测量，高效地实现各种复杂艰巨的测量控制任务。对于远程的、有危险的、环境恶劣的被测对象，可以通过网络中的仪器进行测量，并将测量数据通过网络传给用户。

1.4　智能仪器的研制步骤

研制一台智能仪器，大致上可以分为三个阶段：确定任务、拟制设计方案阶段；硬件、软件研制及仪器结构设计阶段；仪器总调、性能测定阶段。详细过程如图 1.2 所示。

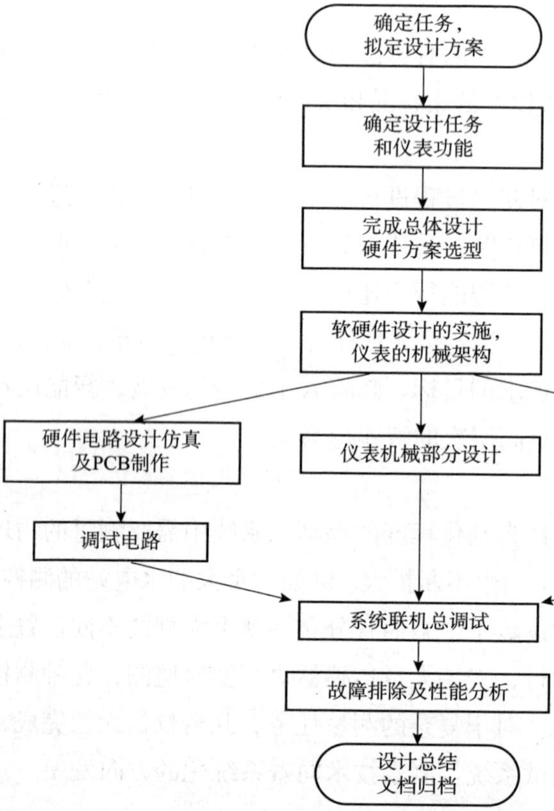

图 1.2　智能仪器研制过程

1.4.1　确定任务、拟制设计方案

（1）确定任务和设计方案

首先，确定仪器所要完成的任务和应具备的功能。例如仪器适用于过程控制还是数据处理，其功能和精度如何，仪器输入信号的类型、范围和处理方法，过程通道为何种结构形式，通道数是多少，是否需要隔离；仪器的显示格式如何，是否需要打印输出；仪器是否具有通信功能，并行还是串行；仪器的成本应控制在多少范围之内等，以此作为仪器软硬件的设计依据。另外，对仪器的使用环境情况及制造维修的方便性要给予充分注意。设计人员在对仪器的功能、可维护性、可靠性及性能价格比综合考虑的基础上，提出仪器设计的初步方案，并将其写成

“仪器功能说明书”的形式，功能说明书主要有以下三个作用：

①作为用户和研制单位之间的合约完成指标，或研制单位设计开发仪器的依据。

②规定仪器的功能和结构，作为研制人员设计硬件、编制软件的基础。

③作为将来验收时的依据。

（2）完成总体设计、确定硬件实现方案

通过调查研究对方案进行论证，以完成智能仪器的总体设计。在此期间应绘制仪器系统总图和软件总框图，拟定详细的工作计划。完成总体设计之后，便可将仪器的研制任务按功能模块分解成若干课题（子任务）去做具体的设计。

主机电路是智能仪表的核心，为确保仪表的性能指标，在选择单片机、DSP芯片或嵌入式系统时，需考虑字长和指令功能、寻址范围与寻址方式、位处理和中断处理能力、定时技术和通信功能、内部存储器容量的大小、硬件配套是否齐全、芯片的价格以及开发平台等。在内存容量要求不大、外部设备要求不多的智能仪表中，一般可采用8位单片机；若要求仪表运算功能强、处理精度高、运行速度快，则可选用嵌入式系统；若有一些特殊要求，也可选择DSP芯片。

在智能仪表所需的硬件中，输入/输出通道往往占有很大的比重，因此在估计和选择输入/输出所需的硬件时，应考虑输入/输出通道数、串行操作还是并行操作、数据的字长、传输速率和方式等。

由于硬件和软件具有互换性，设计人员要反复权衡仪表硬件与软件的比例。适当多用硬件可简化软件设计工作，并使装置的性能得到改善。然而这样会增加元器件数，成本会相应提高。若采用软件来代替一部分硬件功能，虽可减少元器件数，但将增加编程的复杂性，并使系统的响应速度降低。所以应当从仪表性能、器件成本、软件费用、研制周期等多方面综合考虑，对硬件、软件的比例做出合理的安排，从而确定硬件的类型和数量。

1.4.2 硬件、软件研制及仪表机械架构设计

（1）嵌入式系统的选择

嵌入式系统是整个智能仪器的核心部件，直接影响整机的硬件和软件设计，对智能仪表的功能、性能价格比以及研制周期起决定性作用。因此在设计任务确定之后，首先应对嵌入式系统进行选择。目前流行的微控制器（MCU）、微处理器（MPU）、数字信号处理器（DSP）、混合处理器和片上系统（SOC）及数字集成电路芯片（FPGA）等，均是智能仪表设计时可供选择来制作主机电路的核

心部件。

（2）硬件电路设计、研制和调试

硬件电路的设计主要包括主机电路、过程输入/输出通道、人机接口电路和通信接口电路等功能模板。为提高设计质量，缩短研制周期，通常采用计算机辅助设计（CAD）方法绘制电路逻辑图和布线图。设计电路时，尽可能采用典型的线路，力求标准化；电路中的相关器件性能需匹配；扩展器件较多时需设置线路驱动器；为确保仪表能长期可靠运行，还需采取相应的抗干扰措施，包括去耦滤波、合理走线、通道隔离等。

完成电路设计、绘制好布线图后，应反复核对，待确认线路无差错后，才可加工印刷电路板（PCB）。制成电路板后仍需仔细核对，以免发生差错，损坏器件。

由于主机部分是通过各种接口与键盘、显示器、打印机等部件相连接的，并通过输入/输出通道，经测量元件和执行器直接连至被测和被控对象。因此，人机接口电路和输入/输出通道的设计是研制仪表的重要环节，力求可靠实用。

如果逻辑电路设计正确无误，印刷电路板加工完好，那么功能模板的调试一般来说是比较方便的。模板运行是否正常，可通过测定一些重要的波形来确定。例如可检查单片机及扩展器件若干控制信号的波形是否与硬件手册所规定的指标相符，由此可判定其工作正常与否。

通常采用开发装置来调试硬件，将其与功能模板相连，再编制一些调试程序，即可迅速排除故障，较方便地完成硬件部分的查错和调试任务。

（3）软件设计、程序编制和调试

软件设计其实就是将软件总框图中的各个功能模块具体化，逐级画出详细的流程框图，作为编制程序的依据。编写程序可以用机器语言、汇编语言甚至高级语言。就目前的软件开发趋势而言，使用易读易写的高级语言是趋势，有条件的资深程序员可以用汇编语言。对于规模不大的应用软件，大多数采用汇编语言来编写。这样效率高，可减少代码长度，但对新手来讲，软件设计有难度。研制复杂的软件且运算任务较重时，宜采用高级语言来编程，这样编程方便、软件可读性强、易于修改扩充和移植。

软件设计要注意结构清晰、存储区域划分合理、编程规范化，以便于调试和移植。同时为提高仪表可靠性，应实施软件抗干扰措施。在程序编制过程中，还必须进行优化工作，即仔细推敲、合理安排，利用各种程序设计技巧，使编出的程序时空效率高，即占内存空间小、执行时间短。

编制和调试应用软件同样需要开发工具，利用开发工具提供的丰富资源和便利，可大大提高工作效率及应用软件的质量。

（4）仪表机械架构设计

机械结构设计是研制智能仪表的重要内容，包括仪表造型、壳体结构、外形尺寸、面板布置、模板固定和连接方式等，尽可能做到标准化、规范化、模块化。若采用 CAD 方法进行仪表结构设计，则可取得较好的效果。此外，对仪表使用的环境情况以及制造维护的方便性也应给予充分的注意，使制成的产品既美观大方，又便于用户操作和维护。

1.4.3 仪表软硬件总调、性能测定

智能仪表在研制阶段只是对硬件和软件进行了初步调试和模拟试验。样机装配好后，还必须进行联机试验，识别和排除样机中硬件和软件两方面的故障，使其能正常运行。待工作正常后，仪表便可投入现场试用，使系统处于实际应用环境中，以考验其可靠性。在总调中还必须对设计所要求的全部功能进行测试和评价，以确定仪表是否符合预定性能指标，并写出性能测试报告。若发现某一项功能或指标达不到要求时，则应变动硬件或修改软件，重新调试，直至满足要求为止。

研制一台智能仪表大致需要经历上述几个阶段。实践经验表明，仪表性能的优劣和研制周期的长短，总体设计是否合理，硬件选择是否得当，程序结构的优劣，开发工具完善与否，以及设计人员对仪表结构、电路、测控技术和微机硬软件的熟悉程度等众多因素有关。在仪表开发过程中，软件设计的工作量往往比较大，而且容易出现差错，应当尽可能采用结构化设计和模块化方法编制应用程序，这对调试、查错、增删程序十分有利。实践证明，设计人员如能在研制阶段把好硬软件的质量关，则总调阶段将能顺利进行，从而可及早制成符合设计要求的样机。

在完成样机之后，还要进行设计文档的编制。这项工作十分重要，因为这不仅是仪表研制工作的总结，而且是以后仪表使用、维修以及再设计的需要。因此，人们通常把这一技术文档列入智能仪表的重要软件资料。

设计文档应包括：设计任务和仪表功能描述；设计方案的论证；性能测定和现场使用报告；使用者操作说明；硬件资料（包括硬件逻辑图、电路原理图、元件布置和接线图、接插件引脚图和印刷线路板图）；程序资料（包括软件框图和说明、标号和子程序名称清单、参量定义清单、存储单元和输入 / 输出口地址分配表以及程序清单）。

思考题

1. 智能仪器的组成，各部的作用？
2. 智能仪器的特点有哪些？
3. 研制一台智能仪器分哪几个阶段？
4. 设计总结的任务有哪些？
5. 仪器仪表发展分哪几个阶段？

2 主机电路

主机电路是智能仪器仪表硬件部分的核心。设计这一电路的主要任务是将单片机（或嵌入式系统）与扩展芯片正确地连接起来，从而组成一个智能部件，以实现智能仪器仪表数据处理和控制的要求。

2.1 主机电路概述

主机电路一般由单片机、存储器、译码电路、总线驱动器、I/O接口等部件组成。设计主机电路就是根据仪器功能要求确定这些器件的型号、参数。

2.1.1 主机电路中微处理器的选择

在主机电路中，单片机是核心。因此在硬件设计时应首先考虑单片机的选择，然后再确定与之配套的外围芯片。选择单片机时一般应遵循以下原则：

①根据系统对单片机的硬件资源要求进行选择，考虑的因素主要包括：

一是数据总线字长、运算能力和速度（位数、取指令和执行指令的方式、时钟频率、有无乘法指令等）。

二是存储器结构（ROM、OTP、EPROM、FLASH、外置存储器和片内存储器等）。

三是I/O结构功能（驱动能力和I/O口数量、A/D转换器、D/A转换器及其位数、通信端口的数量、有无日历时钟等）。

②选择最容易实现设计目标且性价比高的机型。

③在研制任务重、时间紧的情况下，首先选择熟悉的机型，应考虑手头所具备的开发系统等条件。

④选择在市场上具有稳定充足的货源和具有良好品牌的机型。

选择时要使得单片机既满足测控对象的要求，又不浪费资源。

单片机是主机电路的核心。智能仪器仪表中常用的几种单片机有基于8051内核的单片机如STC系列、基于ARM内核的单片机、数字信号处理器（Digital

Signal Processor，DSP）型单片机、具有专用接口的单片机等。本章将以 MCS-51 系列内核的单片机为例，介绍智能仪器仪表主机电路的设计。

2.1.2 存储器

单片机片内一般都带有程序存储器和数据存储器，当存储器容量不能满足系统要求时，需要进行外部存储器的扩展。

存储容量的确定主要依据系统设计要求和选用单片机的功能来选择存储器芯片的型号和片数，作为扩展外接存储器的空间。

2.1.3 译码电路

系统在进行外部扩展时，需要译码。译码电路要尽可能简单，译码方式也要选择适当。通常，译码电路可以使用门电路实现。如果考虑到修改和保密性的要求，还可以利用只读存储器和可编程逻辑器件实现。译码方式根据系统扩展的部件数量不同，可以采用全译码、部分译码、线选译码等译码方式。

2.1.4 总线驱动器

如果单片机外部扩展功能部件较多，负载较大，就应该对总线驱动能力进行设计。如 MCS-51 单片机 P0 口负载能力为 8 个 TTL 芯片，P2 口负载能力为 4 个 TTL 芯片。如果 P0 口、P2 口实际连接的芯片数目超出上述的规定，就必须在 P0 口、P2 口增加总线驱动器，以提高它们的驱动能力。可使用的驱动器有 74LS244，74LS245 等。

2.1.5 I/O 接口

由于外设多种多样，单片机与外设之间的接口电路也各不相同。在具体设计中，应根据外设的特点，选择不同的 I/O 接口芯片。随着单片机技术的发展，一些通用的 I/O 接口，如并行接口、串行接口、模拟量输入输出通道等接口部件可以集成到单片机内部，使 I/O 接口设计大大简化。

2.2 8031 单片机构成的主机电路

单片机内部虽已具有构成主机电路的微处理器、存储器和输入 / 输出接口等，但其存储器容量较小，ROM 只有 4k 字节（8051、8751），RAM 只有 128 个字节。在研制需要较大存储容量的智能仪表时需要加以扩展。对 8031 而言，其片内无 ROM，故必须外接 EPROM，这样 P0 和 P2 口就不能作为 I/O 端口使用了。P3 口往往用于控制功能，一般也不用作 I/O 端口。真正能用于 I/O 端口的只有 P1 口，在许多场合这是不够的。因此，在用 MCS-51 单片机（尤其是 8031）作为主机电路时，通常需要外接存储器和接口电路。最新生产的 51 内核的某些 CPU 型号，内部集成了一定容量的 RAM 和 ROM。在有些简单的设计需求中不需要 RAM，ROM 等器件的扩展。

2.2.1 外接存储器

随着器件集成度的提高和销售价格的下降，人们通常选用容量大、功能强的外接器件，以简化线路设计，缩小电路板面积。读写存储器 RAM 通常使用 6116（2k×8）、6264（8k×8）、62128（16k×8）、62256（32k×8）等。可编程只读存储器 EPROM 常选用 2732（4k×8）、2764（8k×8）、27128（16k×8）、27256（32k×8）、27512（64k×8）等。

同时，电可擦写只读存储器 EEPROM（2816、2864 等）的出现，也硬件和软件研制带来了方便。EEPROM 像 RAM 一样可随时进行写入；又像 EPROM 一样，数据写入后，不会因断电而丢失。可用它来存储重要的数据，实现掉电保护的功能，但其不足之处是写入速度较慢。为了提高写入速度可使用 NVRAM 或 Flash ROM 作为非易失性的存储器件。

单片机外接存储器的逻辑框图参见图 2.1。P2 口输出存储器地址的高 8 位，

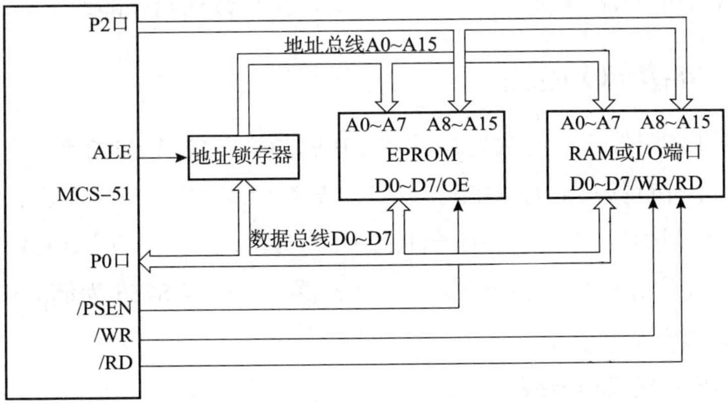

图2.1 单片机与外部存储器、I/O端口的连接

P0 口分时输出地址的低 8 位并传送指令字节或数据。P0 口先输出低 8 位地址信号，在 ALE 有效时将它锁存到外部地址锁存器中，之后 P0 作为数据总线使用。地址锁存器通常采用 74LS373，EPROM，RAM 按设计要求选用。

当 $\overline{\text{PSEN}}$ 有效时，程序存储器 ROM 中的指令字节通过 P0 读入 CPU，而 RAM 的读写则由 $\overline{\text{RD}}$ 和 $\overline{\text{WR}}$ 控制。

不同的控制信号使得 ROM 和 RAM 各自有独立的 64k 扩展空间。$\overline{\text{RD}}$ 和 $\overline{\text{WR}}$ 信号是由专门的外部 RAM 访问指令产生的，累加器 A 与外部 RAM 单元之间的数据传送可由下列两类指令序列来实现，汇编指令：

```
（1）读：MOV      DPTR，#addr16  ;16 位地址→ DPTR
         MOVX     A，@DPTR       ;DPTR 指出的 RAM 单元的内容→ A
     写：MOV      A，#data       ; 要写入 RAM 的数→ A
         MOVX     @DPTR，A       ;A 的内容→ DPTR 指出的 RAM 单元的内容
（2）读：MOV      P2，#addr.H8   ; 高 8 位地址→ P2 口
         MOV      Ri，#addr.L8   ; 低 8 位地址→ Ri
         MOVX     A，@Ri         ; 由 P2 口 +Ri 指出的 RAM 单元的内容→ A
     写：MOV      A，#data       ; 要写入 RAM 的数→ A
     MOVX @Ri，A                 ;A 的内容→ P2 口 +Ri 指出的 RAM 单元
```

C 语言程序如下：

```
#define DATA_ADDR XBYTE[0xaddr16]     // 定义外部 RAM 地址为 addr16
unsigned char  rec_data;
rec_data = DATA_ADDR;                 // 读入外部数据。
DATA_ADDR = rec_data;                 // 写数据到外部地址。
```

2.2.2 外接 I/O 接口

I/O 接口可采用带锁存的三态缓冲器 74LS373、8212 或 8282 等，也可采用功能较强的可编程 I/O 接口芯片 8155、8255，或者可编程门阵列（GAL、PAL 等）。8155 是 8031 系列中最常用的外围器件之一，它具有 256 字节的 RAM、两个 8 位并行口、一个 6 位并行口和一个 14 位的计数器。下面以 8155 为例简单地介绍接口信号线和工作方式。

（1）8155 的接口信号线

8155 的引脚图如图 2.2 所示。

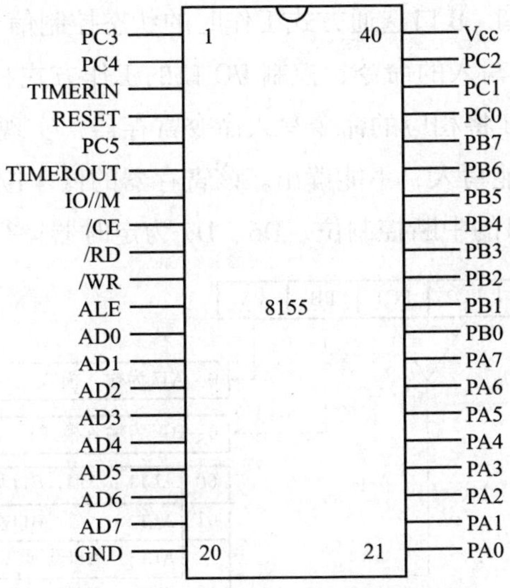

图2.2 8155芯片的引脚图

AD0~AD7 为地址数据线。CPU 和 8155 之间的地址、数据、命令、状态信息都通过 AD0~AD7 传送。

$\overline{RD}$、$\overline{WR}$ 分别为读选通信号输入线和写选通信号输入线。$\overline{CE}$、IO/$\overline{M}$ 分别为片选信号线和 IO/RAM 端口选择线。当 $\overline{CE}=0$、IO/$\overline{M}=0$ 时，CPU 对 8155 的 RAM 进行读写，RAM 编址为 00H~0FFH；当 $\overline{CE}=0$、IO/$\overline{M}=1$ 时，CPU 对 8155 的 I/O 口进行读写，I/O 口地址如表 2.1 所示。

表2.1 8155 I/O口地址

A7	A6	A5	A4	A3	A2	A1	A0	I/O口
x	x	x	x	x	0	0	0	命令状态口
x	x	x	x	x	0	0	1	PA口
x	x	x	x	x	0	1	0	PB口
x	x	x	x	x	0	1	1	PC口
x	x	x	x	x	1	0	0	定时器低8位寄存器
x	x	x	x	x	1	0	1	定时器高6位和方式寄存器

ALE 为地址锁存信号输入线。ALE 的下降沿将 CPU 输出到 AD0~AD7 上的地址信息及 $\overline{CE}$、IO/$\overline{M}$ 状态都锁存到 8155 内部寄存器。

TIMERIN、$\overline{TIMEROUT}$ 分别为定时 / 计数器的输入线和输出线。

（2）I/O 口的工作方式

8155 的 A 口、B 口可工作于基本 I/O 方式或选通 I/O 方式，C 口可作为输入 /

输出线，也可作为 A 口、B 口选通方式工作时的状态控制信号线。命令寄存器（状态口）用来锁存 CPU 写入的命令，控制 I/O 口的工作方式和计数器的运行，其格式如图 2.3 所示。CPU 将相应的命令写入命令寄存器，实现 8155 对 I/O 工作方式选择。命令寄存器只能写入，不能读出。该寄存器的低 4 位定义 I/O 的工作方式，D4、D5 为 A 口、B 口的中断控制位，D6、D7 为定时器运行控制位。

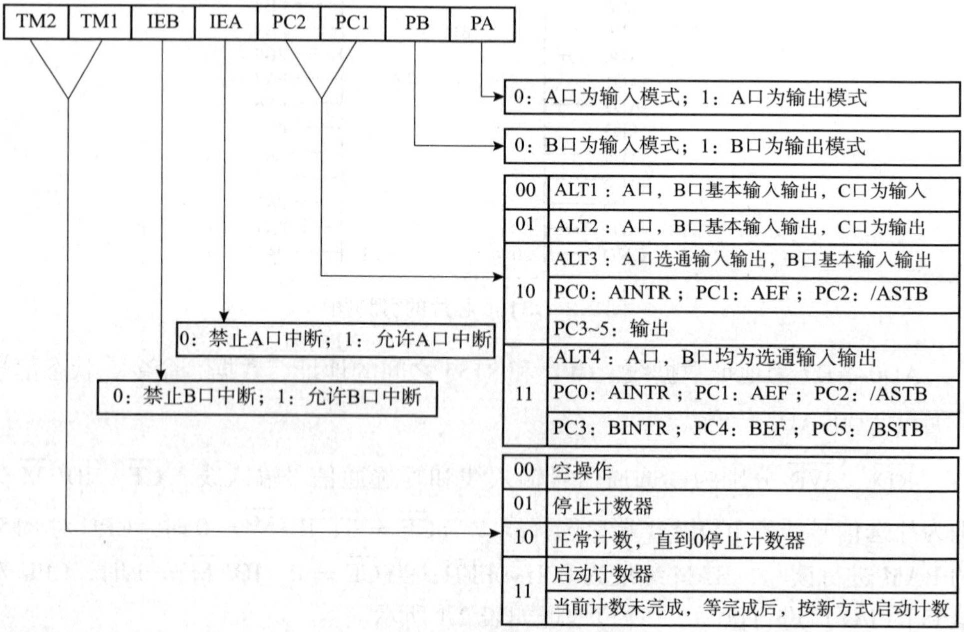

图2.3　8155命令寄存器格式

基本 I/O：当 8155 被编程为 ALT1，ALT2 时，A 口、B 口、C 口均工作于基本输入 / 输出方式。

选通 I/O：当 8155 被编程为 ALT3 时，A 口定义为选通 I/O 口，B 口定义为基本 I/O；编程为 ALT4 时，A 口、B 口均定义为选通 I/O 方式。

C 口的 INTR（PC0、PC3）为中断请求输出线，作为 CPU 的中断源，高电平有效；BF（PC1、PC4）为 I/O 口缓冲器满 / 空标志输出线，缓冲器存有数据时，BF 为高电平，否则为低电平；$\overline{\text{STB}}$（PC2、PC5）为设备选通信号输入线，低电平有效。

读状态字节：8155 有一个状态寄存器，锁存 8155 I/O 口和定时器的当前状态，供 CPU 查询。状态寄存器口只能读出、不能写入，而且和命令寄存器共享一个口地址 0，CPU 对 0 地址写入的是命令字，对 0 地址读出的是 8155 的状态。状态寄存器的格式如图 2.4 所示。

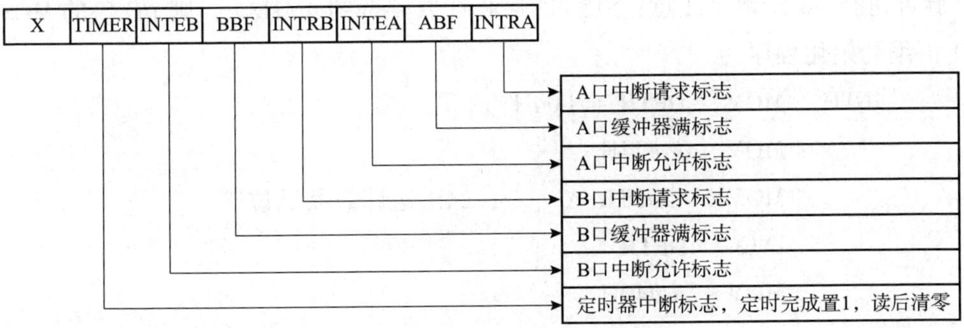

图2.4 8155状态寄存器格式

定时功能：8155 有一个 14 位的减法计数器，对输入脉冲进行减法计数，可实现定时计数功能。计数器包括高位字节（05H）和低位字节（04H）两部分，其格式如图 2.5 所示。

T7	T6	T5	T4	T3	T2	T1	T0

计数器初值低8位

M2	M1	T13	T12	T11	T10	T9	T8

计数器方式　　　　计数器初值高6位

图2.5 定时功能控制字

计数器有四种输出方式，由 M1、M2 定义。各种定时方式和输出波形见表 2.2。

表 2.2 定时方式和输出波形

M2	M1	方式	输出波形
0	0	单方波	
0	1	连续方波	
1	0	单脉冲	
1	1	连续脉冲	

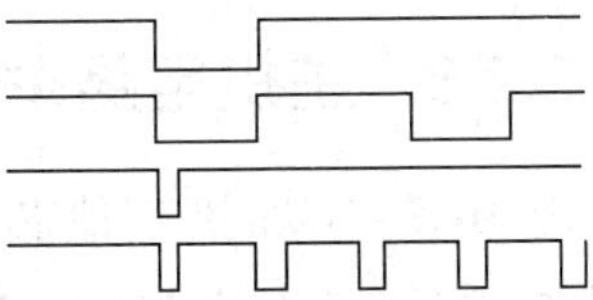

编程时，首先把计数长度和定时方式装入计数器中，计数长度为 2~3FFFH 之间的任意值。命令寄存器的最高 2 位（D6、D7）控制计数器的启动和停止计数（见图 2.3）。

（3）8155 编程

设 8155 的 RAM 地址为 7E00H~7EFFH，I/O 口的地址为 7F00H~7F05H。若 A 口、

B 口定义为基本输出方式，C 口定义为输入方式，定时器作为方波发生器，对输入脉冲进行 36 分频（注意：8155 的最高计数频率约 4MHz），则 I/O 口的 MCS-51 汇编初始化程序为：

```
INIT:   MOV     DPTR, #7F04H
        MOV     A,#24H
        MOVX    @DPTR, A        ；24H 送计数器低位
        INC     DPTR
        MOV     A,#40H
        MOVX    @DPTR, A        ；40H 送计数器高位
        MOV     DPTR,#7F00H
        MOV     A, #0C3H
        MOVX    @DPTR, A        ；设置工作方式，启动计数
```

C 语言的初始化程序为：

```
#define CTRL_8155   XBYTE[0x7F00]  /* 定义 8155 的控制口地址为 7F00h*/
#define PORTA_8155 XBYTE[0x7F01]  /* 定义 8155 的 A 口地址为 7F01h*/
#define PORTB_8155 XBYTE[0x7F02]  /* 定义 8155 的 B 口地址为 7F02h*/
#define PORTC_8155 XBYTE[0x7F03]  /* 定义 8155 的 C 口地址为 7F03h*/
#define TIME_LOW    XBYTE[0x7F04]  /* 定义 8155 的定时器低八位地址为 7F04h*/
#define TIME_HI     XBYTE[0x7F05]  /* 定义 8155 的定时器高六位地址为 7F05h*/
TIME_LOW = 0x24;
TIME_HI = 0x40;
CTRL_8155 = 0xC3;
```

2.2.3 主机电路举例（三总线方式）

由 MCS-51 加接其他芯片构成的一种主机电路如图 2.6 所示。由图可见，MCS-51 扩展了 1 片 2764，2 片 6116 和 1 片 8155，选片采用线选译码方式。其中 6116 之一也可用 EEPROM 2816（引脚和 6116 相同）代换，作为防止掉电时数据丢失的存储器使用。

MCS-51 的 P0 口输出的低位地址信号，经 74LS373 锁存送至各存储器的 A0~A7；P2 输出的高位地址信号 P2.0~P2.4 连接至 2764 的 A8~A12，P2 口的 P2.0~P2.2（复用）连接至 6116 的 A8~A10。P2.7、P2.3 和 P2.7、$\overline{\text{P2.3}}$ 经与非门

输出的信号分别作为 6116-1 和 6116-2 的选片信号。8155 的 AD0~AD7 直接连至 8031 的 P0 口，而 $\overline{CE}$、IO/ $\overline{M}$ 则分别与 P2.7 和 P2.0 相连。存储器和 8155 的控制信号线分别与 8031 的相应端连接，从而可实现各器件的读 / 写操作。

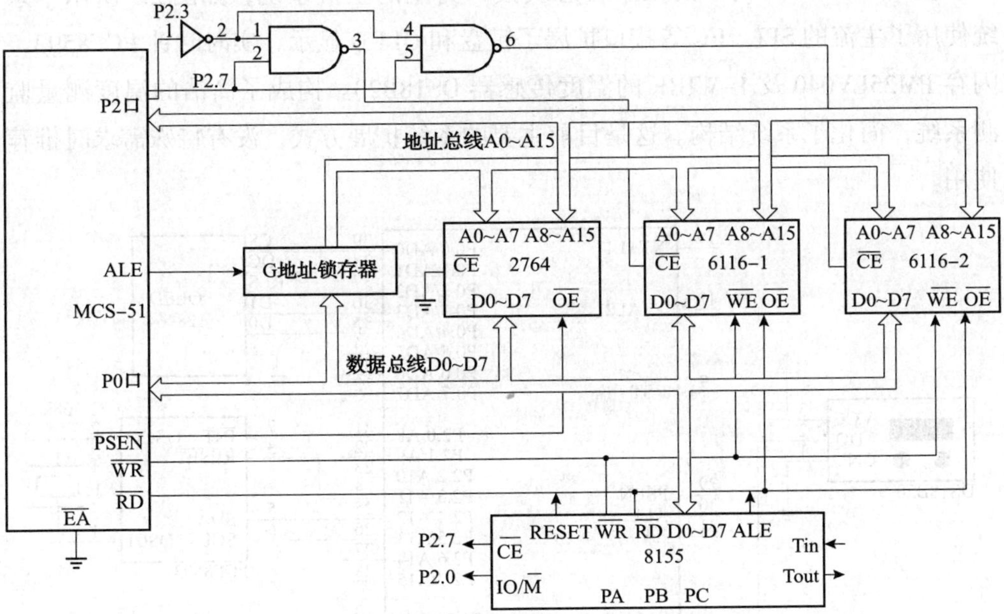

图2.6 由MSC-51构成的主机电路

EPROM、RAM 和 I/O 口的地址分配如下，二进制形式（x 为任意值）：

EPROM	xxx0	0000	0000	0000B~xxx1	1111	1111	1111B
RAM（6116-1）	1xxx	0000	0000	0000B~1xxx	0111	1111	1111B
RAM（6116-2）	1xxx	1000	0000	0000B~1xxx	1111	1111	1111B
RAM（8155）	0xxx	xxx0	0000	0000B~0xxx	xxx0	1111	1111B
8155 的 I/O 端口	0xxx	xxx1	xxxx	x000B~0xxx	xxx1	xxxx	x101B

十六进制形式（取 x=0）：

EPROM	0x0000~0x1FFF
RAM（6116-1）	0x8000~0x87FF
RAM（6116-2）	0x8800~0x8FFF
RAM（8155）	0x0000~0x00FF
8155 的 I/O 端口	0x0100~0x0105

由上可知，此扩展采用线选法方式控制外设芯片，各芯片的寻址范围有很大

的重叠区，对此编程时必须予以注意。

2.2.4 主机电路举例（串行总线方式）

使用STC8A8K构成的以串行总线接口为主的主机系统，如图2.7所示。系统使用了主流的SPI，I²C等接口扩展了键盘和OLED显示，实时时钟PCF8593，闪存PM25LV040及1-WIRE的温度传感器DS18B20。构成了简洁的温度测量监测系统，简化了系统结构。这是目前主要的系统扩展方式，没有特殊需求时推荐使用。

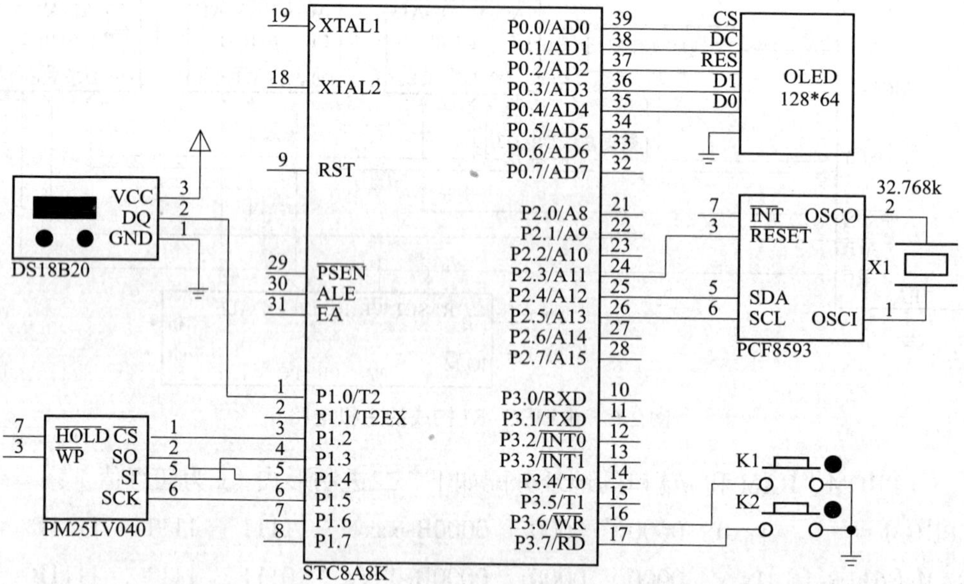

图2.7 使用串行接口构成的系统

思考题

1. 智能仪器的主机电路应该包括哪几部分？
2. 什么情况下使用总线驱动/接收器？
3. 三总线扩展方式下，CPU如何访问外部的扩展器件？
4. 主机电路的扩展方式有哪些？
5. 三总线扩展时器件的地址如何确定？

3 智能仪器的人机接口

智能仪器通常要有人机交互功能，即用户与仪器交换信息的功能。这个功能有两方面的含义：一是用户对智能仪器进行状态干预和数据输入；二是智能仪器向用户报告运行状态与处理结果。实现智能仪器人机交互功能的部件有键盘、语音输入、手势输入、鼠标、显示器、扬声器和打印机等，这些部件与智能仪器电路的连接是由人机接口电路来完成的，因此人机接口技术是智能仪器设计的关键技术之一。本章主要介绍由键盘的工作原理，LED、LCD、OLED的使用，触摸屏的原理及报警电路。

3.1 键盘接口

键盘是一组开关（键）的集合，操作者可以通过键盘输入数据或命令，实现简单的人机对话。键盘接口必须解决以下一些问题：确定是否有键按下，按了哪个键，消除抖动问题以及同时按键的处理等。这些均可由硬件或软件来完成。

3.1.1 键盘结构和类型

目前常用的按键有四种：机械触点式按键、导电橡胶式按键、柔性按键（又称轻触键盘）及虚拟键盘。

机械触点式按键是利用金属的弹性使按键复位，具有手感明显，接触可靠的特点。导电橡胶按键则是利用橡胶的弹性来复位，通常采用压制方法把面板上所有的按键制成一块，体积小，装配方便。柔性按键是近年来得到迅速发展的一种新型按键，可分为凸球型和平面型两大类。前者动作行程和触感都较明显，富有立体感，但工艺复杂；后者动作行程极微，触感较弱，但工艺简单，寿命也长，其最大特点是价廉、形美、防尘、防潮、耐蚀、装嵌简单，而且外形和面板的布局、色彩、键距都可以按照整机的要求来设计，因此其在仪器仪表的键盘上被大量应用。虚拟键盘也出现在一些便携式智能仪器终端上，最常见的如移动电话的虚拟键盘，通常是电容式触摸屏。

按照键码识别的方法分类，有编码式和非编码式两种键盘。前者每按一次键，键盘自动提供被按键的编码，同时产生一选通脉冲通知主机；后者是靠软件来完成按键识别的。

3.1.2 抖动与串键

键盘输入时，存在触点弹跳与同时按下多个键的问题，即抖动与串键。

（1）抖动

从键按下到接触稳定要经过数毫秒的抖动，键松开时也有同样的问题，如图 3.1（a）所示，这会引起一次按键多次读数。解决键的抖动可使用硬件或软件的方法。通常在键数较少时，可使用 R–S 触发器，如图 3.1（b）所示，或用最简单的 RC 滤波器来克服抖动。键数较多时，往往采用软件延时的方法，即当检出键闭合（或断开）后，执行一个数毫秒的延时子程序，让抖动消失后，再检验一下键的状态，这样可以避免因抖动所造成的多次读数问题。

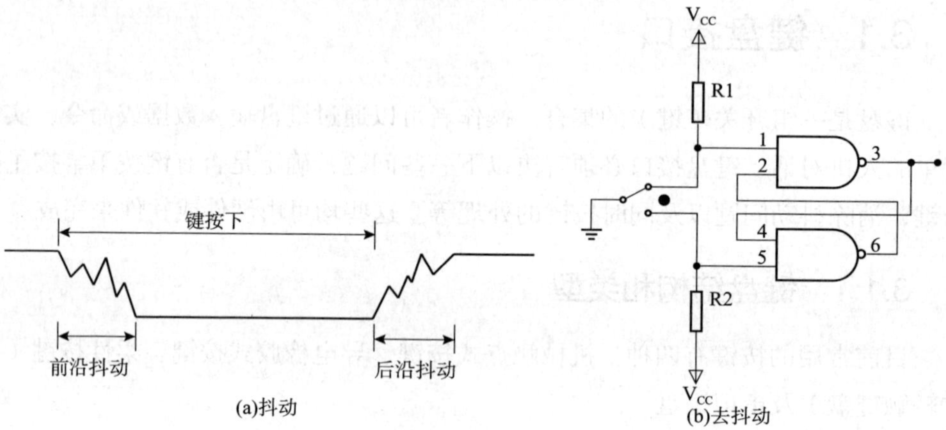

图 3.1　按键时抖动及去抖动电路

（2）串键

检出串键情况，避免产生错码也是件重要的事，处理串键有三种技术：两键同时按下、n 键同时按下和 n 键锁定技术。

“两键同时按下”技术：在两个键同时按下时产生保护作用。最简单的方法是当只有一个键按下时才读取键盘的输出，最后仍被按下的键是有效的正确按键。当用软件扫描键盘时常采用这种方法。另一种方法是当第一个按键未松开时，按第二个按键不产生申请信号。这种方法常借助硬件来实现。

“n 键同时按下”技术：①不理会所有被按下的键，直至只剩下一个键按下时为止；②将所有按键的信息按顺序存入内部缓冲器中，之后酌情处理。这种方法成本较高。

“n 键锁定”技术：只处理一个键，任何其他按下又松开的键不产生任何码，通常是第一个被按下或最后一个松开的键产生码。这种方法最简单也最常用。

3.1.3 键盘的组织形式

键盘按其工作原理可分为非编码式和编码式两种组织形式。

编码式键盘由键盘和专用编码器两部分构成。当键盘中某一按键按下时，编码器自动产生对应按键的代码，并输出一选通脉冲与 CPU 进行信息联络。编码式键盘的优点是 CPU 不需要扫描键盘，编码器自动提供按键的代码，缺点是整体键盘电路成本较高。

非编码式键盘不含编码器，当某键按下时，键盘仅送出一个简单的闭合信号，对应按键的代码必须通过软件来确定。因此非编码式键盘可以任意组合，成本低、使用灵活，因而智能仪器大多采用非编码式键盘。

非编码式键盘按照与主机连接方式的不同，分为独立式键盘、矩阵式键盘和交互式键盘。

独立式键盘结构的特点是一键一线，即一个按键单独使用一根检测线与主机输入三态缓冲器连接，如图 3.2（a）所示。这种连接方式的优点是键盘结构简单，各检测线相互独立，按键识别容易，缺点是占用较多的检测线，不便于组成大型键盘。

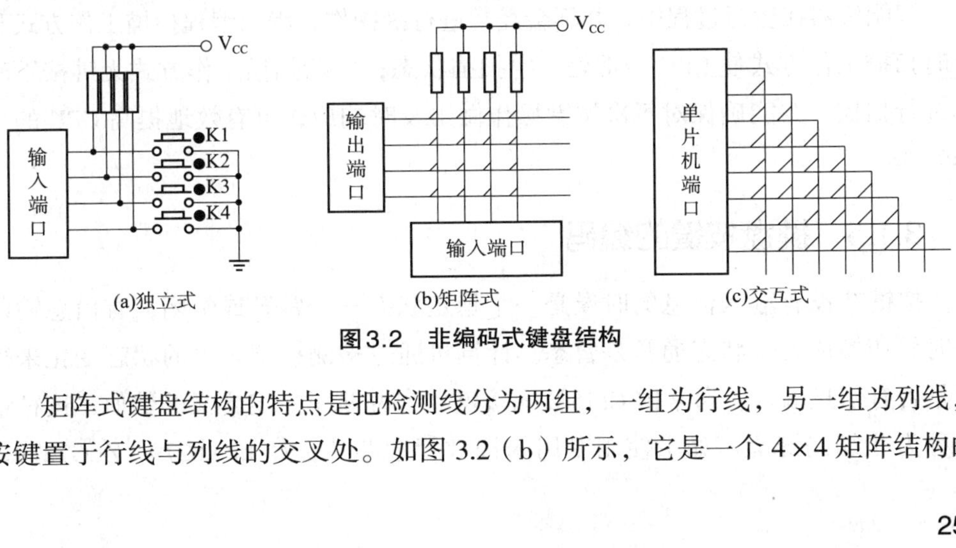

图3.2 非编码式键盘结构

矩阵式键盘结构的特点是把检测线分为两组，一组为行线，另一组为列线，按键置于行线与列线的交叉处。如图 3.2（b）所示，它是一个 4×4 矩阵结构的键盘接口电路。与独立式键盘相比，矩阵式键盘在使用相同数目检测线时可以安排更多的按键。在智能仪器中当按键数较多（大于 8）时，都采用矩阵式键盘。

交互式键盘结构的特点是，任意两检测线之间均可放置一个按键，但要求每一条检测线必须是具有位控功能的双向 I / O 端口线。很显然，交互式键盘所占用的检测线比矩阵式少。图 3.2（c）是一个典型的交互式键盘接口电路。

3.1.4 键盘的工作方式

键盘的工作方式分为编程扫描方式、定时扫描方式和中断扫描方式，具体采用哪种工作方式应根据实际系统中 CPU 工作的忙、闲情况而定，其原则是既要保证及时响应按键操作，又不要过多占用 CPU 的工作时间。

编程扫描方式：一个工作周期内，CPU 在执行其他任务的空闲时间调用键盘扫描子程序反复扫描键盘，以响应用户从键盘上输入的命令和数据，有键操作则获取键码并执行相应的键处理程序，由于该方法在 CPU 运行其他程序时不响应键盘输入，因此应考虑程序是否对每次按键都会作出及时响应。

定时扫描方式：该方式每隔一定的时间对键盘扫描一次，通常利用 CPU 内部定时器产生定时中断，CPU 响应定时器溢出中断请求，对键盘进行扫描，有键操作则获取键码并执行相应的键处理程序。由于按键时间一般不小于 100ms，定时中断周期应与按键时间相匹配以避免漏检按键输入。

中断扫描方式：CPU 工作任务十分繁重的情况下，只在有键按下时，键盘电路才向 CPU 申请中断，CPU 响应中断并在中断服务程序中进行键盘扫描，获取键码并执行相应的键处理程序。

智能仪器在运行过程中，并不会经常进行键操作，因而编程扫描工作方式和定时扫描工作方式使 CPU 经常处于空扫描状态；中断扫描工作方式无键按下时不进行扫描，并能确保对每次按键操作做出及时响应，可有效地提高 CPU 的工作效率。

3.1.5 键盘按键的编码

按键在没有输入信息的时候是一个稳定状态——常开或常闭；有信息输入的时候切换成另一状态通常是暂态。计算机通过检测按键开关的状态变化来得到是否有信息输入。通常由 CPU 读入按键状态并赋予一定含义的数值，这种情况称为非编码键盘。如果使用专用的按键管理芯片，如 Intel8279，ZLG7279，

MAX7279 等，称为编码键盘。

3.1.6 键盘与 CPU 的接口

键盘是一组开关的集合，是智能仪器常见的输入设备之一。键盘与微处理器的接口包括硬件与软件两部分。硬件是指键盘的组织，即键盘结构及其与主机的连接方式。软件是指对按键操作的识别与分析，称为键盘管理程序。虽然对不同的键盘组织其键盘管理程序存在很大的差异，但任务大体可分为下列几项：

①识键：判断是否有键按下。若有，则进行译码；若无，则等待或转做别的工作。

②译键：识别出哪一个键被按下并求出被按下键的键值。

③键值分析：根据键值，找出对应处理程序的入口并执行之。

键盘软件任务中的①和②两项工作通常合称为扫描。

3.1.7 键盘应用实例

（1）独立式键盘

这种键盘的接口形式最简单，但是每个按键占用一个计算机的端口线。如果系统的按键个数不多于 8 个可使用这种形式。按键数量较多可以使用矩阵式键盘或者专用键盘芯片。独立式键盘的结构图如图 3.3 所示。

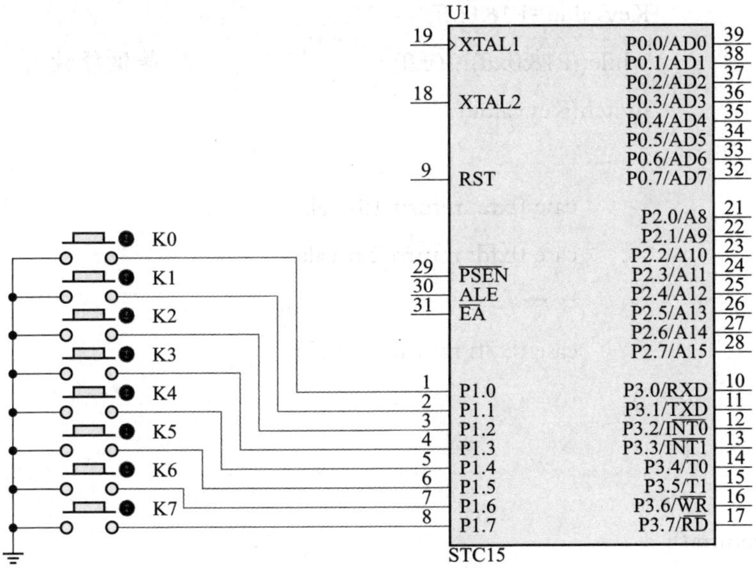

图3.3 独立式键盘结构

【例 3.1】 独立式键盘的程序设计。

如图 3.3 的 8 个按键连接了 STC15 的 P1 口，试设计一个键盘识别应用程序。已知按键定义为 K0，K1，…，K7 共 8 个。键盘程序返回的键值分别为 1,2…,7,8。

分析：当没有按键按下的时候，单片机读到的 P1 口数据全为“1”。当有按键按下的时候，相应按下的键对应的端口线数据为“0”。程序中要有键盘去抖动的处理。

程序示例：

```
KeyScan(void)
{
    unsigned int Keytemp;
    unsigned int Keyvalue;
    Keytemp=P1;
    if(Keytemp!=0xff)                          // 是否有按键按下
    {
        DelayMs(10);                           // 去抖动
        Keytemp=P1&0xff;
        if(Keytemp!=0xff)
        {
            Keyvalue=P1&0xff;
            while((P1&0xff)!=0xff)             // 等键释放
            switch(Keyvalue)
            {
                case 0xfe: return 1;break;
                case 0xfd: return 2;break;
                ……
                case 0x7f: return 8;break;
            }
        }
    }
    return 0;
}
```

（2）矩阵式键盘

矩阵键盘是单片机外部设备中所使用的排布类似于矩阵的键盘组。

在键盘中按键数量较多时，为了减少 I/O 口的占用，通常将按键排列成矩阵形式。在矩阵式键盘中，每条水平线和垂直线在交叉处不直接连通，而是通过一个按键加以连接。这样，一个端口（如 P1 口）就可以构成 4 × 4=16 个按键，比之直接将端口线用于键盘多出了一倍，而且线数越多，区别越明显，比如再多加一条线就可以构成 20 键的键盘，而直接用端口线则只能多出一个键（第 9 键）。由此可见，在需要的键数比较多时，采用矩阵法来做键盘是合理的。

矩阵式结构的键盘如图 3.4 所示，显然比直接法要更复杂，识别也要复杂一些，行线通过电阻接正电源，并将行线所接的单片机的 I/O 口作为输出端，而列线所接的 I/O 口则作为输入。这样，当按键没有按下时，所有的输入端都是高电平，代表无键按下。行线输出是低电平，一旦有键按下，则输入线就会被拉低，这样，通过读入输入线的状态就可得知是否有键按下了。

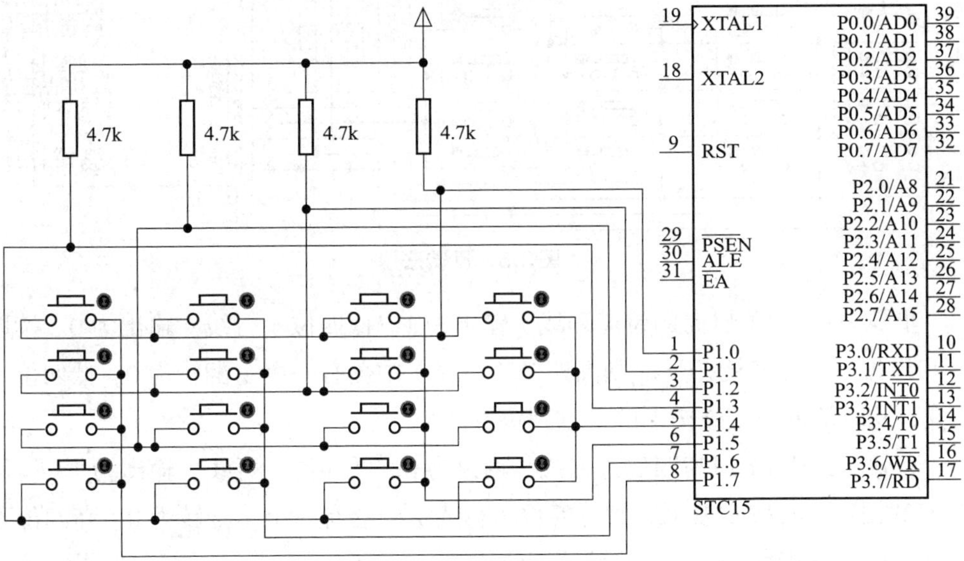

图3.4　扫描法

矩阵式键盘上判断哪个键被按下时可以有两种方法：扫描法和反转法。

扫描法又称为逐行（或列）扫描查询法，是一种最常用的按键识别方法，如图 3.4 所示，工作过程如下。

步骤一：判断键盘中有无键按下。将全部行线 P1.0~P1.3 置低电平，然后检测列线 P1.4~P1.7 的状态。只要有一列的电平为低，则表示键盘中有键被按下，而且闭合的键位于低电平线与 4 根行线相交叉的 4 个按键之中。若所有列线均为高电平，则键盘中无键按下。

步骤二：判断闭合键所在的位置。在确认有键按下后，即可进入确定具体闭合键的过程。其方法是：依次将行线置为低电平，即在置某根行线为低电平时，其他线为高电平。在确定某根行线位置为低电平后，再逐一检测各列线的电平状态。若某列为低，则该列线与置为低电平的行线交叉处的按键就是闭合的按键。

反转法是一种快速识别矩阵式按键的方法，如图 3.5 所示，工作过程如下。

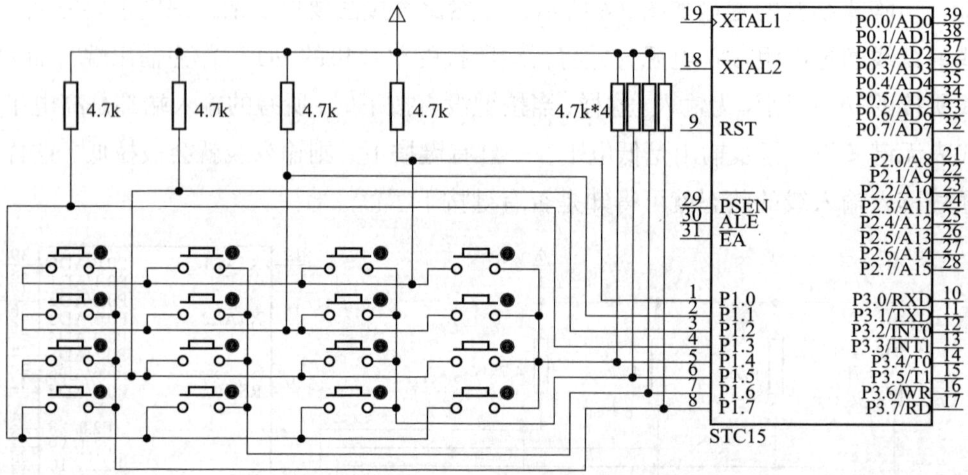

图3.5　反转法

步骤一：让 P1 口高四位（列线）输出为 1，低四位（行线）输出为 0。读取 P1 口数据，若有按键按下，则高四位（列线）中会有一个 1 翻转为 0，低四位不会变，此时即可确定被按下的键的列位置。

步骤二：让 P1 口高四位（列线）输出为 0，低四位（行线）输出为 1。读取 P1 口数据，若有按键按下，则低四位（行线）中会有一个 1 翻转为 0，高四位不会变，此时即可确定被按下的键的行位置。

最后将上述两者进行逻辑或运算即可确定被按下的键的位置。

上面两种常用的键盘型式的键值是由软件来确定的，属于非编码键盘。

1）扫描法键盘的工作方式。

系统中对键盘的扫描控制可以有三种：程序扫描，定时扫描和中断扫描。根据系统任务的需要，选择合适的键盘工作方式，以系统主要任务优先为原则。

①程序扫描法。程序扫描法是利用CPU完成主要任务的时间间隙，调用键盘扫描子程序来处理键盘的输入信息。键盘扫描程序一般是一个比较简短的子程序。可在主程序的合适时间调用。

工作过程包括以下步骤：判断有无按键按下；去抖动，再判断是否真有按键按下；有按键按下转下一步处理，否则返回主程序；键值的处理及按键的释放处理；键值的返回。

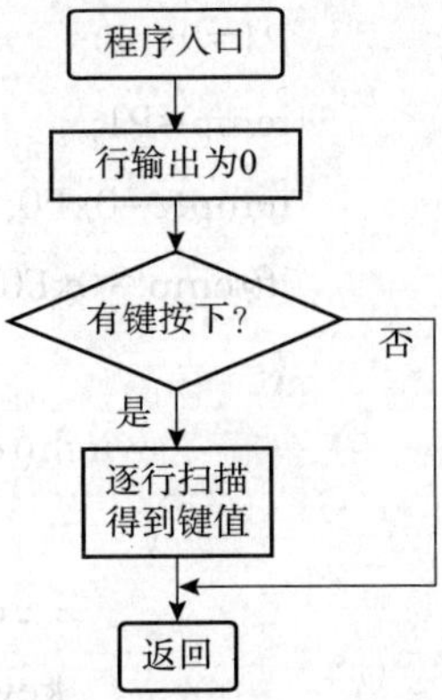

图3.6 键值的程序扫描法

【例3.2】 如图3.4所示矩阵式键盘，采用程序扫描法工作，程序流程图如图3.6所示。

C51程序如下：

```
unsigned char keyvalue, temp, key_flag;
unsigned char KeyScan(void)
{
P1 = 0xf0;
if((P1&0xf0)!=0xf0)                 // 是否有键按下
  {
    DelayMs(20);                     // 去抖动
    if((P1&0xf0)!=0xf0)
      {
      P1=0xFE;                       // 扫描第一行
      temp=P1;
      temp=temp&0xF0;
      if(temp!=0xF0)                 // 本行有键按下
      {
        switch(temp)
        {
          case 0x70:                 // 第一列有键按下
          keyvalue =0;break;
          case 0xB0:                 // 第二列有键按下
          keyvalue =1;break;
          case 0xD0:                 // 第三列有键按下
          keyvalue =2;break;
```

```
                case 0xE0:              // 第四列有键按下
                keyvalue =3;break;
            }
        }
        P1=0xFD;                        // 扫描第二行
        temp=P1;
        temp&=0xF0;
        if(temp!=0xF0)
        {
            switch(temp)
            {
                case 0x70:              // 第一列有键按下
                keyvalue =4;break;
                case 0xB0:              // 第二列有键按下
                keyvalue =5;break;
                case 0xD0:              // 第三列有键按下
                keyvalue =6;break;
                case 0xE0:              // 第四列有键按下
                keyvalue =7;break;
            }
        }
        P1=0xFB;                        // 扫描第三行
        temp=P1;
        temp&=0xF0;
        if(temp!=0xF0)
        {
            switch(temp)
            {
                case 0x70:              // 第一列有键按下
                    keyvalue =8;break;
                case 0xB0:              // 第二列有键按下
                    keyvalue =9;break;
```

```
                case 0xD0:             // 第三列有键按下
                    keyvalue =10;break;
                case 0xE0:             // 第四列有键按下
                    keyvalue =11;break;
            }
        }
        P1=0xF7;                                        // 扫描第四行
        temp=P1;
        temp&=0xF0;
        if(temp!=0xF0)
        {
            switch(temp)
            {
                case 0x70:             // 第一列有键按下
                    keyvalue =12;break;
                case 0xB0:             // 第二列有键按下
                    keyvalue =13;break;
                case 0xD0:             // 第三列有键按下
                    keyvalue =14;break;
                case 0xE0:             // 第四列有键按下
                    keyvalue =15;break;
            }
        }

            while(P1!=0xff);           // 等待按键放开
            key_flag =1;
            return(keyvalue);          // 返回键值
        }
    }
    key_flag = 0;
    return 0;
}
```

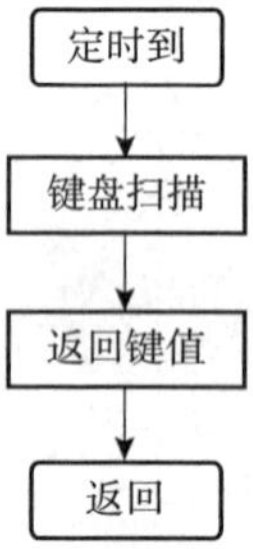

图3.7　定时扫描方式

②定时扫描法。定时扫描法指 CPU 每隔一定的时间间隔对键盘进行扫描。时间间隔可由单片机的内部定时器产生。时间长短可以根据系统设计的需要进行调整，通常为毫秒级别。按键的识别可以为扫描法或反转法。

图 3.7 为定时扫描法的流程图。程序略。

③中断扫描方式。无论是程序扫描方式还是定时扫描方式，CPU 都要隔一段时间去扫描键盘，而系统大多数的时间不是键盘信息输入，以致系统效率不高。这时可以使用中断扫描工作方式，提高效率。当系统没有按键输入要求时，计算机处理其他正常的事件，当有键盘输入要求时，键盘电路会发出中断申请，计算机会根据系统的工作状态决定是否处理按键输入申请。这样可以提高系统的工作效率。

如图 3.8 所示，STC15 的 P0 口构成 4×4 矩阵式键盘。P0.0~P0.3 为列线，P0.4~P0.7 为行线。P0.0~P0.3 为扫描输出线，P0.4~P0.7 为扫描输入线。当有按键按下的时候，与门会产生外部中断申请信号。CPU 可以响应中断，在中断处理程序中扫描键盘得到键值。

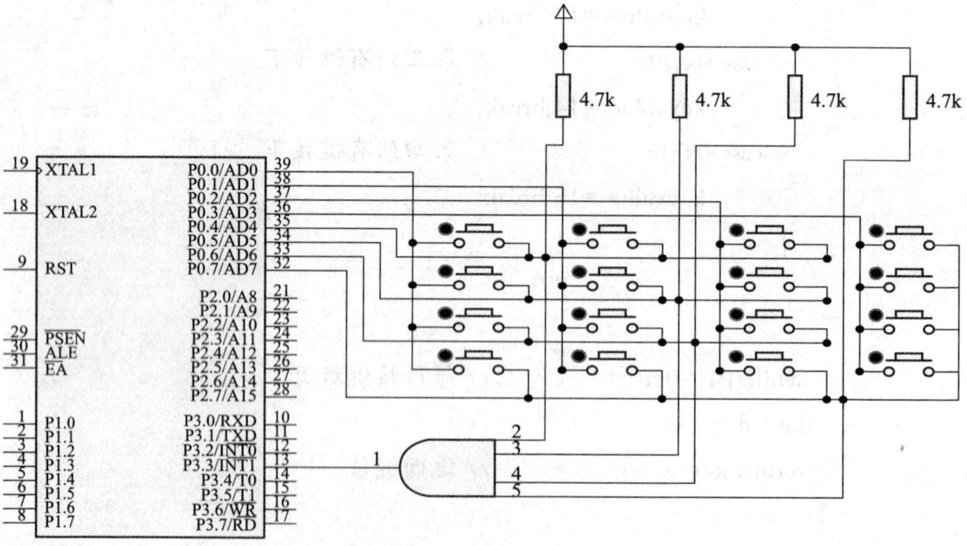

图3.8　中断扫描方式

2）反转法键盘的工作方式。

【例 3.3】　如图 3.5 所示矩阵式键盘，采用反转法工作，程序流程图如图 3.9 所示。

C51程序如下：

```
#define KeyPort P1
unsigned char KeyScan(void)
{
    unsigned char kkk,X,Y,Z;
    KeyPort=0xf0;                    //先对P1置数，行输出全为0
    kkk = KeyPort&0xf0;
    if(kkk != 0xf0)                  //判断是否有键按下？
    {
        delay_ms(1);                 //延时去抖
        if((KeyPort&0xf0)!=0xf0)     //如果确有按键按下，要处理
        {
            key_flag = 1 ;
            X=KeyPort&0xf0;          //保存行扫描时有键按下时状态
            KeyPort=0x0f;            //对P1置数，列输出全为0
            Y=KeyPort&0x0f;          //保存列扫描时有键按下时状态
            Z=X|Y;                   //得到原始键码
            switch(Z)                //判断键值
            {
              case 0x7e:
                  k=0;break;         //对键值赋值
              case 0xbe:
                  k=1;break;
              case 0xde:
                  k=2;break;
              case 0xee:
                  k=3;break;
              case 0x7d:
                  k=4;break;
              case 0xbd:
                  k=5;break;
```

```
                case 0xdd:
                    k=6;break;
                case 0xed:
                    k=7;break;
                case 0x7b:
                    k=8;break;
                case 0xbb:
                    k=9;break;
                case 0xdb:
                    k=10;break;
                case 0xeb:
                    k=11;break;
                case 0x77:
                    k=12;break;
                case 0xb7:
                    k=13;break;
                case 0xd7:
                    k=14;break;
                case 0xe7:
                    k=15;break;
            }
            return k;
        }
    }
    key_flag = 0;                           // 无键按下返回 FF
    return 0xff;
}
```

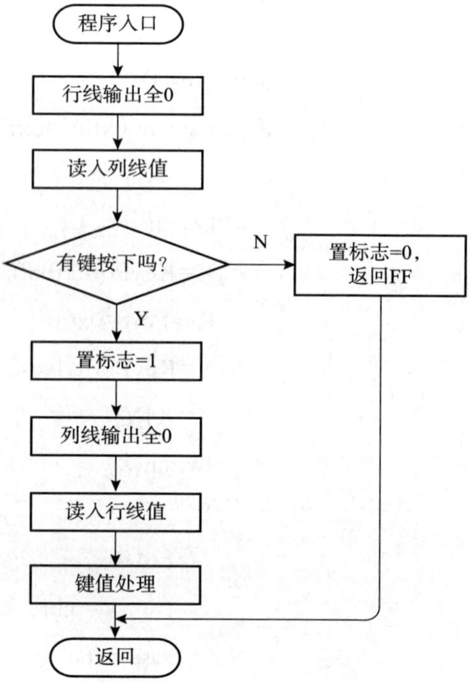

图3.9 键盘反转法流程图

3.2 LED 显示接口

发光二极管也称 LED（Light-Emitting Diode）是一种能将电能转化为光能的

半导体电子元件。这种电子元件早在1962年就出现了，早期只能发出低亮度的红光，之后发展出其他单色光的版本，时至今日能发出的光已遍及可见光、红外线及紫外线，也出现了高亮度LED。发光二极管起初时作为指示灯、显示板等，随着技术的不断进步，已被广泛地应用于显示器、电视机、灯光装饰和特殊照明等。

计算机系统中常用LED作为状态显示，数值指示，信息检测等。作为显示器件LED可以有单个LED显示、点阵式LED显示、八段式显示、十六段式显示和条状显示等。本节重点讲述八段式LED的显示原理及应用。

（1）八段式LED

八段式LED显示器又称为LED数码管（LED Segment Displays）由多个发光二极管封装在一起组成“8”字形的器件，引线已在内部连接完成，只需引出它们的各个笔画，公共电极。数码管实际上是由7个发光管组成8字形构成的，加上小数点就是8个。这些段分别由字母a，b，c，d，e，f，g，dp来表示。单个的外形结构如图3.10所示。一般情况下，单个发光二极管的管压降为1.8V左右，电流不超过30mA。常用LED数码管显示的数字和字符是0、1、2、3、4、5、6、7、8、9、A、B、C、D、E、F等。

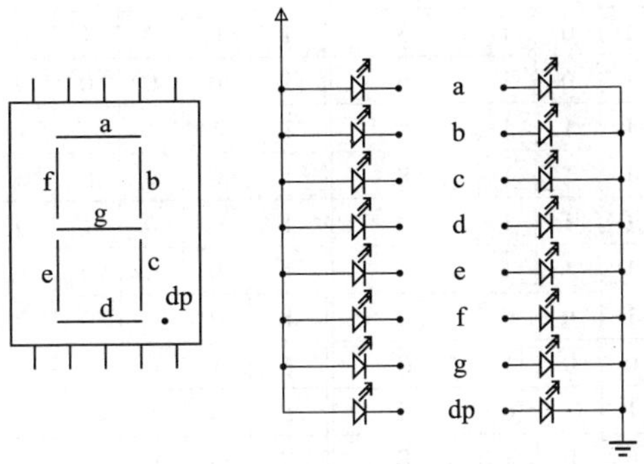

图3.10　LED的符号和结构

（2）数码管显示原理

LED数码管根据LED的接法不同分为共阴和共阳两类，了解LED的这些特性，对编程是很重要的，因为不同类型的数码管，除了它们的硬件电路有差异外，编程方法也是不同的。如图3.10所示，发光二极管的阳极接到一起连接到电源正极的称为共阳数码管，发光二极管的阴极接到一起连接到电源负极的称为共阴数码管。

以共阴极为例，如把阴极接地，在相应段的阳极接上高电平，该段即会发光。

LED 的电流通常 10mA 左右，一般均需在回路中接上限流电阻。假如我们将“b”和“c”段接上高电平，其他端接地或悬空，那么“b”和“c”段发光，此时，数码管显示将显示数字“1”。而将“a”“b”“d”“e”和“g”段都接上高电平，其他引脚悬空，此时数码管将显示“2”。这个能使段式 LED 显示信息的代码我们称之为段码，其他字符的显示段码如表 3.1 所示。表格中列出了共阴极和共阳极的常用段码，可根据系统设计的需要选择合适的数码管。程序设计时可以把需要的段码做成表格，使用查表指令读取。

（3）数码管显示接口

数码管显示有两种方式：静态显示和动态显示。

表 3.1　LED 显示器的段码表

共阴极段码									共阳极段码								
dp	g	f	e	d	c	b	a	显示	dp	g	f	e	d	c	b	a	显示
0	0	1	1	1	1	1	1	0	1	1	0	0	0	0	0	0	0
0	0	0	0	0	1	1	0	1	1	1	1	1	1	0	0	1	1
0	1	0	1	1	0	1	1	2	1	0	1	0	0	1	0	0	2
0	1	0	0	1	1	1	1	3	1	0	1	1	0	0	0	0	3
0	1	1	0	0	1	1	0	4	1	0	0	1	1	0	0	1	4
0	1	1	0	1	1	0	1	5	1	0	0	1	0	0	1	0	5
0	1	1	1	1	1	0	1	6	1	0	0	0	0	0	1	0	6
0	0	0	0	0	1	1	1	7	1	1	1	1	1	0	0	0	7
0	1	1	1	1	1	1	1	8	1	0	0	0	0	0	0	0	8
0	1	1	0	1	1	1	1	9	1	0	0	1	0	0	0	0	9
0	1	1	1	0	1	1	1	A	1	0	0	0	1	0	0	0	A
0	1	1	1	1	1	0	0	b	1	0	0	0	0	0	1	1	b
0	0	1	1	1	0	0	1	C	1	1	0	0	0	1	1	0	C
0	1	0	1	1	1	1	0	d	1	0	1	0	0	0	0	1	d
0	1	1	1	1	0	0	1	E	1	0	0	0	0	1	1	0	E
0	1	1	1	0	0	0	1	F	1	0	0	0	1	1	1	0	F

①静态显示接口。

静态显示是指每个数码管的每个段码都由一个单片机的 I/O 端口进行驱动，或者使用如 BCD 码（二 ~ 十进制）译码器译码进行驱动。公共端都接 +5V 或地。静态显示的优点是编程简单，显示亮度高；缺点是占用 I/O 端口多，如驱动 4 个数码管静态显示则需要 4×8=32 根 I/O 端口来驱动。

静态显示接口电路如图 3.11 所示。使用 BCD 码译码器 MC14459 驱动七段式 LED。

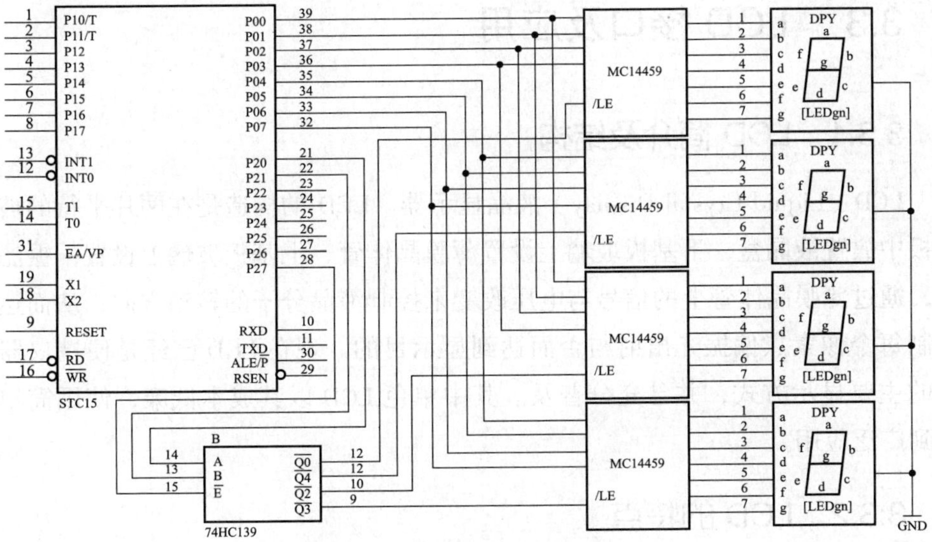

图3.11 数码管静态显示接口

② 动态显示接口。

动态显示是指每个数码管的段码都由一个驱动单元电路进行驱动，公共端（位选端）分别由单独的信号控制。动态显示的优点是硬件相对简单，显示亮度适中；缺点是编程较复杂，必须使用轮流扫描的显示方法。

动态显示接口电路如图 3.12 所示。

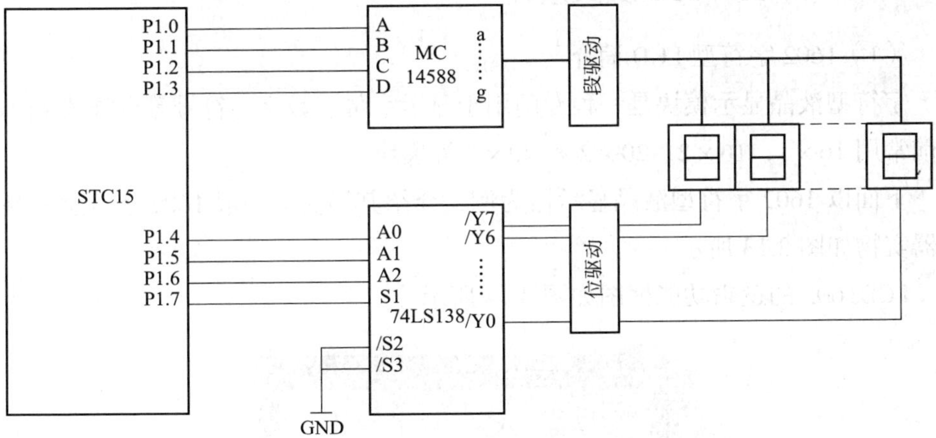

图3.12 数码管动态显示接口

3.3 LCD 接口及应用

3.3.1 LCD 简介及结构

LCD（Liquid Crystal Display）液晶显示器。LCD 的构造是在两片平行的玻璃基板中放置液晶盒，下基板玻璃上设置薄膜晶体管，上基板玻璃上设置偏振滤光片，通过薄膜晶体管上的信号与电压改变来控制液晶分子的转动方向，从而达到控制每个像素点偏振光出射与否而达到显示目的。现在 LCD 已经是便携仪器仪表的主要显示方式，并已充分普及。其中单色 LCD 以其成本低廉，使用简单，得到广泛应用。

3.3.2 LCD 的特点

LCD 用于智能仪器系统的显示有如下特点。

① 显示信息多样化。

②功耗降低，易用于便携式设计。

③硬件连接简单，软件编程容易。

④ 没有闪烁现象。

3.3.3 LCD1602 及其应用

（1）1602 字符型 LCD 简介

字符型液晶显示模块是一种专门用于显示字母、数字、符号等点阵式 LCD，目前常用 16×1，16×2，20×2 和 40×2 等模块。

下面以 1602 字符型液晶显示器为例，介绍其用法。一般 1602 字符型液晶显示器实物如图 3.13 所示。

LCD1602 的逻辑功能框图如图 3.14 所示。

图 3.13　LCD1602 实物图

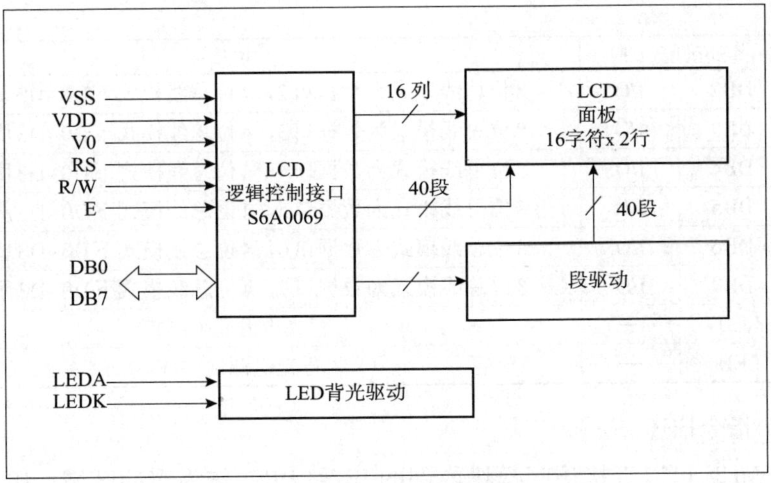

图3.14　LCD1602的逻辑功能框图

LCD1602 分为带背光和不带背光两种，其控制器可以是 HD44780、S6A0069/KS0066 等，带背光的比不带背光的厚，是否带背光在编程使用应用中并无差别。

LCD1602 主要技术参数：

显示容量：16 × 2 个字符；

芯片工作电压：4.5~5.5V；

工作电流：2.0mA（5.0V）；

模块最佳工作电压：5.0V；

字符尺寸：2.95 × 4.35（W × H）mm

（2）引脚功能说明

LCD1602 采用标准的 14 引脚（无背光）或 16 引脚（带背光）接口，各引脚接口说明如表 3.2 所示。

表3.2　LCD1602引脚说明

引脚	名称	方向	说明
1	V_{ss}	—	电源地（0V）
2	V_{dd}	—	电源电压（+5V）
3	V_o	—	LCD驱动电压（可调，一般为0.8V）
4	RS	I	RS=0，选择指令寄存器；RS=1，选择数据寄存器
5	R/W	I	R/W=0 写操作；R/W=1 读操作
6	E	I	写操作时，信号下降沿有效；读操作时，保持高电平
7	DB0	I/O	8位总线模式为数据口0，4位总线模式下D0~D3脚断开
8	DB1	I/O	8位总线模式为数据口1，4位总线模式下D0~D3脚断开

续表

引脚	名称	方向	说明
9	DB2	I/O	8位总线模式为数据口2，4位总线模式下D0~D3脚断开
10	DB3	I/O	8位总线模式为数据口3，4位总线模式下D0~D3脚断开
11	DB4	I/O	8位总线模式为数据口4，4位总线模式下D0~D3脚断开
12	DB5	I/O	8位总线模式为数据口5，4位总线模式下D0~D3脚断开
13	DB6	I/O	8位总线模式为数据口6，4位总线模式下D0~D3脚断开
14	DB7	I/O	8位总线模式为数据口7，4位总线模式下D0~D3脚断开
15	LED+	—	背光电源正（+5V）
16	LED-	—	背光电源地（0V）

（3）指令描述

由于MCU可以直接访问模块内部的IR和DR，作为缓冲区域，IR和DR在模块进行内部操作之前，可以暂存来自MCU的控制信息。这样就给用户在MPU和外围控制设备的选择上，增加了余地。模块的内部操作由来自MCU的RS、R/W、E以及数据信号DB决定，这些信号的组合形成了模块的指令。

本系列模块向用户提供了11条指令，大致可以分为四大类：

①模块功能设置，诸如：显示格式、数据长度等。

②设置内部RAM地址。

③完成内部RAM数据传送。

④完成其他功能。

一般情况下，内部RAM的数据传送的功能使用最为频繁，因此，RAM中的地址指针所具备的自动加一或减一功能，在一定程度上减轻了MCU编程负担。此外，由于数据移位指令与写显示数据可同时进行，这样用户就能以最少系统开发时间，达到最高的编程效率。

这里值得一提的是，在每次访问模块之前，MCU应首先检测忙标志BF，确认BF=0后，访问过程才能进行。

1）清显示（Clear display）。

指令码：

RS	R/W	DB7	DB6	DB5	DB4	DB3	DB2	DB1	DB0
0	0	0	0	0	0	0	0	0	1

清显示指令将空位符码20H送入全部DDRAM地址中，使DDRAM中的内容全部清除，显示消失；地址计数器AC=0，自动增1模式；显示归位，光标或者

闪烁回到原点（显示屏左上角）；但并不改变移位设置模式。

2）归位（Return home）。

指令码：

RS	R/W	DB7	DB6	DB5	DB4	DB3	DB2	DB1	DB0
0	0	0	0	0	0	0	0	1	x

归位指令置地址计数器 AC=0；将光标及光标所在位置回到原点；但 DDRAM 中的内容并不改变。

3）设置输入模式（Entry mode set）。

指令码：

RS	R/W	DB7	DB6	DB5	DB4	DB3	DB2	DB1	DB0
0	0	0	0	0	0	0	1	I/D	S

I/D：字符码写入或者读出 DDRAM 后 DDRAM 地址指针 AC 变化方向标志：

I/D=1，完成一个符码传送后，光标右移，AC 自动加 1；

I/D=0，完成一个符码传送后，光标左移，AC 自动减 1；

S：显示移位标志：

S=1，将全部显示向右（I/D=0）或者向左（I/D=1）移位；S=1 时，显示移位时，光标似乎并不移位；此外，读 DDRAM 操作以及对 CGRAM 的访问，不发生显示移位。

S=0，显示不发生移位。

4）显示开 / 关控制（Display on/off control）。

指令码：

RS	R/W	DB7	DB6	DB5	DB4	DB3	DB2	DB1	DB0
0	0	0	0	0	0	1	D	C	B

D：显示开 / 关控制标志：D=1，开显示；D=0，关显示；

关显示后，显示数据仍保持在 DDRAM 中，立即开显示可以再现。

C：光标显示控制标志：C=1，光标显示；C=0，光标不显示；

不显示光标并不影响模块其他显示功能；显示 5X8 点阵字符时，光标在第八行显示，显示 5X10 点阵字符时，光标在第十一行显示。

B：闪烁显示控制标志：

B=1，光标所指位置上，交替显示全黑点阵和显示字符，产生闪烁效果，fosc=250kHz 时，闪烁频率为 0.4ms 左右；通过设置，光标可以与其所指位置的字符一起闪烁。

B=0，不闪烁。

5）光标或显示移位（Cursor or display shift）。

指令码：

RS	R/W	DB7	DB6	DB5	DB4	DB3	DB2	DB1	DB0
0	0	0	0	0	1	S/C	R/L	x	x

光标或显示移位指令可使光标或显示在没有读写显示数据的情况下，向左或向右移动；运用此指令可以实现显示的查找或替换；在双行显示方式下，第一行和第二行会同时移位；当移位越过第一行第四十位时，光标会从第一行跳到第二行，但显示数据只在本行内水平移位，第二行的显示决不会移进第一行；倘若仅执行移位操作，地址计数器 AC 的内容不会发生改变。

S/C	R/L	说明
0	0	光标向左移动，AC 自动减 1
0	1	光标向右移动，AC 自动加 1
1	0	光标和显示一起向左移动，AC 值不变
1	1	光标和显示一起向右移动，AC 值不变

6）功能设置（Function set）。

指令码：

RS	R/W	DB7	DB6	DB5	DB4	DB3	DB2	DB1	DB0
0	0	0	0	1	DL	N	F	x	x

功能设置指令设置模块数据接口宽度和 LCD 显示屏显示方式，即 MPU 与模块接口数据总线为 4 位或者是 8 位、 LCD 显示行数和显示字符点阵规格；所以建议用户最好在执行其他指令设置（读忙标志指令除外）之前，在程序的开始，进行功能设置指令的执行。

DL：数据接口宽度标志。

DL=1，8 位数据总线 DB7~DB0；

DL=0，4 位数据总线 DB7~DB4，DB3~DB0 不用，使用此方式传送数据，需分两次进行。

N：显示行数标志。

N=1，两行显示模式；

N=0，单行显示模式。

F：显示字符点阵字体标志。

F=1：5X10 点阵 + 光标显示模式；

F=0：5X7 点阵 + 光标显示模式。

7）地址设置（Set CGRAM address CGRAM）。

指令码：

RS	R/W	DB7	DB6	DB5	DB4	DB3	DB2	DB1	DB0
0	0	0	1	ACG5	ACG4	ACG3	ACG2	ACG1	ACG0

CGRAM 地址设置指令设置 CGRAM 地址指针，它将 CGRAM 存储用户自定义显示字符的字模的数据的首地址 ACG5~ACG0 送入 AC 中，于是用户自定义字符字模就可以写入 CGRAM 中或者从 CGRAM 中读出。

8）DDRAM 地址设置（Set DDRAM address）。

指令码：

RS	R/W	DB7	DB6	DB5	DB4	DB3	DB2	DB1	DB0
0	0	1	ADD6	ADD5	ADD4	ADD3	ADD2	ADD1	ADD0

DDRAM 地址设置指令设置 DDRAM 地址指针，它将 DDRAM 存储显示字符的符码的首地址 ADD6~ADD0 送入 AC 中，于是显示字符的符码就可以写入 DDRAM 中或者从 DDRAM 中读出。

值得一提的是，在 LCD 显示屏一行显示方式下，DDRAM 的地址范围为：00H~4FH；两行显示方式下，DDRAM 的地址范围为：第一行 00H~27H，第二行 40H~67H。

9）读忙标志 BF 和地址计数器 AC（Read busy flag and address）。

指令码：

RS	R/W	DB7	DB6	DB5	DB4	DB3	DB2	DB1	DB0
0	1	BF	AC6	AC5	AC4	AC3	AC2	AC1	AC0

当 RS=0 和 R/W=1 时，在 E 信号高电平的作用下，BF 和 AC6~AC0 被读到数据总线 DB7~DB0 的相应位。

BF：内部操作忙标志，BF=1，表示模块正在进行内部操作，此时模块不接收任何外部指令和数据，直到 BF=0 为止。

AC6~AC0：地址计数器 AC 内的当前内容，由于地址计数器 AC 是 CGROM、CGRAM 和 DDRAM 的公用指针，因此当前 AC 内容所指区域由前一条指令操作区域决定；同时，只有 BF=0 时，送到 DB7~DB0 的数据 AC6~AC0 才有效。

10）写数据到 CGRAM 或 DDRAM（Write data to CGRAM or DDRAM）。

指令码：

RS	R/W	DB7	DB6	DB5	DB4	DB3	DB2	DB1	DB0
1	0	D7	D6	D5	D4	D3	D2	D1	D0

写数据到 CGRAM 或 DDRAM 指令，是将用户自定义字符的字模数据写到已经设置好的 CGRAM 的地址中，或者是将欲显示符的符码写到 DDRAM 中。

欲写入的数据 D7~D0 首先暂存在 DR 中，再由模块的内部操作自动写入地址指针所指定的 CGRAM 单元或者 DDRAM 单元中。

11）从 CGRAM 或 DDRAM 中读数据（Read data from CGRAM or DDRAM）。

指令码：

RS	R/W	DB7	DB6	DB5	DB4	DB3	DB2	DB1	DB0
1	1	D7	D6	D5	D4	D3	D2	D1	D0

从 CGRAM 或 DDRAM 中读数据指令，是从地址计数器 AC 指定的 CGRAM 或者 DDRAM 单元中，读出数据 D7~D0；读出的数据 D7~D0 暂存在 DR 中，再由模块的内部操作送到数据总线 DB7~DB0 上；需要注意的是，在读数据之前，应先通过地址计数器 AC 正确指定读取单元的地址。

【例 3.4】 LCD1602 的使用例程。

```
#include <reg52.h>
#define   uint    unsigned int
#define   uchar   unsigned char
#define  comm     0
#define  dat      1
sbit      e       = P3^3;                    // 使能端;
sbit      rw      = P3^4;                    //H= 读; L= 写;
sbit      rs      = P3^5;                    //H= 数据; L= 命令;
uchar     code tab1[]= {
                  "LCD1602  DISPLAY"
                  "WELCOM TO USE"
                  };
void delay (int ms)                          // 延时一段时间
```

```
{
    int i,j;
    for(i=0;i<ms;i++)
    for(j=0;j<200;j++);
}
void wr_lcd (uchar dat_comm,uchar content)
{
    if(dat_comm)
    {
        rs=1;                                  // 数据写
        rw=0;
    }
    else
    {
        rs=0;                                  // 命令写
        rw=0;
    }
P1=content;                                    // 输出数据或命令
e=1;
delay(1);
e=0;
}
//-------------------LCD 初始化 -------------------//
void init_lcd (void)
{
    e=0;
    wr_lcd (comm,0x01);                        // 清屏，地址指针指向 00H
    wr_lcd (comm,0x06);                        // 光标的移动方向
    wr_lcd (comm,0x0c);                        // 开显示，关光标
    wr_lcd (comm,0x38);                        //8 位接口两行显示模式
}
```

```
//------------------ 显示字符 -------------------//
void chrt_disp (uchar code *chrt)
{
    uchar i,j;
    wr_lcd (comm,0x80);
    for (j=0;j<2;j++)
    {
        for (i=0;i<16;i++)
        wr_lcd (dat,chrt[j*16+i]);
        wr_lcd (comm,0xc0);
    }
}
//------------------ 主程序 -------------------//
void main ()
{
    init_lcd ();
    while (1)
    {
        chrt_disp (tab1);
        delay (2000);
    }
}
```

3.4 专用键盘显示接口 HD7279A

HD7279A 是由凌志比高科技有限公司研发，一片具有串行接口的，可同时驱动 8 位共阴式数码管（或 64 只独立 LED）的智能显示驱动芯片。该芯片同时可连接多达 64 键的键盘矩阵，单片即可完成 LED 显示、键盘接口的全部功能。

HD7279A 内部含有译码器，可直接接受 BCD 码或 16 进制码，并同时具有 2 种译码方式（参见后文），此外，还具有多种控制指令，如消隐、闪烁、左移、右移、段寻址等。

HD7279A 具有片选信号，可方便地实现多于 8 位的显示或多于 64 键的键盘接口。

通常应用于仪器仪表、工业控制器、条形显示器、控制面板等。

芯片特点：

①串行接口，无需外围元件可直接驱动 LED。

②各位独立控制译码 / 不译码及消隐和闪烁属性。

③（循环）左移 /（循环）右移指令。

④具有段寻址指令，方便控制独立 LED。

⑤ 64 键键盘控制器，内含去抖动电路。

⑥有 DIP 和 SOIC 两种封装形式供选择。

3.4.1　HD7279A 的典型应用电路

图 3.15 为 HD7279A 的典型应用电路。HD7279A 使用共阴式数码管。应用中，无需用到的键盘和数码管可以不连接，省去数码管或对数码管设置消隐属性均不会影响键盘的使用。

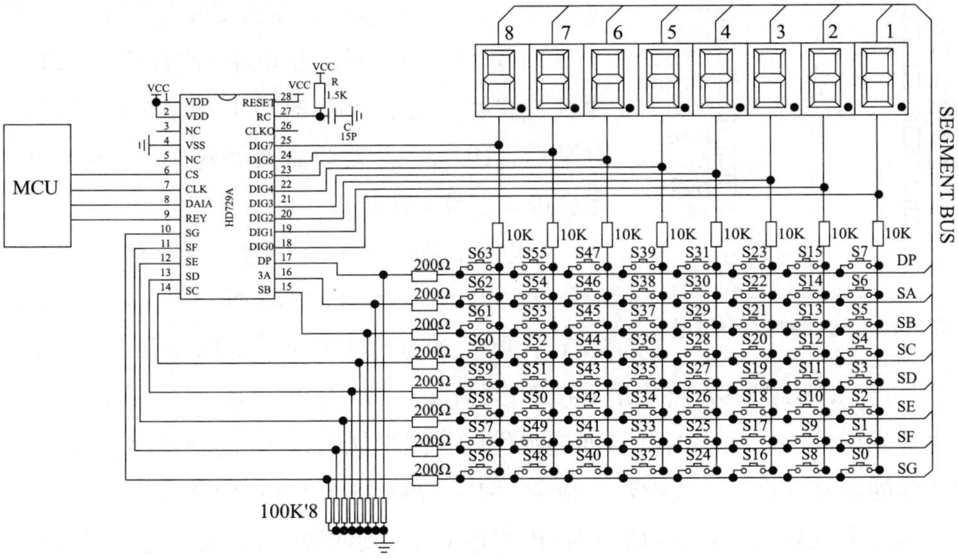

图 3.15　HD7279A 典型应用电路

如果不用键盘，则典型电路图中连接到键盘的 8 只 10kΩ 电阻和 8 只 100kΩ 下拉电阻均可以省去。如果使用了键盘，则电路中的 8 只 100kΩ 下拉电阻均不得省略。除非不接入数码管，否则连接 DP 及 SA~SG 连线的 8 只 200Ω 电阻均不能省去。

实际应用中 8 只下拉电阻和 8 只键盘连接位选线 DIG0~DIG7 的 8 只电阻（以下简称位选电阻），应遵从一定的比例关系。下拉电阻应大于位选电阻的 5 倍而小于其 50 倍，典型值为 10 倍；下拉电阻的取值范围是 10~100kΩ，位选电阻的取值范围是 1~10kΩ。在不影响显示的前提下，下拉电阻应尽可能地取较小的值，这样可以提高键盘部分的抗干扰能力。

因为 HD7279A 采用循环扫描的工作方式，如果采用普通的数码管，亮度有可能不够，采用高亮或超高亮的型号，可以解决这个问题。数码管的尺寸，亦不宜选得过大，一般字符高度不宜超过 1in（1in=2.54cm），如使用大型的数码管，应使用适当的驱动电路。

HD7279A 需要一外接的 RC 振荡电路以供系统工作，其典型值分别为 R =1.5kΩ，C =15pF。如果芯片无法正常工作，请首先检查此振荡电路。在印刷电路板布线时，所有元件，尤其是振荡电路的元件应尽量靠近 HD7279A，并尽量使电路连线最短。

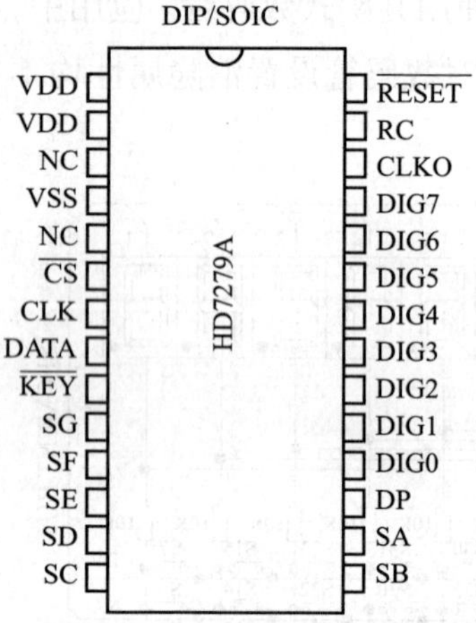

图3.16　HD7279A引脚图

HD7279A 的 RESET 复位端在一般应用情况下，可以直接与正电源连接，在需要较高可靠性的情况下，可以连接一外部的复位电路，或直接由 MCU（单片机）控制。在上电或 RESET 端由低电平变为高电平后，HD7279A 大约需要经过 18~25ms 的时间才会进入正常工作状态。

上电后，所有的显示均为空，所有显示位的显示属性均为‘显示’及‘不闪烁’。当有键按下时，KEY 引脚输出变为低电平，此时如果接收到‘读键盘’指令，HD7279A 将输出所按下键的代码。键盘代码的定义，请参阅图 3.15 典型应用电路图，图中的键号即键盘代码，图中代码以 10 进制表示。如果在没有按键的情况下收到‘读键盘’指令，HD7279A 将输出 FFH（255）。

程序中，尽可能地减少 CPU 对 HD7279A 的访问次数，可以使得程序更有效率。

因为芯片直接驱动 LED 数码管显示，电流较大，且为动态扫描方式，故如果该部分电路电源连线较细较长，可能会引入较大的电源噪声干扰，将 HD7279A 的正负电源端上并联去耦电容可以提高电路的抗干扰能力。

注意：如果有2个键同时按下，HD7279A将只能给出其中一个键的代码，因此HD7279A不适于应用在需要2个或2个以上键同时按下的场合。

HD7979A引脚分布见图3.16，引脚说明见表3.3。

表3.3 HD7979A引脚定义

引脚	名称	说明
1,2	VDD	正电源
3,5	NC	无连接，必须悬空
4	VSS	接地
6	CS	片选输入端，此引脚为低电平时，可向芯片发送指令及读取键盘数据
7	CLK	同步时钟输入端，向芯片发送数据及读取键盘数据时，此引脚电平上升沿表示数据有效
8	DATA	串行数据输入/输出端，当芯片接收指令时，此引脚为输入端；当读取键盘数据时，此引脚在‘读’指令最后一个时钟的下降沿变为输出端
9	KEY	按键有效输出端，平时为高电平，当检测到有效按键时，此引脚变为低电平
10~16	SG~SA	段g~段a驱动输出
17	DP	小数点驱动输出
18~25	DIG0~DIG7	位选0~位选7驱动输出
26	CLKO	振荡输出端
27	RC	RC振荡器连接端
28	RESET	复位端

3.4.2 HD7279A的控制指令

HD7279A的控制指令分为两大类——纯指令和带有数据的指令。

（1）纯指令

1）复位（清除）指令A4H。

D7	D6	D5	D4	D3	D2	D1	D0
1	0	1	0	0	1	0	0

当HD7279A收到该指令后，将所有的显示清除，所有设置的字符消隐、闪烁等属性也被一起清除。执行该指令后，芯片所处的状态与系统上电后所处的状态一样。

2）测试指令BFH 。

D7	D6	D5	D4	D3	D2	D1	D0
1	0	1	1	1	1	1	1

该指令使所有的 LED 全部点亮，并处于闪烁状态，主要用于测试。

3）左移指令 A1H。

D7	D6	D5	D4	D3	D2	D1	D0
1	0	1	0	0	0	0	1

使所有的显示自右向左（从第 1 位向第 8 位）移动一位（包括处于消隐状态的显示位）。但对各位所设置的消隐及闪烁属性不变。移动后，最右边一位为空（无显示）。例如，原显示为

2	3	4	5	H	L	6	7

其中第二位‘6’和第四位‘H’为闪烁显示，执行了左移指令后，显示变为

3	4	5	H	L	6	7	

第二位‘7’和第四位‘L’为闪烁显示。

4）右移指令 A0H。

D7	D6	D5	D4	D3	D2	D1	D0
1	0	1	0	0	0	0	0

与左移指令类似，但所做移动为自左向右（从第 8 位向第 1 位）移动，移动后，最左边一位为空。

5）循环左移指令 A3H。

D7	D6	D5	D4	D3	D2	D1	D0
1	0	1	0	0	0	1	1

与左移指令类似，不同之处在于移动后原最左边一位（第 8 位）的内容显示于最右位（第一位）。在上例中，执行完循环左移指令后的显示为

3	4	5	H	L	6	7	2

第二位‘7’和第四位‘L’为闪烁显示。

6）循环右移指令 A2H。

D7	D6	D5	D4	D3	D2	D1	D0
1	0	1	0	0	0	1	0

与循环左移指令类似，但移动方向相反。

（2）带有数据的指令

1）下载数据且按方式 0 译码。

D7	D6	D5	D4	D3	D2	D1	D0	D7	D6	D5	D4	D3	D2	D1	D0
1	0	0	0	0	a2	a1	a0	DP	x	x	x	d3	d2	d1	d0

x = 任意

命令由二个字节组成，前半部分为指令，其中 a2，a1，a0 为位地址，具体分配如表 3.4 所示（显示位编号请参阅图 3.15 典型应用电路图）。

表3.4　位选配置表

a2	a1	a0	显示位
0	0	0	1
0	0	1	2
0	1	0	3
0	1	1	4
1	0	0	5
1	0	1	6
1	1	0	7
1	1	1	8

d0~d3 为数据，收到此指令时，HD7279A 按以下规则（译码方式 0）进行译码，如表 3.5 所示。

表3.5　方式0段码译码表

d3~d0（十六进制）	d3	d2	d1	d0	7段显示
00H	0	0	0	0	0
01H	0	0	0	1	1
02H	0	0	1	0	2
03H	0	0	1	1	3
04H	0	1	0	0	4
05H	0	1	0	1	5
06H	0	1	1	0	6
07H	0	1	1	1	7
08H	1	0	0	0	8
09H	1	0	0	1	9
0AH	1	0	1	0	–
0BH	1	0	1	1	E
0CH	1	1	0	0	H
0DH	1	1	0	1	L
0EH	1	1	1	0	P
0FH	1	1	1	1	空（无显示）

小数点的显示由 DP 位控制，DP =1 时，小数点显示，DP =0 时，小数点不显示。

2）下载数据且按方式 1 译码。

D7	D6	D5	D4	D3	D2	D1	D0	D7	D6	D5	D4	D3	D2	D1	D0
1	0	0	0	1	a2	a1	a0	DP	*x*	*x*	*x*	d3	d2	d1	d0

x = 任意

此指令与上一条指令基本相同，所不同的是译码方式，该指令的译码按表 3.6 进行。

表 3.6　方式 1 段码译码表

d3~d0（十六进制）	d3	d2	d1	d0	7 段显示
00H	0	0	0	0	0
01H	0	0	0	1	1
02H	0	0	1	0	2
03H	0	0	1	1	3
04H	0	1	0	0	4
05H	0	1	0	1	5
06H	0	1	1	0	6
07H	0	1	1	1	7
08H	1	0	0	0	8
09H	1	0	0	1	9
0AH	1	0	1	0	A
0BH	1	0	1	1	b
0CH	1	1	0	0	C
0DH	1	1	0	1	d
0EH	1	1	1	0	E
0FH	1	1	1	1	F

3）下载数据但不译码。

D7	D6	D5	D4	D3	D2	D1	D0	D7	D6	D5	D4	D3	D2	D1	D0
1	0	0	1	0	a2	a1	a0	DP	A	B	C	D	E	F	G

其中，a2，a1，a0 为位地址（参见‘下载数据且译码’指令），A~G 和 DP 为显示数据，分别对应 7 段 LED 数码管的各段。数码管各段的定义见图 3.17。当相应的数据位为‘1’时，该段点亮，否则不亮。

4）闪烁控制 88H。

D7	D6	D5	D4	D3	D2	D1	D0	D7	D6	D5	D4	D3	D2	D1	D0
1	0	0	0	1	0	0	0	d8	d7	d6	d5	d4	d3	d2	d1

此命令控制各个数码管的闪烁属性。d1~d8 分别对应数码管 1~8，0= 闪烁，1= 不闪烁。开机后，缺省的状态为各位均不闪烁。

5）消隐控制 98H。

D7	D6	D5	D4	D3	D2	D1	D0	D7	D6	D5	D4	D3	D2	D1	D0
1	0	0	1	1	0	0	0	d8	d7	d6	d5	d4	d3	d2	d1

此命令控制各个数码管的消隐属性。d1~d8 分别对应数码管 1~8，1= 显示，0= 消隐。当某一位被赋了消隐属性后，HD7279A 在扫描时将跳过该位，因此在这种情况下无论对该位写入何值，均不会被显示，但写入的值将被保留，在将该位重新设为显示状态后，最后一次写入的数据将被显示出来。当无需用到全部 8 个数码管显示的时候，将不用的位设置为消隐属性，可以提高显示的亮度。

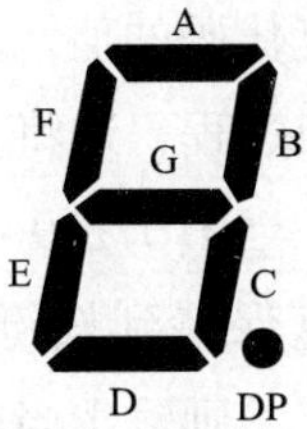

图 3.17　数码管段定义

注意：至少应有一位保持显示状态，如果消隐控制指令中 d1~d8 全部为 0，该指令将不被接受，HD7279A 保持原来的消隐状态不变。

6）段点亮指令 E0H。

D7	D6	D5	D4	D3	D2	D1	D0	D7	D6	D5	D4	D3	D2	D1	D0
1	1	1	0	0	0	0	0	*x*	*x*	d6	d5	d4	d3	d2	d1

此为段寻址指令，作用为点亮数码管中某一指定的段，或 LED 矩阵中某一指定的 LED。指令中，x = 任意；d0~d5 为段地址，范围从 00H~3FH，具体分配为：

第 1 个数码管的 G 段地址为 00H，F 段为 01H，……，A 段为 06H，小数点 DP 为 07H，第 2 个数码管的 G 段为 08H，F 段为 09H，……，依此类推直至第 8 个数码管的小数点 DP 地址为 3FH。

7）段关闭指令 C0H。

D7	D6	D5	D4	D3	D2	D1	D0	D7	D6	D5	D4	D3	D2	D1	D0
1	1	0	0	0	0	0	0	*x*	*x*	d6	d5	d4	d3	d2	d1

段寻址命令，作用为关闭（熄灭）数码管中的某一段，指令结构与“段点亮指令’相同，请参阅段点亮指令。

8）读键盘数据指令 15H。

D7	D6	D5	D4	D3	D2	D1	D0	D7	D6	D5	D4	D3	D2	D1	D0
0	0	0	1	0	1	0	1	d7	d6	d5	d4	d3	d2	d1	d0

该指令从 HD7279A 读出当前的按键代码。与其他指令不同，此命令的前一个字节 00010101B 为微控制器传送到 HD7279A 的指令，而后一个字节 d0~d7 则

为 HD7279A 返回的按键代码，其范围是 0~3FH（无键按下时为 0xFF），各键键盘代码的定义，请参阅图 3.14 典型应用电路图，图中的键号即键盘代码。

此指令的前半段，HD7279A 的 DATA 引脚处于高阻输入状态，以接受来自微处理器的指令；在指令的后半段，DATA 引脚从输入状态转为输出状态，输出键盘代码的值。故微处理器连到 DATA 引脚的 I/O 口应有一从输出态到输入态的转换过程，这将在‘串行接口’中介绍。

当 HD7279A 检测到有效的按键时，KEY 引脚从高电平变为低电平，并一直保持到按键读取结束。在此期间，如果 HD7279A 接收到“读键盘数据指令”，则输出当前按键的键代码；如果在收到‘读键盘指令’时没有有效按键，HD7279A 将输出 FFH（11111111B）。

3.4.3 串行接口

HD7279A 采用串行方式与微处理器通讯，串行数据从 DATA 引脚送入芯片，并由 CLK 端同步。当片选信号变为低电平后，DATA 引脚上的数据在 CLK 引脚的上升沿被写入 HD7279A 的缓冲寄存器。

HD7279A 的指令结构有三种类型，时序格式如下：

①不带数据的纯指令，指令的宽度为 8 个位，即微处理器需发送 8 个 CLK 脉冲。

②骨有数据的指令，宽度为 16 个位，即微处理器需发送 16 个 CLK 脉冲。

③读取键盘数据指令，宽度为 16 个位，前 8 个为微处理器发送到 HD7279A 的指令，后 8 个位为 HD7279A 返回的键盘代码。执行此指令时，HD7279A 的 DATA 端在第 9 个 CLK 脉冲的上升沿变为输出状态，并与第 16 个 CLK 脉冲的下降沿恢复为输入状态，等待接收下一个指令。

串行接口的纯指令时序如图 3.18 所示；串行接口的带数据指令时序如图 3.19 所示；读键盘指令时序如图 3.20 所示。

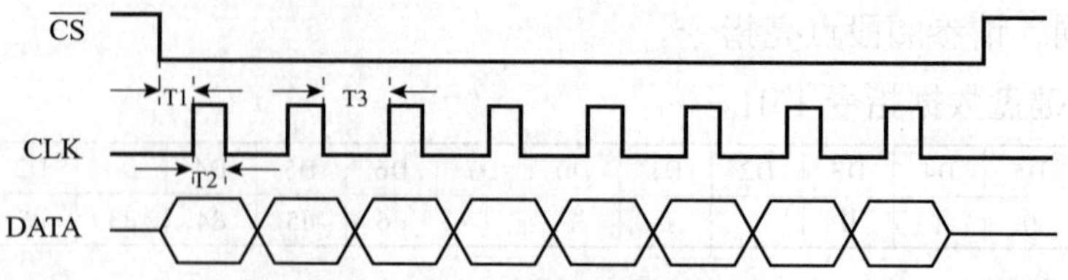

图3.18　HD779A的纯指令时序

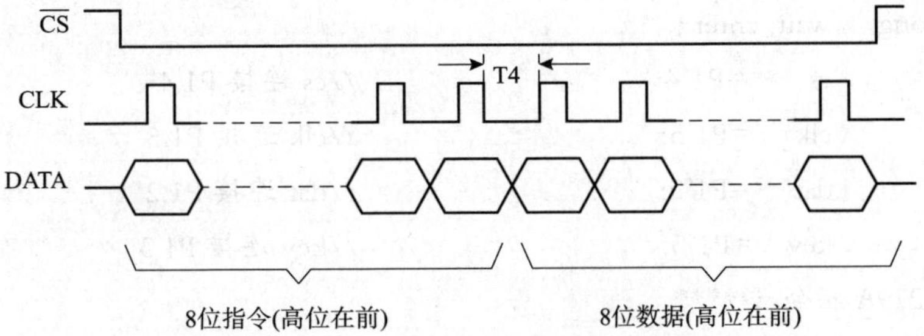

图 3.19 HD779A 的带数据指令时序

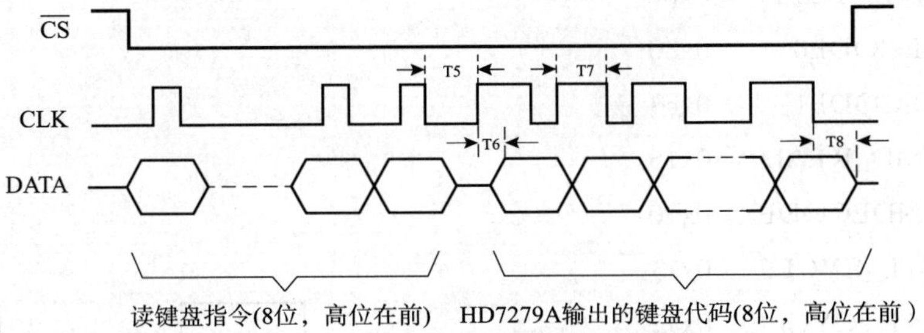

图 3.20 HD779A 的读键盘指令时序

3.4.4 HD7279A 的应用程序

【例 3.5】 使用 STC15 与 HD7279A 的硬件连接如图 3.21 所示。对应的 C51 测试程序，使用 C 语言编程的用户可以参考。

```
# include  <reg51.h>
//*** 函数定义 **
void    long_delay(void);                             // 长延时
void    short_delay (void);                           // 短暂延时
void    delay10ms( unsigned char);                    // 延时 10ms
void    write7279( unsigned char , unsiqned char);    // 写入到 HD7279
unsigned char read7279( unsigned char );              // 从 HD7279 读出
void    send _ byte ( unsigned char );                // 发送一个字节
unsigned char    receive _ byte ( void );             // 接收一个字节
//*** 变量及 I/O 口定义 ***
unsigned char    digit [5]
unsigned char    key_number , j
unsigned int     tmr ;
```

```
unsigned long    wait_cnter ;
sbit             cs     =P1^4;              //cs 连接 P1.4
sbit             clk    =P1^5;              //clk 连接 P1.5
sbit             dat    =P1^2;              //dat 连接 P1.2
sbit             key    =P1^3;              //key 连接 P1.3
//***HD7279A 指令 ******
# define CMD_RESET    0xa4
# define CMD_TES T    0xbf
# define DECODE0      0x80
# define DECODE1      0xc8
# define CMD_READ     0x15
# define UNDECODE     0x90
# define RTL_CYCLE    0xa3
# define RTR_CYCLE    0xa2
# define RTL_UNCYL    0xa1
# define RTR_UNCYL    0xa0
# define ACTCTL       0x98
# define SEGON        0xe0
# define SEGOFF       0xc0
# define BLINKCTL     0x88
//*** 主程序 ***
main ()
{
    while (1)
    {
    for ( tmr =0; tmr <0x2000; tmr ++);     // 上电延时
    send_byte ( CMD_RESET);                 // 复位 HD7279A
//****************************************************
//  测试指令演示
//****************************************************
        send_byte ( CMD_TEST);              // 测试指令
        for 行 j =0; j <3; j ++)            // 延时约 3 秒
```

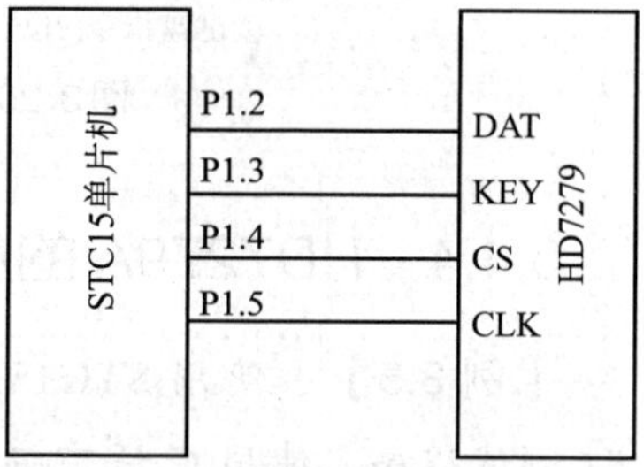

图3.21　HD7279A应用实例

```
        {
            delay10ms (10);
        }
        send_byte ( CMD_RESET );                    // 清除显示
//*******************************************************
//  闪烁指令及键盘接口测试
//  将用户按键的键码显示出来，如果 10 秒内无按键 11 或按 s0 键即进入下一步演示
//*******************************************************
        wait_cnter =0;
        key_number =0xff;
        write7279(BLINKCTL,0xfc);                   // 第 1、2 两位设为闪烁显示
        write7279( UNDECODE,0x08);                  // 在第 1 位显示下划线'_'
        write7279( UNDECODE +1,0x08);               // 在第 2 位显示下划线'_'
        do
        {
            if(! key )                              // 如果有键按下
            {
                key _ nunber =read7279( CVD _ READ );  // 读出键码
                write7279(DECODE1+1, key_number/16); // 在第 2 位显示键码高 8 位
                write7279(DEcoDE1, key_nurber &0x0f);  // 在第 1 位显示键码低 8 位
                while(!key);                        // 等待按键放开
                wait_cnter =0;
            }
            wait_cnter ++;
        } while ( key_number !=0 && wait_cnter < 0x30000);
        // 如果按键为'0'和超时则进入下一步演示

         write7279( BLINKCTL , 0xff );              // 清除闪烁设置

//************************************************************
//        快速计数演示
//************************************************************8******
```

```
for(j=0; j <5; j ++)                    // 计数初始值为 00000
{
        digit [j]= 0;
        write7279(DECODE0+ j , digit [j]) ;
}
while ( digit [4]<2 )                   // 如果计数达到 20000 就停止
{
        digit [0]++;
        if ( digit [0]>9)
        {
            digit[0] = 0;
            digit[1]++;
            if ( digit [1]>9)
            {
                digit [1]=0;
                digit [2]++;
                if( digit [2]>9)
                {
                    digit [2]=0;
                    digit [3]++;
                    if ( digit [3]>9)
                    {
                        digit [3]=0;
                        digit [4]++;
                        if ( digit [4]>9)
                        {
                        digit [4]= 0 ;
                        }
                    }
                }
            }
        }
        write7279(DECODE0, digit [0]);
```

```
        if ( digit [0]= 0)
        {
            write7279(DECODE0+1, digit [1]);
            if ( digit [1]=0)
            {
                write7279(DECODE0+2, digit [2]);
                if ( digit [2]==0)
                {
                    write7279(DECODE0+3, digit [3]);
                    if ( digit [3]= 0)
                    {
                        write7279(DECODE0+4, digit [4]);
                    }
                }
            }
        }
    }
    delay10ms(150);
    send_byte ( CMD_RESET );                // 清除显示
//************************************************************************
//        下载数据但不译码指令测试
//************************************************************************
      write7279(UNDECoDE47,0x49);    // 在第 8 位按不译码方式显示一字符‘三’
      delay10ms(80);
//************************************************************************
//              循环左 / 右移测试
//        ‘三’ 字向右运动 23 次，再向左运动 23 次
//************************************************************************
      for ( j=0; j <23; j ++)
      {
          send_byte ( RTR_CYCLE );        // 循环右移 23 次
          delay10ms(12);
```

```
        }
        for ( j = 0; j <23; j ++)
        {
            send byte ( RTL_CYCLE );          // 循环左移 23 次
            delay10ms(12);
        }

//*************************************************************************
//          译码方式 0 及左移指令测试
//*************************************************************************
        for ( j =0; j <16; j ++)
        {
            send_byte ( RTL_UNCYT );          // 不循环左移指令
            write7279( DECODE0 ,j);           // 译码方式 0 指令，显示在第 1 位
            delay10ms(50);
        }
        delay10ms(150);
        send_byte ( CMD_RESE T );
    }
}
```

其他子程序（略）。

3.5 OLED 显示

3.5.1 OLED 的优点

随着科技的不断发展，新型的显示器件不断出现。OLED（Organic Light-Emitting Diode，有机发光二极管）就是一种新型的自发光的低功耗类型的新型显示器件。

OLED 与传统的 LCD 相比有如下优点：

（1）功耗低

与 LCD 相比，OLED 不需要背光源，而背光源在 LCD 中是比较耗能的一部分，

所以 OLED 是比较节能的。例如，24 英寸的 AMOLED 模块功耗仅仅为 440mW，而 24 英寸的多晶硅 LCD 模块达到了 605mW。

（2）响应速度快

OLED 技术与其他技术相比，其响应速度快，响应时间可以达到微秒级别。较高的响应速度更好的实现了运动的图像。根据有关的数据分析，其响应速度达到了液晶显示器响应速度的 1000 倍左右。

（3）较宽的视角

与其他显示相比，由于 OLED 是主动发光的，所以在很大视角范围内画面是不会显示失真的。其上下，左右的视角宽度超过 170°。

（4）能实现高分辨率显示

大多高分辨率的 OLED 显示采用的是有源矩阵也就是 AMOLED，它的发光层可以是吸纳 26 万真彩色的高分辨率，并且随着科学技术的发展，其分辨率在以后会得到更高的提升。

（5）宽温度特性

与 LCD 相比，OLED 可以在很大的温度范围内进行工作，根据有关的技术分析，温度在 -40~80℃都是可以正常运行的。这样就可以降低地域限制，在极寒地带也可以正常使用。

（6）OLED 能够实现软屏

OLED 可以在塑料、树脂等不同的柔性衬底材料上进行生产，将有机层蒸镀或涂布在塑料基衬上，就可以实现软屏。

（7）OLED 成品的质量比较轻

与其他产品相比，OLED 的质量比较小，厚度与 LCD 相比是比较小的，其抗震系数较高，能够适应较大的加速度，振动等比较恶劣的环境。

3.5.2 OLED 的应用

智能仪器系统中通常根据需要选择不同大小面板尺寸的 OLED 显示屏。常用的尺寸有 0.96 英寸，1.3 英寸，1.54 英寸和 2.0 英寸等。分辨率有 128×32，128×64，256×64 等可选。有些模块型号带有中英文字库，方便用户使用。提供的与 CPU 接口形式有 SPI 和 I^2C 两种。

【例 3.6】 12864 的 OLED 与 CPU 的接口实例，如图 3.22 所示，为 SPI 接口的 OLED 与 STC15W4K32S4 连接示意图。一般 OLED 显示模块提供两种接

口可以选择，用户可以改变板子后面的硬件连接实现接口选择。本例中使用了默认的 SPI 方式。

SPI 接口的 OLED 显示模块提供 CS，D/C，RES，D1，D0，VCC，GND 五个信号。

模块接口定义：

CS　　　OLED 的 CS 脚，也就是片选管脚；

DC　　　OLED 的 D/C 脚，数据和命令控制管脚；

RES　　　OLED 的 RES 脚，用来复位（低电平复位）；

D1　　　OLED 的 D1 脚，在 SPI 和 I²C 通信中为数据管脚；

D0　　　OLED 的 D0 脚，在 SPI 和 I²C 通信中为时钟管脚；

VCC　　　电源正（3~5.5V）；

GND　　　电源地。

连结方式见图 3.22。

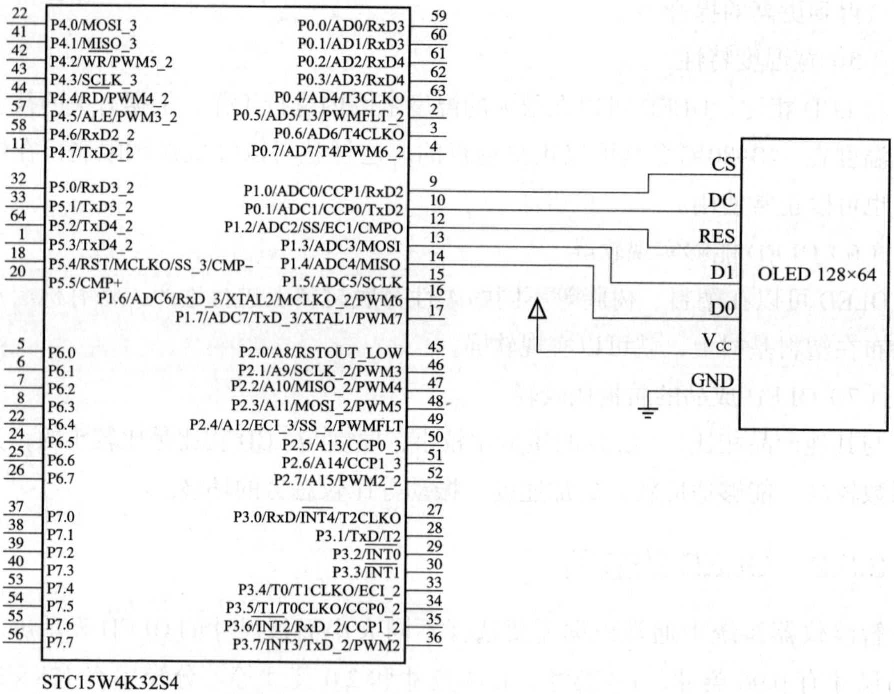

图 3.22　CPU 与 OLED12864 的 SPI 接口

C51 参考程序如下：

```
#include "delay.h"
#include "OLED.h"
```

```
    #include "BMP.h"
    Viod  main(void)
     {
        delay_init();                                   // 延时函数初始化
        LED_Init();                                     //LED 端口初始化
        OLED_Init();                                    // 初始化 OLED
        OLED_Clear();
        OLED_ShowCHinese(0,0,0);                        // 汉字 '测'
        OLED_ShowCHinese(18,0,1);                       // 汉字 '试'
      while(1)
      {
        OLED_Clear();
        OLED_ShowString(6,2,"0.96' OLED TEST");
        delay_ms(8000);
        OLED_DrawBMP(0,0,128,8,BMP1);                   // 图片显示（占用较多空间）
        delay_ms(8000);
      }
     }
//****************************************************************************
//  OLED.H
//****************************************************************************
#include  "REG51.h"
#ifndef __OLED_H
#define __OLED_H
#define  u8       unsigned char
#define  u32      unsigned int
#define OLED_CMD       0                                // 写命令
#define OLED_DATA      1                                // 写数据
#define OLED_MODE      0
//----------------OLED 端口定义 ------------------------
sbit OLED_CS              =P1^0;                        // 片选
```

```
sbit OLED_DC        =P1^1;            // 数据 / 命令控制
sbit OLED_RES       =P1^2;            // 复位
sbit OLED_D1        =P1^3;            // 时钟 SCLK
sbit OLED_D0        =P1^4;            // 数据 SDIN
//----------------OLED 命令定义 -------------------------

#define OLED_CS_Clr()         OLED_CS     =0
#define OLED_CS_Set()         OLED_CS     =1
#define OLED_RST_Clr()        OLED_RST    =0
#define OLED_RST_Set()        OLED_RST    =1
#define OLED_DC_Clr()         OLED_DC     =0
#define OLED_DC_Set()         OLED_DC     =1
#define OLED_D1_Clr()         OLED_D1     =0
#define OLED_D1_Set()         OLED_D1     =1
#define OLED_D0_Clr()         OLED_D0     =0
#define OLED_D0_Set()         OLED_D0     =1;
//----------------OLED 屏幕参数定义 ----------------------
#define SIZE 16
#define XLevelL       0x02
#define XLevelH       0x10
#define Max_Column    128
#define Max_Row       64
#define Brightness    0xFF
#define X_WIDTH       128
#define Y_WIDTH       64
//---------------- 延时函数 -------------------------------------
void delay_ms(unsigned int ms);
//----------------OLED 控制用函数 -------------------------
void OLED_WR_Byte(u8 dat,u8 cmd);
void OLED_Display_On(void);
void OLED_Display_Off(void);
```

```
void OLED_Init(void);                                        //OLED 初始化
void OLED_Clear(void);                                       //OLED 清屏
void OLED_DrawPoint(u8 x,u8 y,u8 t);                         // 画点
void OLED_Fill(u8 x1,u8 y1,u8 x2,u8 y2,u8 dot);              // 填充矩形区域
void OLED_ShowChar(u8 x,u8 y,u8 chr);                        // 显示单个字符
void OLED_ShowNum(u8 x,u8 y,u32 num,u8 len,u8 size2);        // 显示多个数值
void OLED_ShowString(u8 x,u8 y, u8 *p);                      // 显示字符串
void OLED_Set_Pos(unsigned char x, unsigned char y);         // 移动光标
void OLED_ShowCHinese(u8 x,u8 y,u8 no);                      // 显示汉字
void OLED_DrawBMP(unsigned char x0, unsigned char y0,unsigned char x1, unsigned char
    y1,unsigned char BMP[]);                                 // 显示图片
#endif
//***************************************************************************
//  BMP.H  （略）
//***************************************************************************
具体函数（略）
```

3.6 触摸屏技术

触摸屏是一种新型的智能仪器、仪表输入设备，具有简单、方便、自然的人—机交互方式。工作时，操作者首先用手指或其他工具触摸触摸屏，然后系统根据触摸的图标或菜单定位选择信息输入。触摸屏由检测部件和控制器组成，检测部件安装在显示器前面，用于检测用户触摸位置，并转换为触摸信号；控制器的作用是接收触摸信号，并转换成触摸坐标后送给 CPU，它同时能接收 CPU 发来的命令并加以执行。

3.6.1 触摸屏的结构及特点

按照触摸屏的工作原理和传输信息介质的不同，触摸屏主要分为四类：即电阻式触摸屏、电容式触摸屏、红外线式触摸屏及表面声波触摸屏。下面介绍各类触摸屏的结构、原理及特点。

（1）电阻式触摸屏

电阻式触摸屏的屏体部分（检测部件）是一块与显示器表面紧密配合的多层复合薄膜，由一层玻璃或有机玻璃作为基层，表面涂有一层阻性导体层（如铟锡氧化物 ITO），上面再盖有一层外表面被硬化处理、光滑防刮的塑料层，塑料层的内表面也涂有一层阻性导体层。在两层导体层之间有一层具有许多细小隔离点的隔离层，把两导体层隔开绝缘，如图 3.23 所示，当手指触摸屏幕时，两导体层在触摸点位置产生了接触，控制器检测到这个接通点后计算出 X、Y 轴坐标，这就是所有电阻式触摸屏的基本原理。

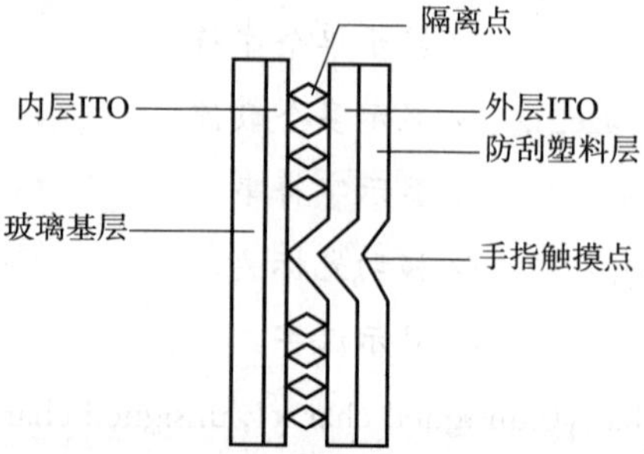

图 3.23　电阻式触摸屏结构

电阻式触摸屏根据引出线数的多少，分为四线、五线、六线、七线、八线等多种电阻式触摸屏。下面介绍最基本的四线电阻触摸屏。图 3.24 是四线电阻触摸屏的检测原理图。在一个 ITO 层（如外层）的上、下两边各渡上一个狭长电极，引出端为 $Y+$、$Y-$，在另一个 ITO 层（如内层）的左、右两边也分别渡上狭长电极，引出端为 $X+$、$X-$，为了获得触摸点在 X 轴方向的位置信号，在内 ITO 层的两电极 $X+$、$X-$ 上分别加 V_{REF}、0V 电压，这样内 ITO 层上形成了 0V~V_{REF} 的电压梯度，触摸点至 X- 端的电压为该两端的电阻对 V_{REF} 的分压，分压值代表了触摸点在 X 轴方向的位置，然后将外层 ITO 的一个电极（如 $Y-$）端悬空，从另一电极（$Y-$）就可以取出这一分压，将该分压进行 A/D 转换，并与 V_{REF} 进行比较，便可以得到触摸点的 X 轴坐标。

为了获得触摸点在 Y 轴方向的位置信号，需要在外 ITO 层的两电极 $Y+$、$Y-$ 上分别加 V_{REF}、0V 电压，而将内 ITO 层的一个电极（$X-$）悬空，从另一电极（$X+$）上取出触摸点在 Y 轴方向的分压。

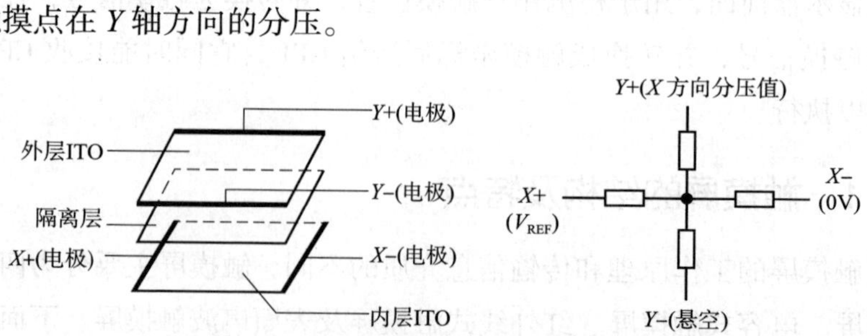

图 3.24　四线电阻触摸屏检测原理

电阻式触摸屏对外需要完全隔离，不怕油污、灰尘、水，而且经济性很好，供电要求简单，非常容易产业化。适应于各种领域，尤其在工控领域内，由于它对环境和条件要求不高，更显示出电阻屏的独特性，其产品在触摸屏产品中占到90%的市场份额。

电阻式触摸屏的缺点是，由于复合薄膜的外层采用塑料材料，如果触摸用力过大或使用锐器工具触摸，可能会划伤整个触摸屏而导致报废。

（2）电容式触摸屏

电容式触摸屏的构造主要是在玻璃屏幕上镀一层透明的阻性导体层，再在导体层外加上一层保护玻璃。导体层作为工作面，四边渡有狭长电极，并从四个角引出电极引线。如图3.25所示。工作时从四个电极引线上引入高频信号，当手指触摸外层玻璃时，由于人体电场的存在，手指与导体层间会形成一个耦合电容，四个电极上的高频电流会经此耦合电容分流一部分，分去的电流与触摸到电极的距离成反比，控制器据此比例就可以计算出触摸点坐标。

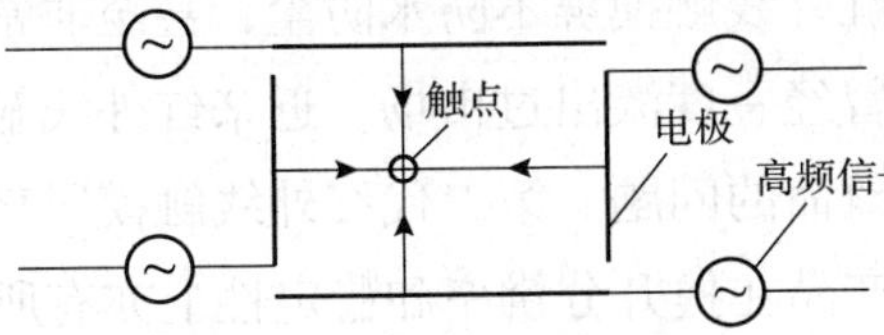

图3.25　电容式触摸屏原理

电容式触摸屏是众多触摸屏中最可靠、最精确的一种，但价钱也是众多触摸屏中最昂贵的一种。电容式触摸屏感应度极高，能准确感应轻微且快速（约3ms）的触碰。电容式触摸屏的双玻璃结构不但能保护导体层及感应器，而且能有效地防止环境因素给触摸屏造成的影响。电容式触摸屏的缺点是反光严重，而且电容技术的复合触摸屏对各波长的透光率不均匀，存在色彩失真的问题，由于光线在各层间反射，还易造成图像字符的模糊。电容式触摸屏的另一个缺点是用戴手套的手指或持不导电的工具触摸时没有反应，这是因为增加了更为绝缘的介质。电容式触摸屏更主要的缺点是漂移，当温度、湿度改变时，或者环境电场发生改变时，都会引起电容式触摸屏的漂移，造成不准确。

（3）红外线式触摸屏

红外线式触摸屏以光束阻断技术为基本原理，不需要在原来的显示器表面覆盖任何材料，而是在显示屏的四周安放一个光点矩阵（opti-matrix）架框，光

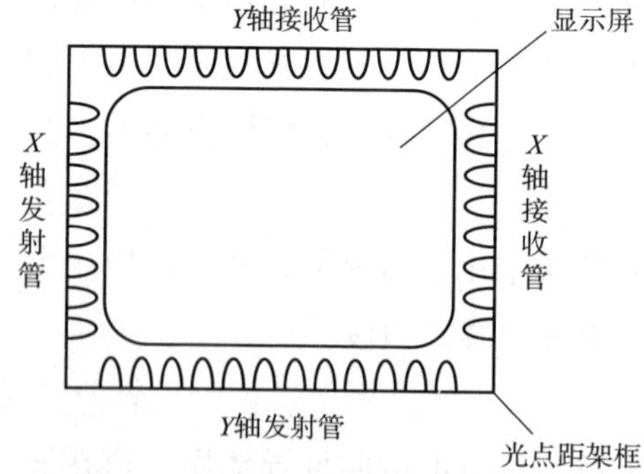

图3.26 红外线式触摸屏原理

点距架框四边排放了红外线发射管及接收管，在屏幕表面形成一个红外线栅格，如图3.26所示。当用手指触摸屏幕某一点时，便会挡住经过该位置的两条红外线，红外线接收管会产生变化信号，计算机根据X、Y方向两个接收管变化的信号，就可以确定触摸点的位置。

红外线式触摸屏的主要优点是价格低廉、安装方便，可以用在各档次的计算机上。另外它完全透光，不影响显示器的清晰度。而且由于没电容的充放电过程，响应速度比电容式快。红外线式触摸屏的主要缺点是：由于发射、接收管排列有限，因此分辨率不高；由于发光二极管的寿命比较短，影响了整个触摸屏的寿命；由于依靠感应红外线工作，当外界光线发生变化，如阳光强弱或室内射灯的开、关均会影响其准确度；红外线触摸屏不防水防尘，甚至非常细小的外来物也会导致误差。红外线触摸屏曾经一度淡出过市场。近来红外线触摸屏技术有了较大的发展，克服了不少原来致命的问题。第二代红外线触摸屏部分解决了抗光干扰的问题，第三代和第四代产品在提升分辨率和稳定性上亦有所改进。

（4）表面声波触摸屏

表面声波触摸屏是在显示器屏幕的前面安装一块玻璃平板（玻璃屏），玻璃屏的左上角和右下角各固定了垂直和水平方向的超声波发射换能器，右上角则固定了两个相应的超声波接收换能器，玻璃屏的四个周边则刻有45°由疏到密间隔非常精密的反射条纹，如图3.27所示。

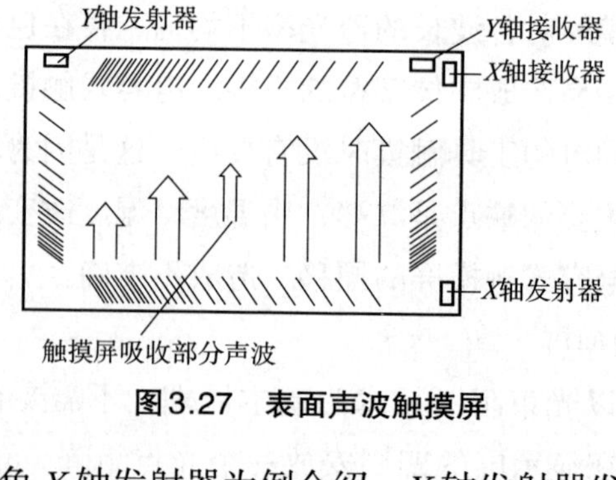

图3.27 表面声波触摸屏

工作原理以右下角X轴发射器为例介绍：X轴发射器发出的超声波经底部反

射条纹后，形成向上传递的均匀波面，再由顶部反射条纹聚成向右传递的波束被 X 轴接收器接收，X 轴接收器将返回的声波能量转变为电信号。当发射器发射一个窄脉冲后，就有不同路径的声波能量到达接收器，不同路径的声波能量在 Y 轴经历的路程是相同的，但在 X 轴经历的路程是不同的，反映在接收器的输出端，不同路径的声波能量对应的电信号在时间上有先有后。当手指触摸玻璃屏时，某条途径上的声波能量被部分吸收，对应接收器输出的电信号在某一时间产生衰减，根据衰减时间就可以确定触摸点的 X 坐标，同样的方法可以判定触摸点的 Y 坐标。表面声波触摸屏除了能够确定代表触摸位置的 X、Y 坐标外，还能确定代表触摸压力大小的 Z 坐标，Z 坐标根据接收器输出信号的衰减量确定。

表面声波触摸屏的优点是：低辐射、不耀眼、不怕震、抗刮伤性好；不受温度、湿度等环境因素影响，寿命长；透光率高，能保持清晰透亮的图像质量；没有漂移，只需安装时一次校正；有第三轴（即压力轴）效应。

表面声波触摸屏的不足之处是需要经常维护，因为灰尘、油污甚至饮料的液体沾污在屏的表面，都会阻塞触摸屏表面的导波槽，使波不能正常发射，或使波形改变而控制器无法正常识别。另外它容易受到噪声干扰。

3.6.2 摸屏控制器 GT9147 及其与单片机的接口

GT9147 是由汇顶科技公司（603160.SH）设计生产，采用最新的电容检测技术，内置高性能微信号检测电路，可很好地解决 LCD 干扰和共模干扰问题。软件算法方面，专门基于单层互容的电气环境所设计，可支持 5 点触控。同时支持 HotKnot 功能 GT9147 可同时识别 5 个触摸点位的实时准确位置，移动轨迹及触摸面积。并可根据主控需要，读取相应点数的触摸信息。

（1）芯片特点

①内置电容检测电路及高性能 MPU。

触摸扫描频率 100Hz；触摸点坐标实时输出；统一软件版本适用于多种尺寸的电容屏；单电源供电，内置 1.8V LDO，具有 HotKnot 功能。

②电容屏传感器。

可检测通道 18（驱动通道）×10（感应通道）；电容屏尺寸范围小于 4.5；支持 FPC 按键设计；支持 IT 玻璃和 ITO 薄膜；Cover Lens 厚度支持：0.7mm ≤玻璃≤ 2mm。

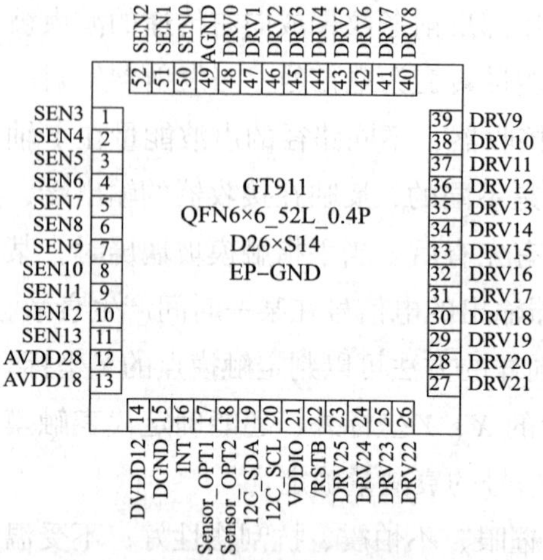

图3.28 GT9147的封装及引脚

③环境适应性能。

初始化自动校准功能；自动温漂补偿；工作温度：–40~85 ℃，湿度：≤ 95%RH。

④通信接口。

标准 I²C 通信接口；从设备工作模式；支持 1.8~3.3V 接口电平。

（2）芯片的功能框图及引脚

芯片采用 QFN_0.4P 封装：40 引脚，5mm × 5mm。封装结构及引脚分布如图 3.28 所示。芯片的功能模块由 DSP，振荡电路，ADC，AFE 和屏幕驱动电路等构成，如图 3.29 所示。

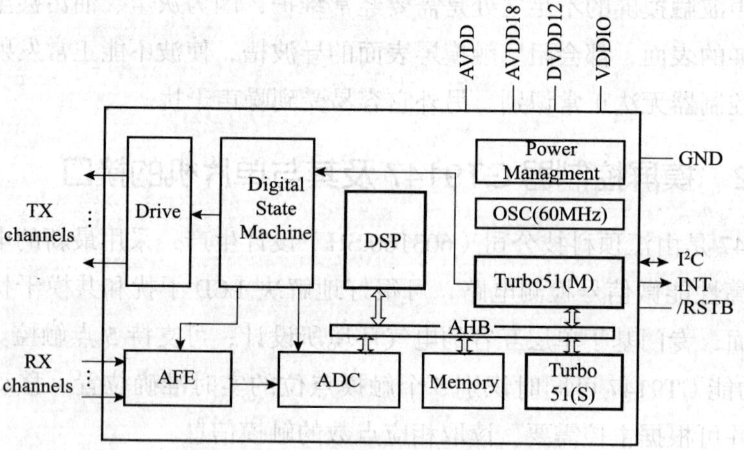

图3.29 GT9147的功能框图

（3）引脚的定义

GT9147 的引脚的定义如表 3.7 所示。

表3.7 GT9147的引脚定义

信号线	说明
AVDD、AVDD18、DVDD12、VDDDIO、GND	电源和地
Driving channels	激励信号输出的引脚，一共有 0~25 个引脚，它连接到电容屏 ITO层引出的各个激励信号轴

续表

信号线	说明
Sensing channels	信号检测引脚，一共有 0~13 个引脚，它连接到电容屏 ITO 层引出的各个电容量检测信号轴
I^2C	I^2C通信信号线，包含SCL与SDA，外部控制器通过它与GT9147芯片通讯，配置GT9147的工作方式或获取坐标信号
INT	中断信号，GT9147芯片通过它告诉外部控制器有新的触摸事件
/RSTB	复位引脚，用于复位 GT9147 芯片；在上电时还与INT引脚配合设置I^2C通讯的设备地址

（4）上电时序与 I^2C 设备地址

GT9147 触控芯片有两个备选的 I^2C 通信地址，这是由芯片的上电时序决定的。上电时序由 Reset 引脚和 INT 引脚生成。第一种情况，若 Reset 引脚从低电平转变到高电平期间，INT 引脚为高电平的时候，触控芯片使用的 I^2C 设备地址为 0x28/0x29（8 位写、读地址），7 位地址为 0x14，如图 3.30 所示。第二种情况，若 Reset 引脚从低电平转变到高电平期间，INT 引脚一直为低电平，则触控芯片使用的 I^2C 设备地址为 0xBA/0xBB（8 位写、读地址），7 位地址为 0x5D，如图 3.31 所示。

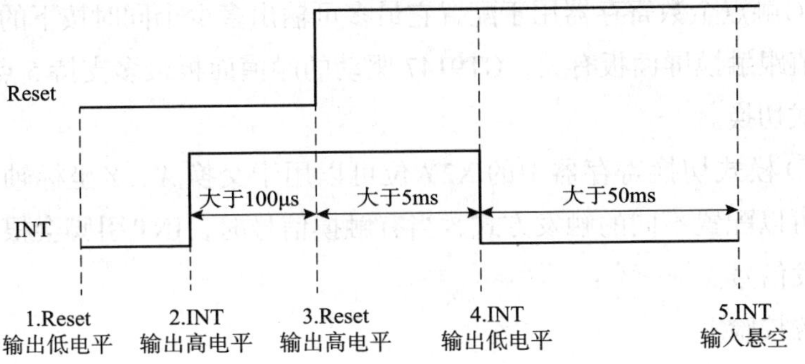

图3.30　GT9147的I^2C设备地址确定1

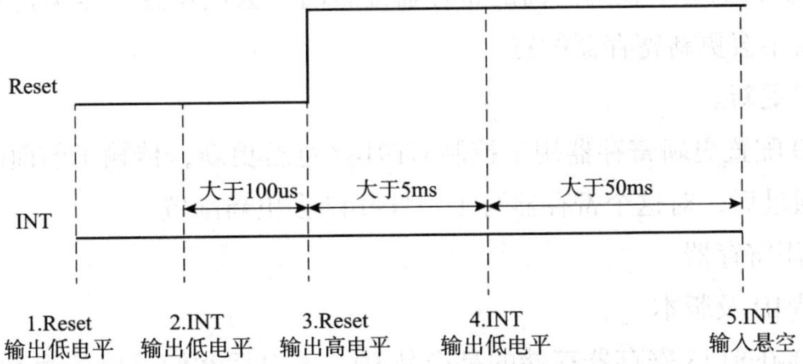

图3.31　GT9147的I^2C设备地址确定2

（5）功能寄存器

1）配置寄存器。

①配置版本寄存器。

0x8047 配置版本寄存器，它包含有配置文件的版本号，若新写入的版本号比原版本大，或者版本号相等，但配置不一样时，才会更新配置文件到寄存器中。其中配置文件是指记录了寄存器 0x8048–0x80FE 控制参数的一系列数据。为了保证每次都更新配置，我们一般把配置版本寄存器设置为“0x00”，这样版本号会默认初始化为“A”，这样每次我们修改其他寄存器配置的时候，都会写入到 GT9147 中。

② X/Y 分辨率。

0x8048–0x804B 寄存器用于配置触控芯片输出的 X、Y 坐标的最大值，为了方便使用，把它配置得跟液晶面板的分辨率一致，这样就能使触控芯片输出的坐标一一对应到液晶面板的每一个像素点了。

③触点个数。

0x804C 触点个数寄存器用于配置它最多可输出多少个同时按下的触点坐标，这个极限值跟触摸屏面板有关，GT9147 驱动的触摸面板最多支持 5 点触控。

④模式切换。

0x804D 模式切换寄存器中的 X2Y 位可以用于交换 X、Y 坐标轴；而 INT 触发方式位可以配置不同的触发方式，当有触摸信号时，INT 引脚会根据这里的配置给出触发信号。

⑤配置校验。

0x80FF 配置校验寄存器用于写入前面 0x8047–0x80FE 寄存器控制参数字节之和的补码，GT9147 收到前面的寄存器配置时，会利用这个数据进行校验，若不匹配，就不会更新寄存器配置。

⑥配置更新。

0x8100 配置更新寄存器用于控制 GT9147 进行更新，传输了前面的寄存器配置并校验通过后，对这个寄存器写 1，GT9147 会更新配置。

2）应用寄存器

①产品 ID 及版本。

0x8140–0x8143 寄存器存储的是产品 ID，上电后我们可以利用 I^2C 读取这些寄存器的值来判断 I^2C 是否正常通讯，这些寄存器中包含有“5688”字样；而

0x8144–0x8145 则保存有固件版本号，不同版本可能不同。

② X/Y 分辨率。

0x8146–0x8149 寄存器存储了控制触摸屏的分辨率，它们的值与我们前面在配置寄存器写入的 XY 控制参数一致。所以我们可以通过读取这两个寄存器的值来确认配置参数是否正确写入。

③状态寄存器。

0x814E 地址的是状态寄存器，它的 Buffer status 位存储了坐标状态，当它为 1 时，表示新的坐标数据已准备好，可以读取，0 表示未就绪，数据无效，外部控制器读取完坐标后，须对这个寄存器位写 0。number of touch points 位表示当前有多少个触点。其余数据位我们不关心。

④坐标数据。

从地址 0x814F–0x8156 的是触摸点 1 的坐标数据，从 0x8157–0x815E 的是触摸点 2 的坐标数据，依次还有存储 3–10 触摸点坐标数据的寄存器。读取这些坐标信息时，通过它们的 track id 来区分笔迹，多次读取坐标数据时，同一个 track id 号里的数据属于同一个连续的笔画轨迹。

（6）读坐标流程

上电、配置完寄存器后，GT9147 就会开监测触摸屏，假定前面的配置使 INT 采用中断上升沿报告触摸信号的方式，整个读取坐标信息的过程如下：

①待机时 INT 引脚输出低电平；

②有坐标更新时，INT 引脚输出上升沿；

③ INT 输出上升沿后，INT 脚会保持高直到下一个周期（该周期可由配置 Refresh_Rate 决定）。外部主控器在检测到 INT 的信号后，先读取状态寄存器（0x814E）中的 number of touch points 位获得当前有多少个触摸点，然后读取各个点的坐标数据，读取完后将 buffer status 位写为 0。外部主控器的这些读取过程要在一周期内完成，该周期由 0x8056 地址的 Refresh_Rate 寄存器配置；

④上一步骤中 INT 输出上升沿后，若主控未在一个周期内读走坐标，下次 GT9147 即使检测到坐标更新会再输出一个 INT 脉冲但不更新坐标；

⑤若外部主控一直未读走坐标，则 GT9147 会一直输出 INT 脉冲。

（7）硬件连接

GT9147 使用标准的 I^2C 接口与微处理器连接，这大大方便面了应用。可以选择使用带有 I^2C 接口的微处理器与之相连。如果微处理器没有 I^2C 接口，也可以使用软件模拟 I²C 的方式与之相连。由于电容式触摸屏通常与 LCD 面板制作在一起，可以同时把 LCD 的驱动一起集成方便设备安装。集成了电容触摸屏的 LCD 显示面板见图 3.32。图 3.33 给出了 STM32F407 与 GT9147 的接口电路。

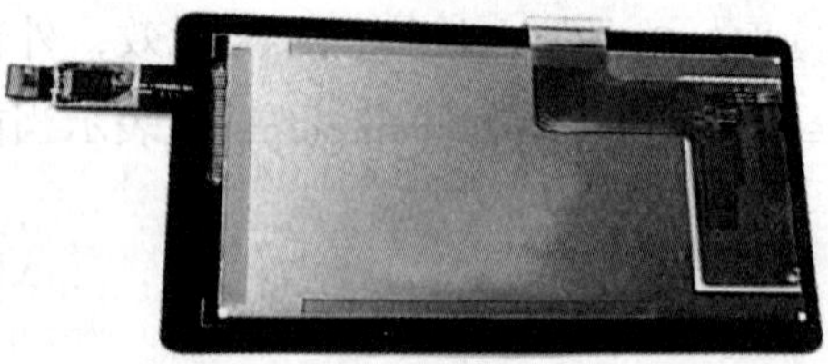

图3.32　集成了触摸屏的LCD面板

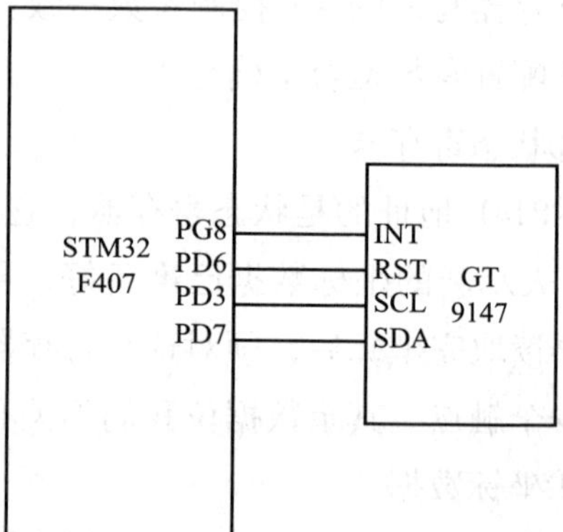

图3.33　STM32F407与GT9147的接口

（8）软件设计

程序中的 GT9147 芯片驱动主要是从官方提供的驱动移植的，驱动部分文件存储到"GT91xx.c"及"GT91xx.h"中，而这些驱动的底层 I²C 通信接口程序存储到了"i2c_touch.c"及"i2c_touch.h"文件中，可根据具体应用需要调用。程序中主要任务是利用 GT91xx 驱动，获取触摸坐标；编写应用程序。

示例代码如下。

```
/******************************** Includes ***********************************/
#include "main.h"
#include "stm32f4xx.h"
#include "./usart/debug_usart.h"
#include <stdlib.h>
#include "./lcd/lcd.h"
#include "./touch/GT91xx.h"
#include "./touch/ i2c_touch.h"
#include "./touch/palette.h"
/******************************** 主函数 ************************************/
int main(void)
{
```

```
    SystemClock_Config();                              // 系统时钟初始化成 216 MHz
    GTP_Init_Panel();                                  // 初始化触摸屏
    LCD_Init();                                        //LCD 端口初始化
    LCD_LayerInit(1, LCD_FB_START_ADDRESS+(LCD_GetXSize()*
    LCD_GetYSize()*4),ARGB8888);                       // LCD 第二层初始化
    LCD_DisplayOn();                                   // 使能 LCD，包括开背光
    LCD_SelectLayer(1);                                // 选择 LCD 第二层
    LCD_Clear(LCD_COLOR_TRANSPARENT);// 第二层清屏，显示全黑
    LCD_SetTransparency(1, 255);                     // 配置透明度，最小值为 0，最大值为 255
    printf("\r\n 测试 STM32F407 触摸画板 \r\n");
    Palette_Init();                                    // 调用画板函数
    Delay(0xfff);
    while(1)
    {
                                                       // 其他任务
    }
}
/*****************************************************************
Function:                     Initialize gtp.
Input:                        ts: goodix private data
Output:                       Executive outcomes.
                              0: succeed, otherwise: failed
*****************************************************************/
  int32_t GTP_Init_Panel(void)
{
    int32_t ret = -1;
    I²C_Touch_Init();
    ret = GTP_I²C_Test();
    if (ret < 0)
    {
        GTP_ERROR("I²C communication ERROR!");
```

```
            return ret;
        }
        GTP_Read_Version();                    // 获取触摸 IC 的型号
        I2C_GTP_IRQEnable();                   // 使能中断，这样才能检测触摸数据
        GTP_Get_Info();
        return 0;
}
void I2C_Touch_Init(void)
{
    I2C_GPIO_Config();
    I2C_ResetChip();
    I2C_GTP_IRQDisable();
}
// 触摸屏初始化
void Palette_Init(void)
{
    uint8_t i;
    LCD_Clear(LCD_COLOR_WHITE);                // 整屏清为白色
    Touch_Button_Init();                       // 初始化按钮
    for(i=0;i<BUTTON_NUM;i++)
    {
        button[i].draw_btn(&button[i]);        // 描绘按钮
    }
    brush.color = LCD_COLOR_BLACK;             // 初始化画笔
    brush.shape = LINE_SINGLE_PIXCEL;
    LCD_SetTextColor(brush.color);
}
/********* 触摸屏中断服务程序，触摸屏使用中断方式处理输入信息 **********/
void GTP_IRQHandler(void)
{
        // 确保是否产生了 EXTI Line 中断
```

```
    if(__HAL_GPIO_EXTI_GET_IT(GTP_INT_GPIO_PIN) != RESET)
    {
        LED2_TOGGLE;
        GTP_TouchProcess();
        __HAL_GPIO_EXTI_CLEAR_IT(GTP_INT_GPIO_PIN);    // 清除中断标志位
    }
}
/************************ 检测到触摸中断时调用 ***************************/
void GTP_TouchProcess(void)
{
  Goodix_TS_Work_Func();
}
/************************ 触摸屏触摸数据核心处理函数 **********************/
static void Goodix_TS_Work_Func(void)
{
    uint8_t  end_cmd[3] = {GTP_READ_COOR_ADDR >> 8, GTP_READ_COOR_
ADDR & 0xFF, 0};
     uint8_t  point_data[2 + 1 + 8 * GTP_MAX_TOUCH + 1]={GTP_READ_COOR_
ADDR >> 8, GTP_READ_COOR_ADDR & 0xFF};
     uint8_t  touch_num = 0;
     uint8_t  finger = 0;
     static uint16_t pre_touch = 0;
     static uint8_t pre_id[GTP_MAX_TOUCH] = {0};
     uint8_t client_addr=GTP_ADDRESS;
     uint8_t* coor_data = NULL;
     int32_t input_x = 0;
     int32_t input_y = 0;
     int32_t input_w = 0;
     uint8_t id = 0;
     int32_t i  = 0;
     int32_t ret = -1;
```

```
GTP_DEBUG_FUNC();
ret = GTP_I2C_Read(client_addr, point_data, 12);   //10 字节寄存器加 2 字节地址
if (ret < 0)
{
    GTP_ERROR( "I2C transfer error. errno:%d\n  ", ret);
    return;
}
finger = point_data[GTP_ADDR_LENGTH]; // 状态寄存器数据
if (finger == 0x00)                         // 没有数据，退出
{
    return;
}
if((finger & 0x80) == 0)                    // 判断 buffer status 位
{
    goto exit_work_func;                    // 坐标未就绪，数据无效
}
touch_num = finger & 0x0f;                  // 坐标点数
if (touch_num > GTP_MAX_TOUCH)
{
    goto exit_work_func;                    // 大于最大支持点数，错误退出
}
if (touch_num > 1)                          // 不止一个点
{
    uint8_t buf[8 * GTP_MAX_TOUCH] = {(GTP_READ_COOR_ADDR + 10)>>8,
            (GTP_READ_COOR_ADDR + 10) & 0xff};
    ret = GTP_I2C_Read(client_addr, buf, 2 + 8 * (touch_num - 1));
    // 复制其余点数的数据到 point_data
    memcpy(&point_data[12], &buf[2], 8 * (touch_num - 1));
}
if (pre_touch>touch_num)                    //pre_touch>touch_num, 点释放了
{
```

```
    for (i = 0; i < pre_touch; i++)                          // 一个点一个点处理
    {
        uint8_t j;
        for(j=0; j<touch_num; j++)
        {
            coor_data = &point_data[j * 8 + 3];
            id = coor_data[0] & 0x0F;                        //track id
            if(pre_id[i] == id)
              break;
            // 遍历当前所有 id 都找不到 pre_id[i]，表示已释放
            if(j >= touch_num-1)
            {
                GTP_Touch_Up( pre_id[i]);
            }
        }
    }
}
if (touch_num)
{
    for (i = 0; i < touch_num; i++)                          // 一个点一个点处理
    {
      coor_data = &point_data[i * 8 + 3];
      id = coor_data[0] & 0x0F;                              //track id
      pre_id[i] = id;
      input_x  = coor_data[1] | (coor_data[2] << 8);     //x 坐标
      input_y  = coor_data[3] | (coor_data[4] << 8);     //y 坐标
      input_w  = coor_data[5] | (coor_data[6] << 8);     //size
      GTP_Touch_Down( id, input_x, input_y, input_w);// 数据处理
    }
}
else if (pre_touch)                              //touch_ num=0&pre_touch！ =0
```

```
    {
     for(i=0;i<pre_touch;i++)
     {
        GTP_Touch_Up(pre_id[i]);
     }
    }
    pre_touch = touch_num;
  exit_work_func:
    {
      ret = GTP_I²C_Write(client_addr, end_cmd, 3);
      if (ret < 0)
      {
          GTP_INFO("I²C write end_cmd error!");
      }
    }
}
```

其他子程序略。

3.7 报警电路

报警的方式可以有声音，灯光和振动。报警电路可以用手动开关或传感器检测电路来控制，也可由单片机通过接口电路来控制，下面介绍几种常见的报警接口电路。

（1）发光二极管指示灯接口

在微机测控系统的操作面板上，常常需要一些指示灯。有些指示灯（如电源开关状态指示灯等）不需要通过单片机控制，有些指示灯（如系统状态正常或错误指示灯等）则必须由计算机来控制。由单片机控制的指示灯在个数比较少的情况下，可以直接采用图 3.34 所示方法驱动。

图 3.34 中，单片机的引脚直接可以驱动发光二极管点亮和熄灭。如果发光二极管的工作电流较大，可以使用晶体管驱动。如果使用闪烁形式的报警提示，可编制输出一定频率的高低电平信号的程序来驱动 LED 闪烁。

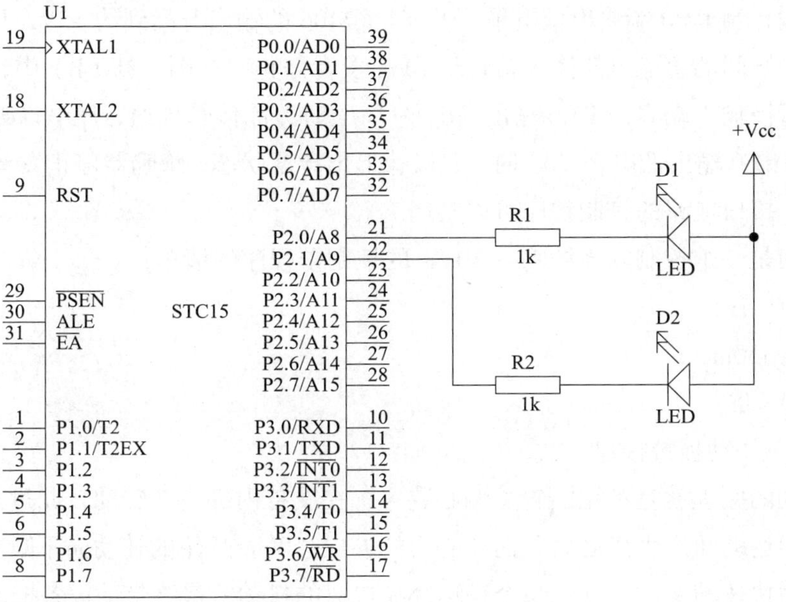

图3.34 STC15与LED的接口

（2）单频音报警接口

实现单频音报警的接口电路比较简单，其发音元件通常可采用压电蜂鸣器，这种蜂鸣器只需在其两引线上加 3~15V 的直流电压，就能产生 3kHz 左右的蜂鸣振荡音响。蜂鸣器结构简单，耗电少，且更适于在单片机系统中应用。

压电式蜂鸣器，约需 10mA 的驱动电流。因此，可以使用 TTL 系列集成电路 7406 或 7407 低电平驱动，也可以使用一个晶体三极管驱动。图 3.35（a）和图 3.35（b）分别是使用这两种方式驱动的接口电路。

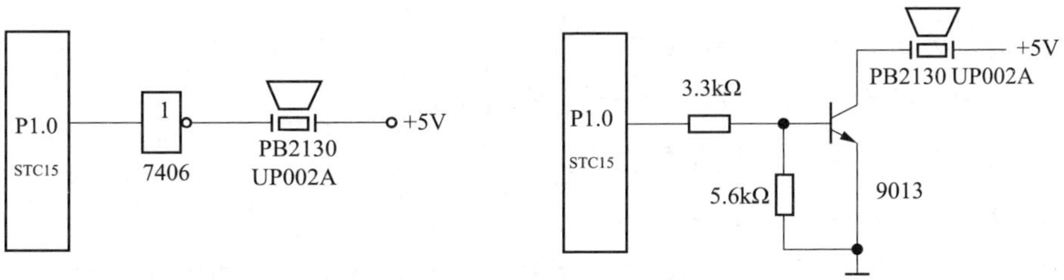

(a) (b)

图3.35 单音频报警电路

图 3.35（a）中，驱动器的输入端接 STC15 的 P1.0，当 P1.0 输出高电平“1”时，7406 的输出为低电平，使压电蜂鸣器引线获得将近 5V 的直流电压，而产生

蜂鸣音响；当 P1.0 端输出低电平“0”时，7406 的输出升高到约 +5V，压电蜂鸣器的两引线间的直流电压降至接近于 0V，发音停止。在图 3.35（b）中，P1.0 接晶体管基极输入端，当 P1.0 输出高电平“1”时，晶体管导通，压电蜂鸣器得电而鸣音；P1.0 输出低电平“0”时，三极管退出导通状态，蜂鸣器停止发音。因此，上述两个接口电路的控制程序可以共用。

下面是一个控制其连续鸣音 50 ms 的控制子程序的清单：

```
P1^0 = 1;
Delay(50ms);
P1^0 = 0;
```

（3）振动报警接口

振动的原理就是利用凸轮（偏心装置）在设备内部高速转动，此过程中凸轮会做圆周运动而产生离心力，而离心力的方向会随着凸轮的转动而不断变化，同时离心力快速的变动也导致整个马达都在快速的抖动，最终带动设备振动。

振动马达的驱动电路可采用图 3.35（b）的结构，可根据电机的功率换成工作电流大的晶体管即可。辅助一定频率的控制信号即可产生振动报警的效果。

思考题

1. 智能仪器的人机接口通常包含哪些设备？
2. 如何去除按键的抖动？
3. 如果有多个按键按下，如何处理？
4. 非编码键盘的结构可以有哪几种？
5. 键盘的工作方式有哪三种？
6. 矩阵式键盘，如何快速判断是否有按键按下？
7. 试编制中断扫描法键盘的程序。
8. LED 显示的种类有哪些？
9. 八段式 LED 显示电路可以有哪两种方式？硬件上各自的特点是什么？
10. LCD 显示的特点是什么？
11. 专用键盘和显示电路的优点是什么？
12. OLED 的优点是什么？
13. 触摸屏的种类有哪些？主流的是哪种？

4 测量输入通道

测量输入通道是测量系统获取现场信息的必要通道。可以通过合理的信号调理对单一或者多个模拟量或者开关状态变量进行采集和处理。合理的输入通道设计可以可靠地测量被测量，了解被控系统的状态，为后续整个系统的信息处理打下良好的基础。本章主要介绍模拟量输入通道和开关量输入通道的设计方法。

4.1 模拟输入通道

4.1.1 模拟输入通道的组成结构与基本类型

（1）组成结构

模拟输入通道是微机化测控系统中被测对象与微机之间的联系通道，因为微机只能接收数字电信号，而被测对象常常是一些非电量，所以，输入通道的前一道环节是把被测非电量转换为可用电信号的传感器，后一道环节是将模拟电信号转换为数字电信号的数据采集电路。除数字传感器外，大多数传感器都是将模拟非电量转换为模拟电量，而且这些模拟电量通常不宜直接用数据采集电路进行数字转换，还需进行适当的信号调理。因此，一般说来，模拟输入通道应由传感器、信号调理电路、数据采集电路三部分组成，如图 4.1 所示。

图 4.1 模拟输入通道的基本组成

（2）基本类型

实际的微机化测控系统往往需要同时测量多种物理量（多参数测量）或同一种物理量的多个测量点（多点巡回测量）。因此，多路模拟输入通道更具有普遍性。按照系统中数据采集电路是各路共用一个，还是每路各用一个。多路模拟输入通道可分为集中采集式（简称集中式）和分散采集式（简称分布式）两大类型。

1）集中采集式（集中式）

集中采集式多路模拟输入通道的典型结构有分时采集型和同步采集型两种，如图 4.2 所示。

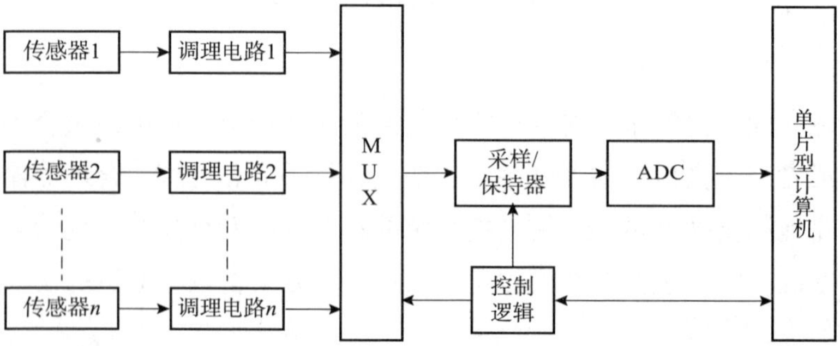

(a)多路分时采集分时输入结构

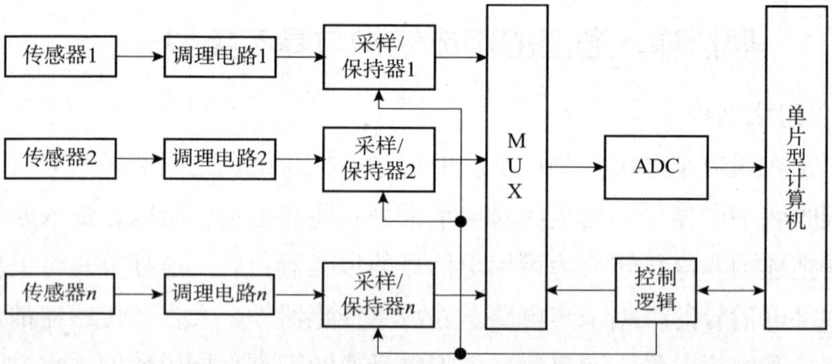

(b)多路同步采集分时输入结构

图 4.2　集中采集式模拟输入通道典型结构

由图 4.2（a）可见，多路被测信号分别由各自的传感器和信号调理电路组成的通道经多路转换开关切换，进入公用的采样 / 保持器（S/H）和 A/D 转换电路进行数据采集。它的特点是多路信号共同使用一个 S/H 和 A/D 电路，简化了电路结构，降低了成本。但是它对信号的采集是由模拟多路切换器即多路转换开关分时切换、轮流选通的，因而相邻两路信号在时间上是依次被采集的，不能获得同一时刻的数据，这样就产生了时间偏斜误差。尽管这种时间偏斜很短，但对于要求多路信号严格同步采集测试的系统是不适用的，然而对于多数中速和低速测试系统仍是一种应用广泛的结构。

由图 4.2（b）可见，同步采集型的特点是在多路转换开关之前，给每路信号

通路各加一个采样 / 保持器，使多路信号的采样在同一时刻进行，即同步采样。然后由各自的保持器保持着采样信号幅值，等待多路转换开关分时切换进入公用的 A/D 电路将保持的采样幅值转换成数据输入主机。这样可以消除分时采集型结构的时间偏斜误差，这种结构既能满足同步采集的要求，又比较简单。但是它仍有不足之处，特别是在被测信号路数较多的情况下，同步采得的信号在保持器中保持的时间会加长，而保持器总会有一些泄漏，使信号有所衰减。由于各路信号保持时间不同，致使各个保持信号的衰减量不同。因此严格地说，这种结构还是不能获得真正的同步输入。

2）分散采集式（分布式）

分散采集式的特点是每一路信号都有一个 S/H 和 A/D，因而也不再需要模拟多路切换器 MUX。每一个 S/H 和 A/D 只对本路模拟信号进行数字转换，即数据采集的数据，按一定顺序或随机地输入计算机，如图 4.3 所示。

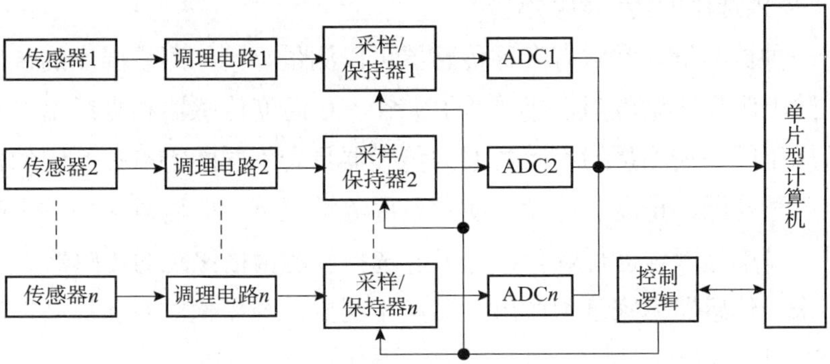

图4.3 分散采集式模拟输入通道结构

图 4.2 与图 4.3 中的模拟多路转换器、采样保持器、A/D 转换器都是为实现模拟信号数字化而设置的，他们共同组成“采集电路”，因此，图 4.2 和图 4.3 所示的多路模拟输入通道与图 4.1 所示单路模拟输入通道一样，都可认为是由传感器、调理电路、采集电路三部分组成。

4.1.2 传感器的选用

传感器是信号输入通道的第一道环节，也是决定整个测试系统性能的关键环节之一。由于传感器技术的发展非常迅速，各种各样传感器应运而生。所以大多数测试系统设计者只需从现有传感器产品中正确地选用而不必自己另行研制传感器。要正确选用传感器，首先要明确所设计的调试系统需要什么样的传感器——

系统对传感器的技术要求；其次是要了解现有传感器厂家有哪些可供选择的传感器，把同类产品的指标和价格进行对比，从中挑选合乎要求的性能价格比最高的传感器。

（1）对传感器的主要技术要求

① 具有将被测量转换为后续电路可用电量的功能，转换范围与被测量实际变化范围（变化幅度范围、变化频率范围）相一致。

② 转换精度符合整个测试系统根据总精度要求而分配给传感器的精度指标（一般应优于系统精度的 10 倍左右），转换速度应符合整机要求。

③ 能满足被测介质和使用环境的特殊要求，如耐高温、耐高压、防腐、抗震、防爆、抗电磁干扰、体积小、质量轻和不耗电或耗电少等。

④ 能满足用户对可靠性和可维护性的要求。

以上要求是正确选用传感器的主要依据。

（2）可供选用的传感器类型

对于一种被测量，常常有多种传感器可以测量，例如测量温度的传感器就有热电偶、热电阻、热敏电阻、半导体 PN 结、IC 温度传感器和光纤温度传感器等多种。可用于同一被测量的不同类型的传感器具有不同的特点和不同的价格。在都能满足测量范围、精度、速度、使用条件等情况下，应侧重考虑成本高低、相配电路是否简单等因素进行取舍，尽可能选择性能价格比高的传感器。

近年来，传感器厂家已生产出一些便于测控系统简化电路和提高性能的传感器。一般有以下几类：

① 大信号输出传感器

为了与 A/D 输入要求相适应，传感器厂家开始设计、制造一些专门与 A/D 相配套的大信号输出传感器。通常是把放大电路与传感器做成一体，使传感器能直接输出 0~5V，0~10V 或 0~2.5V 要求的信号电压。把传感器与相应的变送器电路做成一体，构成能输出 0~10mA 、4~20 mA 直流信号的变送器。信号输入通道中应尽可能选用大信号传感器或变送器，这样可以省去小信号放大环节，对于大电流输出，只要经过简单 I/V 转换即可变为大信号电压输出。对于大信号电压可以经 A /D 转换。

② 数字式传感器

数字式传感器一般是由微机电系统（MEMS, Micro-Electro-Mechanical System）、频率敏感效应器件、也可以是由敏感参数 R、L、C 构成的振荡器，或模拟电压输入经 V/F 转换等。因此，数字量传感器一般有数字量，电压或者频率，具有测量精度高、抗干扰能力强、便于远距离传送等优点。此外，采用数字量传感器时，传感器输出如果满足 TTL 电平标准，则可直接接入计算机的 I/O 口或中断入口。如果传感器输出不是 TTL 电平，则须经电平转换或放大整形。

③ 集成传感器

集成传感器是将传感器与信号调理电路制成一体，趋势将微处理器与传感器融合。例如，将应变片、应变电桥、线性化处理、电桥放大等制成一体，构成集成压力传感器。典型的芯片可以有 DS18B20 温度传感器，MPU6050 陀螺仪，SHT11 温湿度传感器等。采用集成传感器可以减轻输入通道的信号调理任务，简化通道结构。

对于一些特殊的测量需要或特殊的工作环境，如果还没有现成的传感器可供选用，一种解决办法是提出用户要求，找传感器厂家定做，但是批量小的价格一般都很昂贵；另一种办法是从现有传感器定型产品中选择一种作为基础，在该传感器前面设计一种敏感器或（和）在该传感器后面设计一种转换器，从而组合成满足特定测量需要的特制传感器。

4.1.3　信号调理电路的设计和选择

在一般测量系统中信号调理的任务较复杂，除了小信号放大、滤波外，还有诸如零点校正、线性化处理、温度补偿、误差修正和量程切换等，这些操作统称为信号调理（signal conditioning），相应的执行电路统称为信号调理电路。

在微机化测试系统中，许多原来依靠硬件实现的信号调理任务都可通过软件来实现，这样就大大简化了微机化测试系统中信号输入通道的结构。信号输入通道中的信号调理重点为小信号放大、信号滤波以及对频率信号的放大整形等。比较典型的信号调理电路组成如图 4.4 所示。

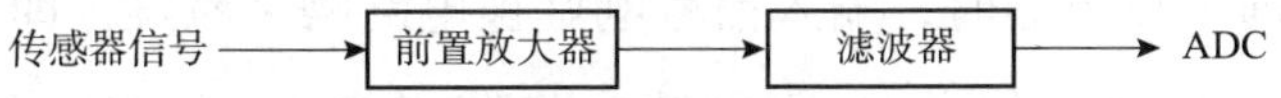

图 4.4　典型调理电路的组成

（1）前置放大器

设计中采用大信号输出传感器，可以省掉小信号放大器环节。但是多数传感器输出信号都比较小，必须选用前置放大器进行放大。那么判断传感器信号是“大”还是“小”和要不要进行放大的依据又是什么呢？通常电压的数量级要在伏级，电流的数量级要在毫安可以称之为大信号。前置放大器的位置能不能接在滤波器的后面呢？前置放大器的放大倍数应该多大为好呢？这些问题都是测控仪器或系统总体设计需要考虑的问题。

由于电路内部有这样或那样的噪声源存在，使得电路在没有信号输入时，输出端仍存在一定幅度的波动电压，这就是电路的输出噪声。把电路输出端测得的噪声有效值 V_{ON} 折算到该电路的输入端，即 V_{ON} 除以该电路的增益 K，得到的电平值称为该电路的等效输入噪声 V_{IN} 即：

$$V_{IN}=V_{ON}/K \tag{4-1}$$

如果加在某电路输入端的信号幅度 V_{IS} 小到比该电路的等效输入噪声还要低，那么这个信号就会被电路的噪声所“淹没”，为了不使小信号被电路噪声所淹没，就必须在该电路前面加一级放大器——前置放大器，如图 4.5 所示。图中前置放大器的增益为 K_0，本身的等效输入噪声为 V_{IN0}。由于前置放大器的噪声与后级电路的噪声是互不相关的随机噪声。

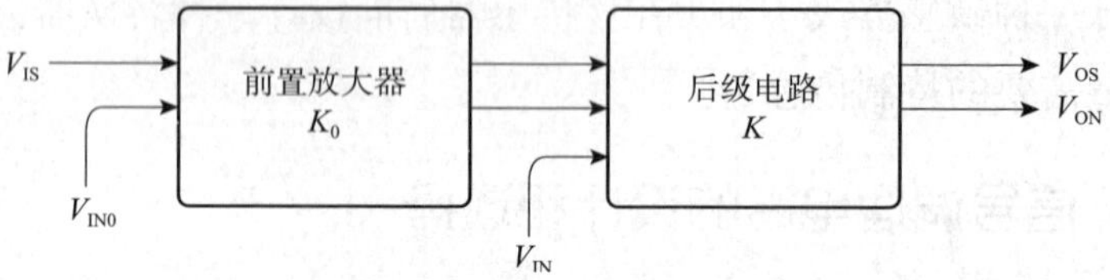

图4.5 前置放大器作用

电路总输出噪声（见图 4.5）为：

$$V'_{ON}=\sqrt{(V_{IN0}K_0K)^2+(V_{IN}K)^2}$$

总输出噪声折算到前置放大器输入端，即总的等效输入噪声为：

$$V'_{IN}=\frac{V'_{ON}}{K_0K}=\sqrt{V_{IN0}{}^2+\left(\frac{V_{IN}}{K_0}\right)^2}$$

假定不设前置放大器时，输入信号刚好被电路噪声淹没，即 $V_{IS}=V_{IN}$ 加入前置放大器后，为使输入信号 V_{IS} 不再被电路噪声淹没，即 $V_{IS}>V'_{IN}$，就必须使 $V'_{IN}<V_{IN}$，即：

$$V_{IN}>\sqrt{V_{IN0}{}^2+\left(\frac{V_{IN}}{K_0}\right)^2}$$

解上列不等式可得：

$$V_{IN0} < V_{IN}\sqrt{1-\frac{1}{K_0^{\ 2}}}$$

由上式可见，为使小信号不被电路噪声所淹没，在电路前端加入的电路必须是放大器，即 $K_0>1$，而且必须是低噪声的，即该放大器本身的等效输入噪声必须比其后级电路的等效输入噪声低。因此，调理电路前端电路必须是低噪声前置放大器。

在测控领域，被测信号的频率通常比较低，为了减小体积，调理电路中的滤波器大多采用 RC 有源滤波器。由于电阻元件是电路噪声的主要根源，因此，RC 滤波器产生的电路噪声比较大。如果把放大器放在滤波器后面，滤波器的噪声将会被放大器放大，使电路输出信噪比降低。可以用图 4.6 所示两种情况进行对比来说明这一点。图中放大器和滤波器的放大倍数分别为 K 和 1（即不放大），本身的等效输入噪声分别为 V_{IN0} 和 V_{IN1}。

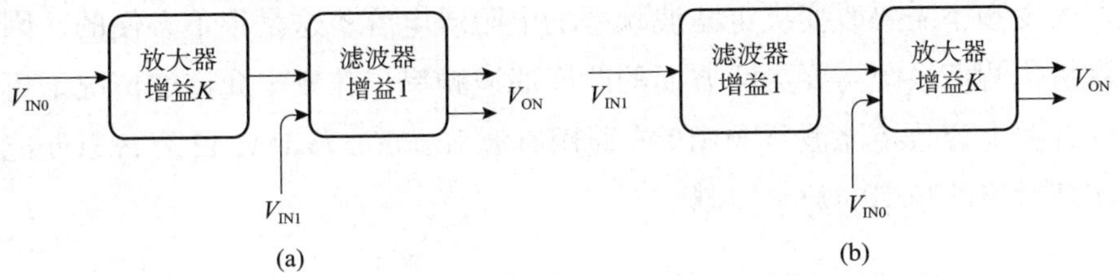

图4.6　两种调理电路的对比

调理电路的等效输入噪声［见图 4.6（a）］为：

$$V_{IN} = \frac{\sqrt{\left(V_{IN0}K\right)^2+\left(V_{IN1}\times 1\right)^2}}{K} = \sqrt{V_{IN0}^{\ 2}+\left(\frac{V_{IN1}}{K}\right)^2}$$

调理电路的等效输入噪声［见图 4.6（b）］为：

$$V'_{IN} = \frac{\sqrt{\left(V_{IN1}K\right)^2+\left(V_{IN0}K\right)^2}}{K} = \sqrt{V_{IN0}^{\ 2}+V_{IN1}^{\ 2}}$$

对比上两式可见，由于 $K>1$，所以，$V_{IN} < V'_{IN}$。这就是说，调理电路中放大器设置在滤波器前面有利于减少电路的等效输入噪声。由于电路的等效输入噪声决定了电路所能输入的最小信号电平，因此减少电路的等效输入噪声实质上就是提高了电路接收弱信号的能力。

经验表明，智能仪器的前置放大器的增益越大，等效输入噪声就越小，智能仪器接收微弱信号的能力就越强。因此，在保证不使 ADC 发生溢出的前提下，前置放大器的增益尽量选取大一点。

（2）滤波器环节

根据应用不同场合，智能仪器处理的信号是多种多样的。例如，测量温度的仪表主要是缓慢变化的信号，这样要对中高频信号进行抑制。因此可使用低通滤波器对温度输入信号进行滤波处理。为了更好地测量过程参数合适选取滤波器很有必要。

测量通道中可根据需要设置的滤波器种类有低通、高通、带通、带阻和全通等。滤波器根据阶次不同分为低阶和高阶。滤波器的主要指标有陡度、截止频率、带宽等。

以巴特沃斯低通滤波器为例，滤波器的陡度为 $6n$（dB/ 倍频程）。可见滤波器的阶次 n 越大，滤波器的特性越接近理想特性，可以根据需要适当增加阶次提高滤波器性能。截止频率和带宽可根据需要做合适的设计和计算。

实际应用中为了减小体积，智能仪器系统常常采用有源 RC 滤波器；但这种滤波器改变频率需要改变决定滤波频率的电阻或电容，这是很不方便的。因此，如果微机化测控系统需要灵活方便的改变滤波频率，在成本允许的情况下可采用新型的开关电容数控滤波器 MF10 或通用有源 RC 滤波器 UAF42 等，以便能通过程序实现对滤波频率的数字控制。

4.1.4 A/D 转换器及其接口设计

模拟量经多路转换器和采样保持后，必须变成数字量才能送入计算机，完成上述转换任务的器件称作模拟数字转换器，简称 A/D 转换器或 ADC（Analog to Digital Converter）。

目前，一些微处理器中已经集成了 ADC，简化了智能仪器的结构，但当微处理器中的 ADC 不能满足设计要求时，需要外置 ADC。随着大规模集成电路的发展，目前已经生产出各式各样的 ADC，以满足数据采集系统设计的需要。如普通型 ADC，如 ADC0801（8 位）、ADC7570（10 位）、ADC1210（12 位）、AD7705 及 ADS1115（16 位）等；高性能的 ADC 如 MOD-1205、ADC578、ADC1131 等等。

此外，为使用方便，有些 ADC 内部还带有可编程放大器、多路转换器、三态输出锁存器等，如 ADC0809 内部有 8 路多路转换器；AD363 不但有 16 通道（或双 8 通道）多路转换器，而且还有放大器、采样保持器及 12 位 ADC；还有专门供数字显示、可直接输出 BCD 码的 ADC，如 AD 7555 等。这些 ADC 是计算机与外部设备进行信息转换的桥梁。

（1）ADC 的主要技术指标

在系统设计时，选用 ADC 之前，设计者首先要考虑的问题是：

①模拟输入电压的量程是多大？能测量的最小信号是多少（分辨率）？

②线性误差是多少？

③每完成一次转换需要多少时间？

④电源的变化对转换精度有什么影响？

⑤对输入信号有什么要求？是否需要预处理？

所有这些都是设计者需解决的问题，所以我们把 ADC 的几个主要技术指标做一简单的介绍。

1）精度。

ADC 的精度分为绝对精度和相对精度两种。

①绝对精度。在一个 ADC 中，任何数码所对应的实际模拟电压与其理想的电压值之差并非是一个常数，我们把这个差的最大值定为绝对精度。对 ADC 而言，可以在每一阶梯的水平中心点进行测量，它包括所有的误差，也包括量化误差。

②相对精度。它与绝对精度相似，所不同的是把这个最大偏差表示为满刻度模拟电压的百分数，或者用二进制来表示相对应的数字量，它通常不包括被用户消除的刻度误差。

2）转换时间。

ADC 完成一次转换所需要的时间叫作转换时间。

芯片参考手册中给出的转换时间是指最长转换时间的典型值。在选择器件时，要根据应用的需要和价格来考虑这一指标，有时还要考虑数据传输过程中转换器件的工作特点。例如有的器件虽然转换时间较长，但是对控制信号有锁存功能，所以在整个转换时间内不需要外部硬件来支持它的工作，微机和其他硬件可以在完成转换以前先去处理别的事件而不必等待；而有的器件虽然转换时间不算太长，但是在整个转换时间内必须有外部硬件提供连续的控制信号，因而要求微机处于等待状态，如 AD570 就属于这种类型的器件。使用时根据需要进行合理选择。原则是用新不用旧。

3）分辨率。

分辨率是 ADC 对微小输入模拟量变化的敏感程度。二进制数的末位变化 1 所需要的最小输入电压对满量程之比称为分辨率。分辨率越高，转换时输入量微小变化的反应越灵敏。分辨率通常用转换结果数字量的位数表示，分辨率为 8 位，表示它可以对满刻度值的$1/2^8=1/256$的模拟输入变化量作出反应。对于N位的ADC，其分辨率为：

$$分辨率=\frac{1}{2^N}满刻度值$$

实际上等于1LSB（Least Significant Bit）。

4）电源灵敏度。

当电源电压变化时，将使ADC的输出发生变化。这种变化的实际作用相当于ADC输入量的变化，从而产生误差。通常ADC对电源变化的灵敏度用相当于同样变化的模拟输入值的百分数来表示。例如，电源灵敏度为$0.05\%/\Delta V_s\%$时，其含义是电源电压变化为电源电压V_s的1%时，相当于引入0.05%的模拟输入值的变化。

（2）与单片机接口的注意事项

要成功地将ADC与微机接口，需要考虑电源要求、逻辑兼容性、时序配合、外围硬件及数据格式等因素。

①电源要求。大多数早期的ADC都需要+5~±15V（±5%）的供电电源。但是随着新技术的发展，ADC的工作电源可以下探到2.0V，上限也有传统的±15V。电源的降低主要偏重于低功耗的应用。

②逻辑兼容性。微机系统要求输入输出信号与TTL电平兼容。绝大多数ADC的逻辑电平与TTL电平兼容。需要注意的是，有些产品还提供与CMOS电平兼容的输入输出信号。当电源电压为+5V时，其数字输入与TTL电平兼容；当电源电压为+10~+15V时，其数字输入与CMOS电平兼容。因此在进行系统设计时，应将逻辑兼容性作为一个因素加以考虑。

③时序。在设计ADC与微机接口电路时，特别要注意器件时序要求，注意波形参数的极限值。系统控制信号的脉冲宽度、建立时间、保持时间应满足器件的定时要求。此外，还要考虑到温漂以及电源电压的波动对定时的影响，对于不使用的引脚应当置成相应的逻辑电平。

④外围硬件。为了使ADC能够与微机接口，常常需要增加一些外围硬件电路，如译码器、锁存器等。

⑤数据格式。8位数据宽度的微机的数据总线为8位，可与8位ADC直接接口，当与更高分辨率的器件接口时，欲转换的数据需分两次传送。微机系统可采用两种数据格式：向左对齐数据格式和向右对齐数据格式。

此外新型 SPI 或者 I^2C 接口器件推荐使用。串行数据格式可以为远距离数据传输提供了方便。在较为复杂的系统中，串行数据格式可减少连线，并允许更多的信息在总线上传送。此外，串行数据采集器件通常引脚少，可减少印制电路板的体积。需要注意的是，所有串行接口 ADC 均需要一个时钟（由外部和内部产生），用于选通数据输入 / 输出。

（3）ADC 的选择

① ADC 的位数选择。若需要转换的模拟输入电压最大值和最小值分别为 $V_{i,\max}$ 和 $V_{i,\min}$，A/D 前置放大器增益为 G_g，N 位 ADC 满量程为 E，则应使：

$$V_{i,\min} \geqslant q=E/2^N \quad \text{（小信号不被量化噪声淹没）}$$

$$V_{i,\max}G_g \leqslant E \quad \text{（大信号不使ADC溢出）}$$

所以，需：

$$\frac{V_{i,\max}}{V_{i,\min}} \leqslant 2^N$$

通常称量程范围上限与下限之比的分贝数为动态范围，即：

$$L_1 = 20\lg\frac{V_{i,\max}}{V_{i,\min}}$$

若已知被测模拟电压动态范围为 L_1，则可按下式确定 ADC 位数 N，即：

$$N \geqslant L_1 / 6$$

由于多路转换器 MUX，采样 / 保持器 S/H 和 ADC 组成的数据采集电路的总误差是这 3 个组成部分的分项误差的综合值，所以选择元器件精度的一般规则是：每个元器件的精度指标应优于系统精度的 10 倍左右。例如，要构成一个误差为 0.1% 的数据采集系统，所用 MUX、S/H 和 ADC 的线性误差都应小于 0.01%，ADC 的量化误差应小于 0.01%。ADC 量化误差为 $\pm 1/2\text{LSB}$，即满刻度值的 $1/\left(2^{N+1}\right)$，因此可根据系统精度指标 δ。按下式估算所需 ADC 的位数 N。

$$\frac{10}{2^{N+1}} \leqslant \delta$$

例如，要求系统误差不大于 0.1% 满度值（即 δ=0.1%），则需采用 N 为 12 位的 ADC。

② ADC 的转换速率选择。ADC 的转换速率即单位时间内所能完成的转换次数。由转换时间 t_c 和休止时间 t_o（从转换结束到再次启动转换）二者共同决定。

$$\text{转换速率} = \frac{1}{t_o + t_c}$$

转换速率的倒数称为转换周期，记为 $T_{A/D}$。若 ADC 在一个采样周期 T_s 内依次完成 N 路模拟信号采样值的 A/D 转换，则：

$$T_s = NT_{A/D} \tag{4-2}$$

对于集中采集式测试系统，N 即为模拟输入通道数；对于单路测试系统或分散采集测试系统，则 N=1。

若需要测量的模拟信号的最高频率为 f_{max}，则抗混叠低通滤波器截止频率 f_b 应选取为：

$$f_b = f_{max}$$

由于 $f_b = \frac{1}{CT_s} = \frac{f_s}{C}$。（其中 C 为设定的截频系数，一般 C>2）则：

$$T_s = \frac{1}{Cf_{max}} = t_c + t_o \tag{4-3}$$

将式（4–2）代入式（4–3）得：

$$T_{A/D} = \frac{1}{NCf_{max}} = t_c + t_o$$

由上式可知，对 f_{max} 大的高频（或高速）测试系统，应该采取以下措施：

①减少通道数 N，最好采用分散采集方式，即 N=1。

②减少截频系数 C，增大抗混叠低通滤波器陡度。

③选用转换时间 t_c 短的 ADC 芯片。

④将由 CPU 读取数据改为直接存储器存取（DMA）技术，以大大缩短休止时间 T_o。

综上几种因素选择合适的转换速率的集成 ADC 芯片。

（4）ADC 抑制系统误差的方法

由 ADC 和微机系统组合在一起的模拟数据采集系统，是模拟电路和数字电路混合使用的典型系统。在这种系统中，不但要防止市电频率的感应噪声，还必须想方设法防止数字电路对模拟电路的噪声干扰，这也是抑制系统误差来源的关键。

模拟电路的干扰噪声源有：来自输入部分的干扰、来自交流电源的干扰、来自地线的干扰、来自直流电源的干扰、来自空中电磁辐射的干扰等。因此防止干扰的主要途径有：电路结构、电路的排列和布线、地线的布线以及电源去耦、屏蔽、隔离等。

①电路结构。就电路结构来说，问题往往出在输入部分。当外部输入到系统内的模拟信号很微弱时，可以认为信号是被淹没在市电频率噪声（50Hz）中。用单端输入形式取得的模拟输入中，信号不能摆脱噪声的淹没。为了从噪声中提取信号，必须消除噪声，用差分放大器即可实现这一目的。

差分放大器的共模抑制比（CMRR）可以做得很大，利用这一特性，就可以把市电频率噪声当作共模噪声加以消除。

②电路的排列和布线、地线布线以及电源去耦。在电路排列方面，应使模拟电路和模拟电路集中装在一起，数字电路和数字电路集中装在一起。模拟电路之间的连接应注意信号的流向，还要尽量缩短其连接线。必须避免模拟电路与数字电路混合走线。此外，模拟电路和数字电路间的连线应避免迂回交叠，要尽量使其接近直线。

处理微弱电平模拟信号的电路，其地线的布置尤为重要，原则上是一点接地并接触良好。微弱电平电路的地和高电平电路的地绝不能在同一点，因为高电平电路的地将会给微弱电平电路带来极大的误差。

电源线和地线之间加上旁路电容，即所谓电源去耦，其目的是降低电源的阻抗。它不但防止了模拟电路的自振和噪声干扰，而且改善了暂态特性。而改善暂态特性、防止误动作和自振也是数字电路不可缺少的。

③隔离和屏蔽。所谓隔离，就是用变压器或光电耦合器把模拟电路和数字电路、模拟电路的低电平放大部分和高电平放大部分在电气上隔离开来。

采用隔离法可以有效地防止各种信号交换所带来的恶劣影响，如防止数字电路对模拟电路的噪声干扰；市电频率噪声和尖峰噪声对低电平放大部分的感应干扰；高电平放大部分对低电平放大部分的干扰等。

隔离的方法有好几种，有只用变压器的，也有用变压器和光耦合器的组合而成的，即使能隔离信号，但不能对电路供给电源进行隔离，也是毫无用途的，因为这样的电路不能工作，因此，系统中必须采用相互隔离的电源为相互隔离的电路供电。

图 4.7 给出了使用 LTM2893 构成的带变压器隔离的采集系统的实例。电路的电源分别采用输入输出单独供电，ADC 与 CPU 数字系统间的信号交换用电磁式隔离耦合器。

对于新型的数据采集系统，为了提高系统的抗干扰性，可以采用新型的电子器件设计，提高系统稳定性。在进行隔离时，其 ADC 一般采用串行输出而不用并行输出，以便减少隔离用光耦合器的数量。因此，应选择具有内部时钟和串行数据输出的ADC。如用SPI串行数据接口，则与ADC的接口信号只需如下四种：ADC的片选信号（CS）、串行时钟信号（SCK）、串行数据输出信号（SDO）和串行数据输入（SDI）。除ADC的接口信号外，如果还有其他控制信号，也可以考虑加上隔离。隔离后可减少市电频率噪声和数字系统噪声的干扰，把隔离的部分，特别是ADC的部分放在屏蔽盒里进行屏蔽，则抗噪声效果将会更好。

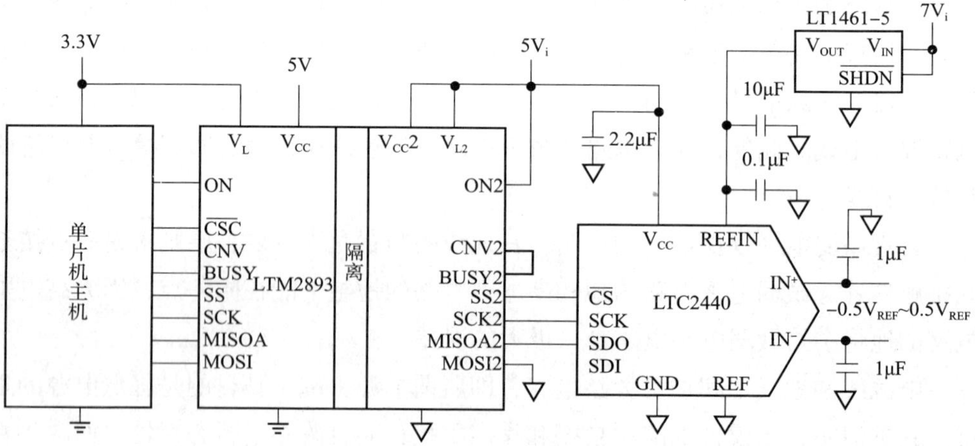

图4.7　带有电磁隔离的数据采集电路

4.1.5　串行A/D转换器接口实例

近年来，串行输出的A/D芯片由于占用单片机的I/O口线少，越来越多地被采用。串行A/D与并行A/D的模数转换原理相同，只不过串行A/D是在并行A/D之后加接了一个并/串转换电路，用以将并行的转换数据变成串行数据输出。下面以TLC1549为例说明串行A/D接口方法和编程。

（1）TLC1549串行A/D芯片

TLC1549是TI公司生产的开关电容结构的逐次比较型单通道A/D转换器，其内部结构框图如图4.8所示。采样保持器对从引脚2输入的模拟电压进行周期性采样，并保持该采样电压供A/D转换器转换成10位数据，10位A/D转换数据并行缓存到输出数据寄存器后，再经10到1的并/串转换，由10位并行数据变成10位串行数据，从引脚6一位一位地移出。采样周期和转换速率由引脚7接入的时钟CLOCK决定。

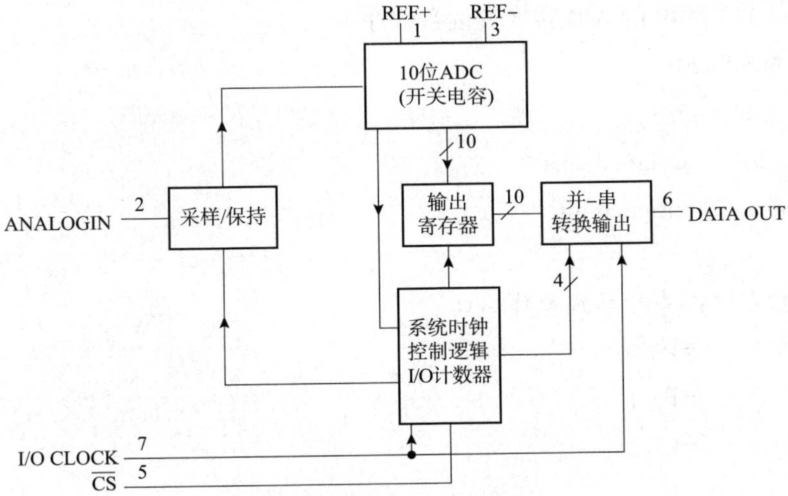

图4.8 TLC1549内部结构框图

（2）TLC1549与STC15系列CPU接口

TLC1549与STC15系列的串行接口电路如图4.9所示。将STC15的P3.0和P3.1分别用作TLC1549的片选端（CS）和时钟端（SCLK），TLC1549的SDO端输出的串行数据（A/D转换结果）由单片机的P3.2读入。V_{CC}与$U_{REF(+)}$接+5V，$U_{REF(-)}$接地，故模拟输入电压范围为0~5V。

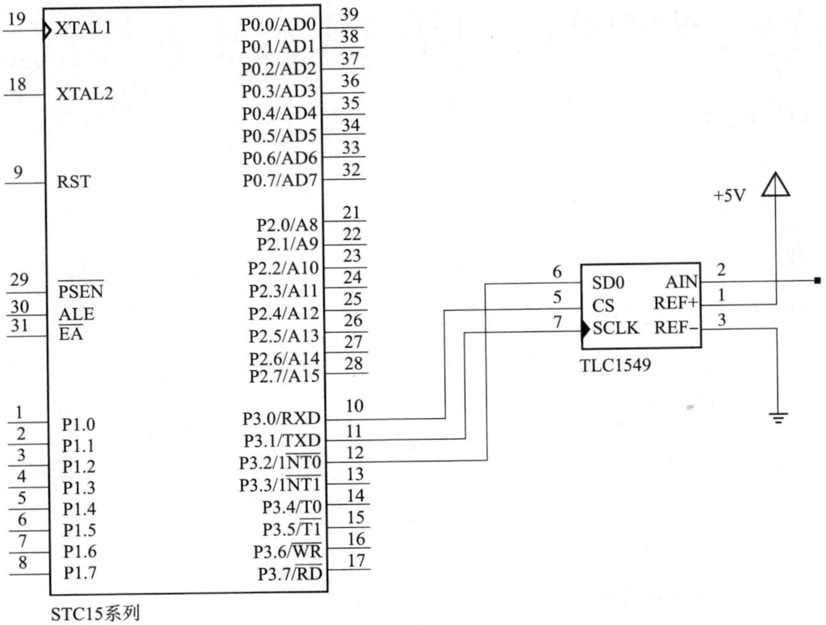

图4.9 串行ADC TLC1549与CPU的接口

（3）TLC1549 的 A/D 转换和读数程序

```
#include<reg52.h>
#include <intrins.h>
#define uchar    unsigned char
#define uint     unsigned int

// 定义 TLC1549 串行总线操作端口
sbit CS         =P3^0;
sbit CLK        =P3^1;
sbit DAT        =P3^2;

uint    ADCdata;
sbit    ADbit=ADCdata^0;
/*****************************************************
** 函数名称： TLC1549ADC()
** 函数功能： 读取上一次 A/D 转换的数据，同时启动下一次 A/D 转换
*****************************************************/
uchar   TLC1549ADC(void)
{
        uchar   i;
        CLK=0;
        DAT=1;
        CS=0;
        for(i=0;i<10;i++)
        {
                CLK=1;
                _nop_();
                _nop_();
                ADCdata<<=1;
                ADbit=DAT;
                CLK=0;
```

```
            _nop_();
        }
        CS = 1;
        return (ADCdata);
}
/*****************************************************************************
* 名称 : Main()
* 功能 : 主函数
* 输入 : 无
* 输出 : 无
*****************************************************************************/
void main()
{
    uint    AD_DATA;                    // 定义 A/D 转换数据变量
    uchar i;
    float temp;

    Delay_1ms(50);                      // 等待系统稳定
    TLC1549ADC();                       // 启动一次 A/D 转换
    while(1)
    {
        TLC1549ADC();                   // 启动 A/D 转换
        for(i=0xff;i>0;i--)             // 等待转换完成
        {_nop_();}

        AD_DATA=TLC1549ADC(); // 读取当前电压值 A/D 转换数据
        Data_Process();                 // 数据处理
        Delay_1ms(5);
    }
}
```

4.2 开关量输入通道

测量控制系统中应用各种按键、继电器和无触点开关（晶体管、可控硅等）来处理大量的开关信号，这种信号只有开和关，或者高电平和低电平两个状态，相当于二进制数的 1 和 0，处理较为方便。智能仪表通过开关量输入通道引入系统的开关量信息（包括脉冲信号），进行必要的处理和操作；同时，通过开关量输出通道发出两种状态的驱动信号，去接通发光二极管、控制继电器或无触点开关的通断动作，以实现诸如越限声光报警、双位式阀门的开启或关闭以及电动机的启动或停车等。

4.2.1 开关量输入通道的结构

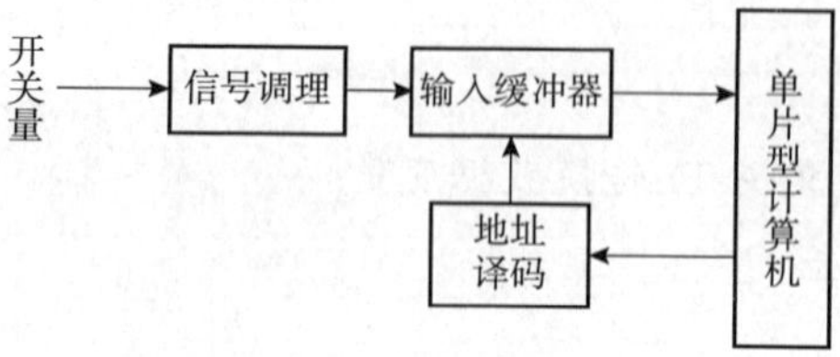

图4.10 开关量输入通道结构

开关量输入通道主要由信号调理电路、输入缓冲器、地址译码器等组成，其结构如图 4.10 所示。

信号调理电路主要完成对现场开关信号的滤波、电平转换、隔离和整形等。输入缓冲器用于缓冲或选通外部输入信号。地址译码器用于完成开关量输入通道的选通和关闭。

4.2.2 开关量输入信号的调理

（1）小功率开关量信号的调理电路

电路如图 4.11 所示，该电路可将输入的小电流或小电压信号转换成 TTL 电平或 CMOS 电平以与微机相连。电阻 R_1、R_2 的阻值可根据输入电流或电压的大小来确定。

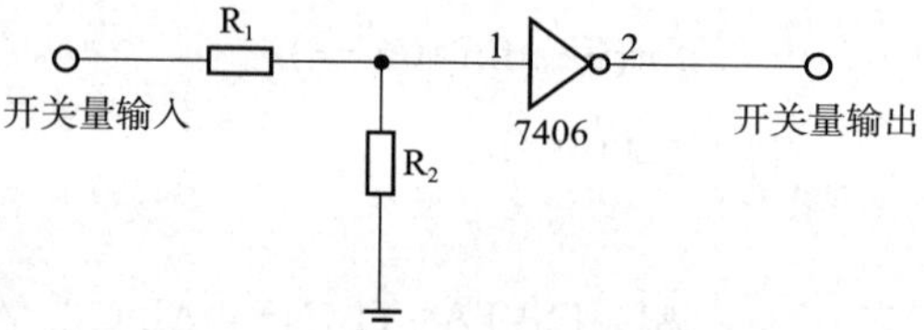

图4.11 小功率开关量调理电路

（2）大功率开关量信号调理电路

在大功率系统中，需要从电感性负载等大功率器件的接点输入信号，通常为了使接点工作可靠，接点两端至少要加 24V 以上的直流电压。由于这种电路电压高，又来自现场，有可能带有干扰信号，通常采用光电耦合器进行隔离，其电路如图 4.12 所示。

光电耦合器是以光为媒介传输信号的器件，内部集成了一个发光二极管和一个光敏三极管。发光二极管作输入电路；输出电路有的采用光敏三极管，有的采用达林顿晶体管、TTL逻辑电路或光敏晶闸管。输入与输出电路之间相互绝缘，形成光电发射和接收电路。当在发光二极管输入端加上电压信号时，发光二极管就会发光，光信号照射到输出端的光敏三极管上产生光电流，使三极管导通并输出电信号。

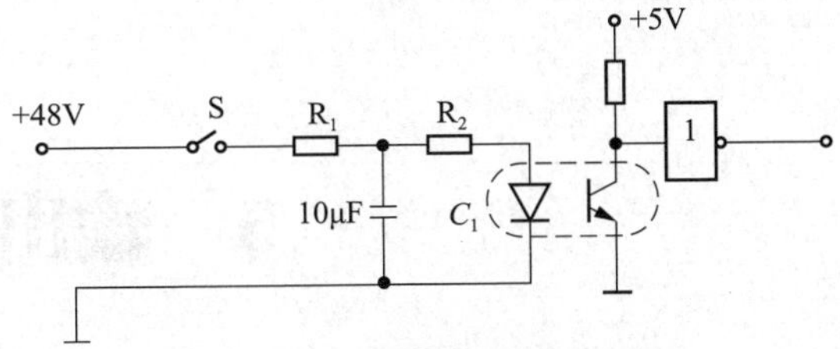

图4.12 大功率开关量输入电路

（3）触点型信号调理电路

触点型信号调理电路作为开关、继电器等触点输入信号的转换电路，该电路将触点的接通与断开动作转换为TTL电平或CMOS电平。为了消除触点的抖动，通常使用RC滤波器或RS触发器，如图4.13、图4.14所示。

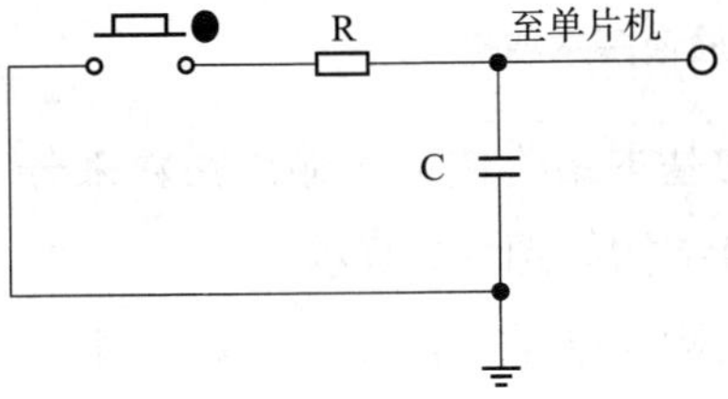

图4.13 RC键盘去抖动

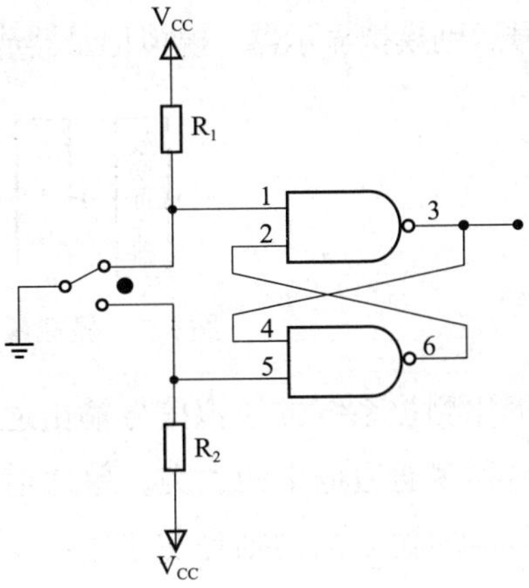

图4.14 RS触发器去抖动

思考题

1. 模拟量输入通道的核心是什么？
2. 作为模拟量输入通道可以包含哪些电路？
3. 选择ADC时主要考虑哪些指标？
4. 确定ADC的转换位数的经验公式是怎样的？
5. 开关量输入通道如何抗干扰？
6. 小功率开关量信号输入如何调理？

5　输出通道

输出通道是智能仪器的重要组成部分，包括模拟量输出通道和开关量输出通道。本章介绍模拟量输出通道的构成及其工作原理，开关量输出通道的构成及使用方法。

5.1　模拟输出通道的基本结构

模拟输出通道主要由输出数据寄存器、D/A 转换器和调理电路三部分组成，其输出信号送到模拟显示器、模拟记录器或模拟执行机构等模拟终端，如图 5.1 所示。

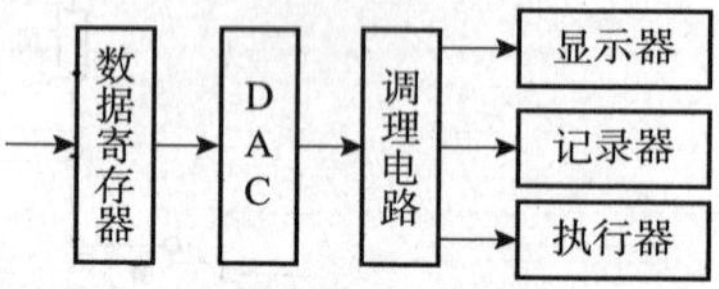

图 5.1　模拟量输出通道基本结构

微机化测控系统的模拟信号输出通道的基本结构按信号输出路数来分，有单通道输出和多通道输出两大类，单通道输出结构如图 5.1 所示。

多通道的输出结构则是在单通道输出结构的基础上演变而成的，主要有以下三种。

5.1.1　数据分配分时转换结构

数据分配分时转换结构如图 5.2 所示，它的特点是每个通道配置一组数据寄存器和 D/A 转换器，经微型计算机处理后的数据，通过数据总线分时地选通至各通道数据寄存器，当输出数据选通至相关数据寄存器的同时，对应的 D/A 即实现数字到模拟信号幅值的转换。各通道在数模转换之后，一般都设有信号调理电路，使输出模拟信号满足模拟仪表或控制元件的要求。这种分时输出结构由于各通道输出的模拟信号存在时间偏差，因此，不适合于要求多参量同步控制执行机构的系统。

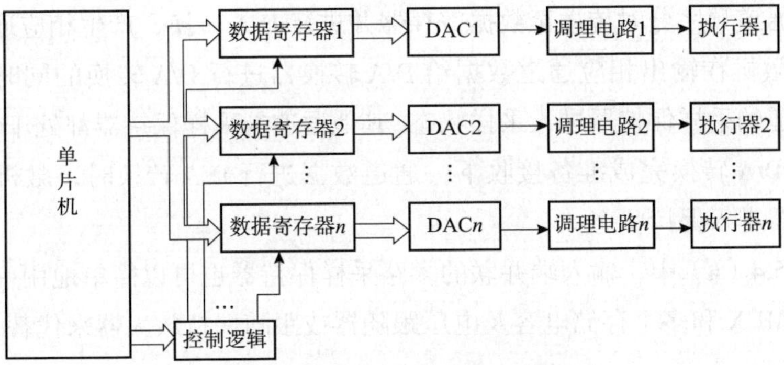

图5.2 数据分配分时转换结构

5.1.2 数据分配同步转换结构

数据分配同步转换结构如图 5.3 所示。它的特点是多路输出通道中 D/A 转换器的操作是同步进行的。因此，各信号可以同时到达记录仪器或执行部件。为了实现这个功能，在各路数据寄存器 R1 与 D/A 转换器之间增设了一个数据寄存器 R2。这样，数总线分时选通主机的输出数据先后被各路数据寄存器 R1 接收，然后在同一命令控制下，将数据由寄存器 R1 同步传送到寄存器 R2。各路同时进行 D/A 转换并输出模拟量。显然，各通道输出的模拟信号不存在时间偏差。虽然主机分时送出数据的各信号之间是有时间差的，但采用了双缓冲输出结构，该时间差被第二层数据寄存器的同步作用所消除。

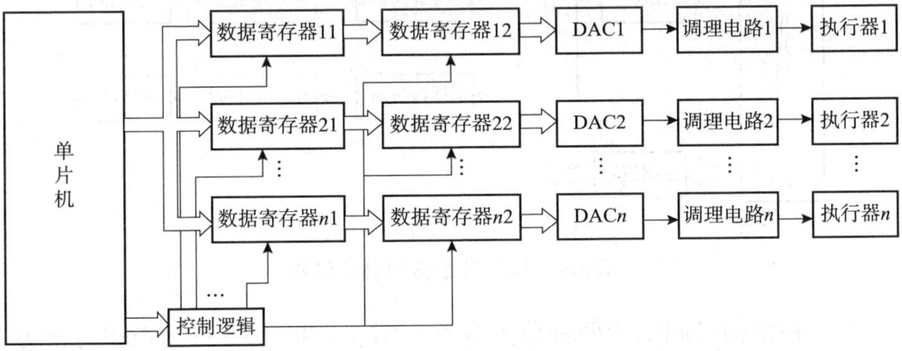

图5.3 数据分配同步转换结构

5.1.3 模拟分配分时转换结构

模拟分配分时转换结构如图 5.4（a）所示，这种结构的特点是各通道共用一个 D/A 转换器和一个数据寄存器。微型计算机处理后的数据，通过数据总线按照设定好的通道顺序分时传送至数据寄存器并进行 D/A 转换，产生相应通道的模拟输出值。微机在输出相应通道数据给 D/A 转换器进行 D/A 转换的同时，微机也控制本通道的采样保持器进入采样状态，其他通道的采样保持器都处于保持状态。当该通道 D/A 转换完成准备接收下一通道数据进行 D/A 转换时，微机让该通道采样保持器进入保持状态。

在图 5.4（a）中，输入端并联的多路采样保持器也可以简单地用一个模拟多路切换器 MUX 和多个存储电容及电压跟随器或跟随保持放大器来代替，如图 5.4（b）所示。

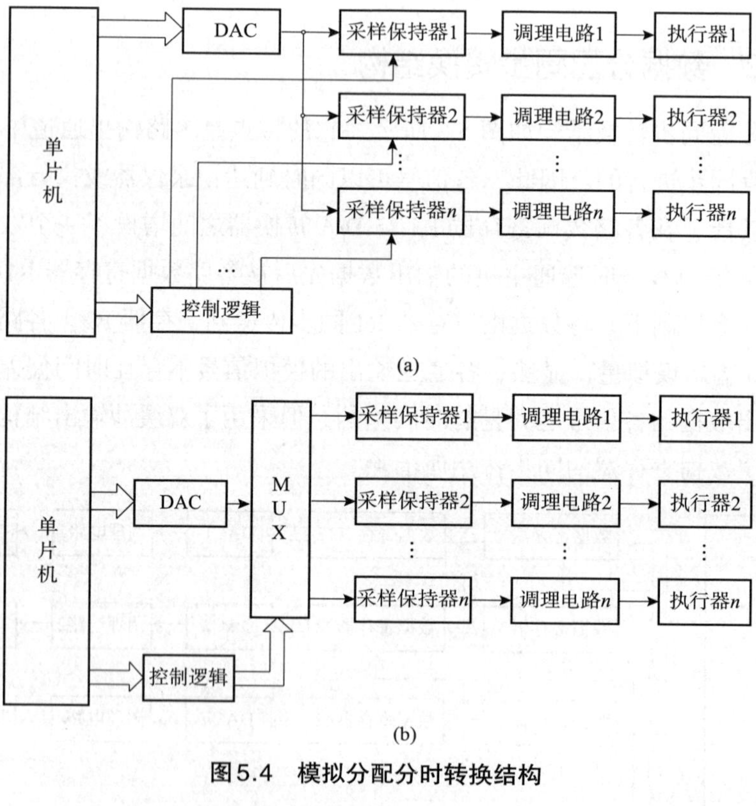

图5.4　模拟分配分时转换结构

以上三种结构可归纳为两种分配方案：图 5.2 和图 5.3 称为数据分配方案，图 5.4 称为模拟分配方案。

5.1.4　输出结构的比较和选择

图 5.4 模拟分配方案，因受存储电容漏电因素的影响，通道输出的稳定性不

易做得很好，但是由于存储电容的积分平滑作用，通道的输出不会出现大幅度的突跳现象。同时，由于只使用一个高质量的 DAC，因此整个通道的成本较低。相比之下，图 5.2 和图 5.3 的数字分配方案，因其电路比较复杂，所以成本较高，而且通道的输出存在突跳现象。但是这种通道的输出十分稳定，输出电压（或电流）的精度和平滑程度仅由 DAC 的线性误差和分辨力决定。

在选择方案时，除性能上的考虑之外，成本是另一个主要因素，由于单片集成 DAC 的价格很低，而且还在不断下降，对于中等分辨力（8~10 位）的输出通道，采用图 5.3 的方案（例如可选用具有双缓冲输入寄存器的 10 位 DAC，即 AD7522）能获得较好的性能，而成本与模拟分配方案不相上下。对于 10 位至 12 位的通道使用图 5.4 模拟分配方案在目前看来还占有成本比较低的优势。高于 12 位的输出通道，由于当前存储电容的介质吸附效应，指标不够理想，要使 S/H 满足高分辨力和高速度的要求还比较困难，因此虽然成本较高，仍然必须采用图 5.3 的方案。此外，当负载位置非常分散时，也不宜采用图 5.3 的方案。因并行传输所用电缆数目多，成本高。为了减少数据传输线的数目，在系统设计时推荐使用串行接口器件，采用串行传输把数据传送到图 5.3 中各路 DAC。器件选择时尽量使用器件内部集成了双缓冲输出结构的产品，提高设计使用的便利性。

5.2　模拟量输出与接口

智能仪器中模拟量输出的核心器件是数模转换器（DAC），用于重建那些以数字形式被加工、存储或从一地传送到另一个地的原始模拟信号，它的任务在于将一个某种形式的数字量转换为一个模拟电压、电流或增益。DAC 经常被用于微型计算机的模拟输入、输出系统中，作为各种数控图形发生器（示波器、XY 绘图仪和 3D 打印机等）的驱动源，也常用作各种模拟执行元件（如伺服电动机、模拟电表、可编程电源、数字合成信号发生器用于锁相环路的电压 / 频率转换器）等的驱动源。在使用微处理器进行增益控制、信号衰减、乘法运算等方面也广泛使用着 DAC。此外，DAC 还是许多 A/D 转换器的重要部件。DAC 实际上为微型机系统的数字信号和模拟连续信号之间提供了一种接口。

5.2.1　D/A 转换器原理

DAC 是一种译码电路，其输入为数字量 D，输出为模拟量 A。它们的转换关系为：

$$A = V_R D$$

或写成：$$A = V_R\left(a_1 2^{-1} + a_2 2^{-2} + \cdots + a_{n-1} 2^{-(n-1)} + a_n 2^{-n}\right) = V_R \sum_{i=1}^{n} a_i 2^{-i} \qquad (5\text{–}1)$$

式中：V_R 为参考模拟量；a_i 为第 i 位的二进制编码；n 是位数。

式（5–1）代表任意一种二进制 DAC 的基本传递函数式。

各种 DAC 的总体结构都可用图 5.5 所示的框图来概括。

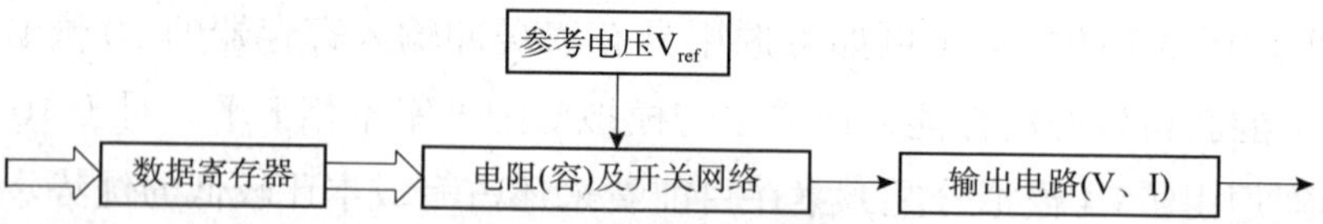

图5.5 典型DAC结构框图

实际产品不一定包括图中所有部分，但电阻（电容）及开关网络应是必备的。DAC 采用电阻（或电容网络），借助于一个适当的模拟参考电压，把代表某量的数字码转换成对应的模拟量。DAC 的种类很多，绝大多数 DAC 都为电流输出，有的兼有电流和电压输出；输出模拟量和输入数字量之间的函数关系既有线性的，也有非线性的；数字输入方式有并行的，也有串行的；多数 DAC 既可对普通二进制数字进行单极性转换，通过改变外部接线，又可以对补码、反码、偏移二进制码或符号数值码进行双极性转换。

5.2.2 技术特性

DAC 的电路结构虽然多种多样，但是作为一个标准的功能单元，它的主要技术特性可以归纳为静态特性和动态特性两个方面。

（1）转换准确度

转换准确度是指输入端加上给定的数字代码时所测得的模拟输出值与理想输出值之间的差值。这个静态的转换误差是增益误差、零点误差、线性误差的综合。

（2）分辨率

分辨率是指转换器的最低位对应的电压值与满度电压值之比。例如，10 位 DAC 的分辨率为 $1/\left(2^{10}-1\right)$，近似表示为 0.001。或者简单地用转换器的位数来表示，如 12 位 DAC 的分辨率为 12 位，近似表示为 $1/2^{12}$。

（3）线性度

线性度通常用非线性误差来表征转换器的线性度。它是指转换器实测的输入～输出特性曲线与一条理想直线的偏离程度，这条理想直线是校准后的转换器的两个端点的连线，如图 5.6 所示。

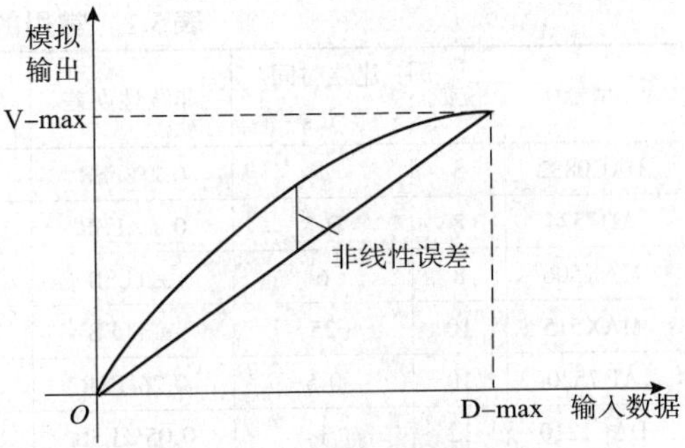

图 5.6　DAC 的非线性误差

（4）微分非线性

微分非线性表示在输入数码整个范围内，相邻各数字代码之间引起的模拟跃变值的差异。若相邻跃变值相等，都为最低位的等效值，则微分非线性为零；若相邻跃变值间的差异超过最低一位的等效值（即量化电压），则将引起微分非线性误差。

（5）稳定时间（建立时间）

这是指输入数字代码产生满度值的变化时，其模拟输出达到稳态值 $\pm(1/2)LSB$（最低有效位）所需的时间。

（6）温度系数

在规定的范围内，以温度每升高 1 ℃引起输出模拟电压变化的百分数定义温度系数。它包括增益温度系数和零点温度系数，它们是按整个温度范围内的平均偏差定义的。

5.2.3　DAC 的分类

集成 DAC 的输出大多为电流输出形式，如 DAC0832、AD7520、AD7521 等。有的则在内部设有放大器，直接输出电压信号，如 AD7224、AD667 等，电压输出形式有单极性输出和双极性输出两种。DAC 按位数来分有 8 位、10 位、12 位、14 位、16 位和 18 位等多种，与 CPU 的接口有串行接口和并行接口。随着大规模集成电路的发展，现在已经生产出各种用途的 DAC，如双路 DAC（MAX518、AD7S28 等）、四路 DAC（MAX536、AD7226 等）、八路 DAC（MAX528、AD7568 等）以及串行 DAC（MAX514、DAC80）等；有的甚至可以直接输入 BCD 码（如 AD7525）。为了与现在广泛使用的电动单元组合仪表配合使用，还生产出输出电流为 4~20mA 的 DAC（如 AD1420/1422）。因此 DAC 的应用越来越广泛。几种常用的 DAC 芯片的技术指标列于表 5.1 中。

表 5.1 常用的DAC技术指标

型号	位数	建立时间/μs	非线性误差	工作电压/V	输出	数据总线接口	输出路数
DAC0832	8	1	0.2%FSR	+5~+15	I	并行	1
AD7524	8	0.5	0.1%FSR	+5~+15	I	并行	1
MAX506	8	6	± 1LSB	+5/ ± 5	V	并行	4
MAX515	10	25	± 1LSB	+5	V	串行	1
AD7520	10	0.5	0.2%FSR	+5~+15	I	并行	1
DAC1210	12	1	0.05%FSR	+5~+15	I	并行	1
MAX538	12	25	± 1LSB	+5	V	串行	1
MAX536	12	3	± 1LSB	-5/+15	V	串行	4
AD7244	14	4	± 2LSB	± 5	V	串行	2
AD768	16	0.035	± 8LSB	± 5	I	并行	1
DAC729	18	8	± 2LSB	+5/ ± 15	V	并行	1

5.2.4 DAC 器件 TLC5620 应用举例

TLC5620 是带有缓冲基准输入端（高阻抗）的四路 8 位电压输出数字——模拟转换器（DAC）。该 DAC 产生范围在基准电压 1 倍或 2 倍与地（GND）之间的输出电压，且 DAC 是单调变化的。器件使用简单，用单 5V 电源工作。器件包含上电复位功能以确保可重复启动。

通过简单的三线串行总线可对 TLC5620 实现数字控制，此总线与 CMOS 兼容且易于与所有常用的微处理器和微控制器器件接口。11 位的命令字由 8 位数据，2 个 DAC 选择位以及 1 个量程位组成。后者允许在 1 倍或 2 倍输出范围之间作出选择。DAC 寄存器是双缓冲的，允许完整的新数值组写入器件，然后 DAC 输出通过 LDAC 端的控制同时更新。数字输出端的特点是带有施密特触发器，该电路具有较高的噪声抑制能力。

TLC5620 有 14 引脚的 SOP（Small-Outline Package）封装，在 PCB 空间受限制的应用中，可以实现 DAC 控制。其中 TLC5620C 的工作温度范围为 0~70℃，而 TLC5620I 的工作温度范围为 -40~85℃。二者都不需要外部微调补偿。

（1）TLC5620 的特点

· 四路 8 位电压输出 DAC；

· 5V 单电源工作；

· 串行接口；

· 高阻抗基准输入；
· 可编程 1 倍或 2 倍输出范围；
· 可方便地同时更新（Simultaneous-Update）；
· 内部上电复位；
· 低功耗；
· 半缓冲（Half-Buffered）输出。

TLC5620 可用于可编程电压源、数字控制放大器 / 衰减器、移动通信、自动测试设备、过程监视与控制、信号综合等场合。

TLC5620 的功能方框图如图 5.7 所示。

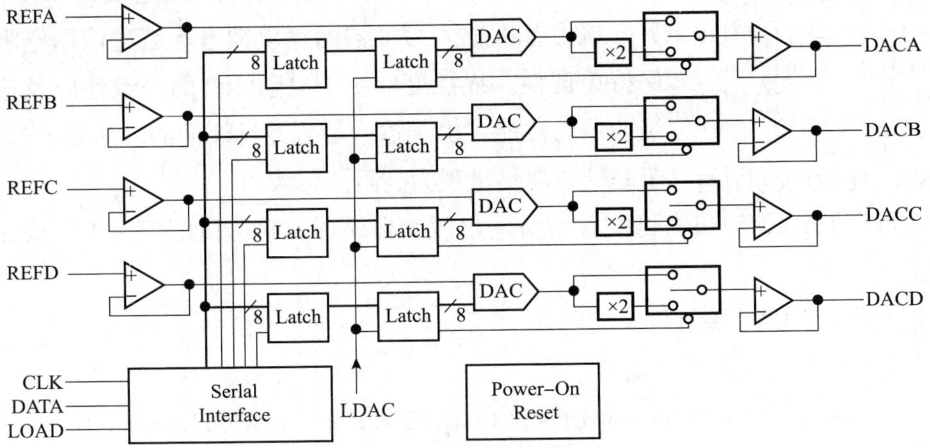

图 5.7　TLC5620 功能框图

（2）TLC5620 引脚排列与功能

TLC5620C、TLC5620I 的引脚排列与引脚功能说明分别如图 5.8 及表 5.2 所示。

表 5.2　TLC5620 引脚功能表

名称	引脚号	输入/输出	说明
CLK	7	输入	串行接口时钟，数据在下降沿送入
DACA	12	输出	DAC A 模拟输出
DACB	11	输出	DAC B 模拟输出
DACC	10	输出	DAC C 模拟输出
DACD	9	输出	DAC D 模拟输出
DATA	6	输入	串行接口数字数据输入
GND	1	输入	地与基准端
LDAC	13	输入	DAC 更新锁存控制
LOAD	8	输入	串行接口装载控制

续表

名称	引脚号	输入/输出	说明
REFA	2	输入	DACA基准电压输入
REFB	3	输入	DACB基准电压输入
REFC	4	输入	DACC基准电压输入
REFD	5	输入	DACD基准电压输入
VDD	14	输入	正电源电压

（3）功能说明

TLC5620 使用四个电阻串（resistor-string）来实现 DAC。每个 DAC 的核心是带有 256 个抽头的单电阻，它们对应于 00H~FFH 所有的 256 个可能的代码。每个电阻串的一端连接到 GND 端，另一端由基准输入缓冲器的输出馈电。通过使用电阻串保持单调性。线性度取决于电阻元件的一致性以及输出缓冲器的性能。由于输入端是经过缓冲的，所以 DAC 对于基准源总是呈现为高阻抗负载。

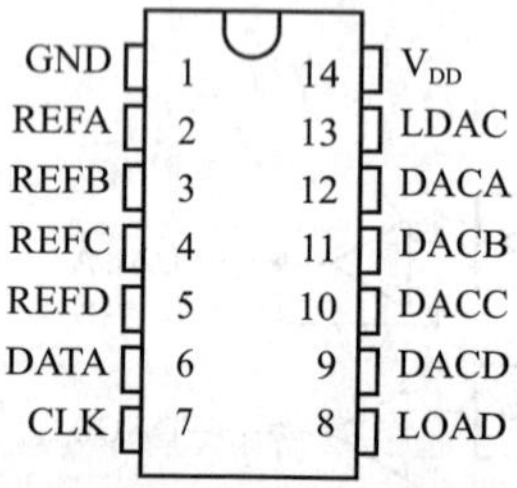

图 5.8　TLC5620 引脚图

每个 DAC 的输出由可配置增益输出放大器缓冲，它可以配置为 1 倍或 2 倍增益。

上电时，DAC 被复位至代码 0。

每一输出电压由下式给出：

Vo（DACA|B|C|D）=REF ×（CODE/256）×（1+RNG bit value）

其中 CODE 的范围为 0~255。范围（RNG）位是串行控制字内的 0 或 1。

（4）数据接口

当 LOAD 为高电平时，数据在 CLK 每一下降沿由时钟同步送入 DATA 端口，如图 5.9 所示，一旦所有的数据位送入，LOAD 变为脉冲低电平以便把数据从串行输入寄存器传送到所选择的 DAC。如果 LDAC 为低电平，所选择的 DAC 输出电压更新且 LOAD 变为低电平。而在图 5.10 中串行编程期间内 LDAC 为高电平，新数值被 LOAD 的脉冲低电平打入第一级锁存器后，再由 LDAC 脉冲低电平传送到 DAC 输出。数据输入时最高有效位（MSB）在前。使用两个 8 时钟周期的数据传送示于图 5.11 和图 5.12。

（5）TLC5620 的 DAC 参考程序

主机使用 STC15 系列 CPU 硬件连接如图 5.13 所示。所使用的时序为 11 位数据输出，LDAC 锁存输出数据。

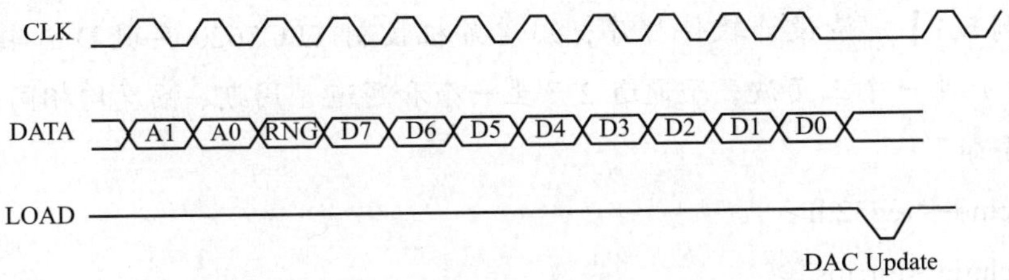

图5.9 LOAD控制的更新（LDAC=低电平）

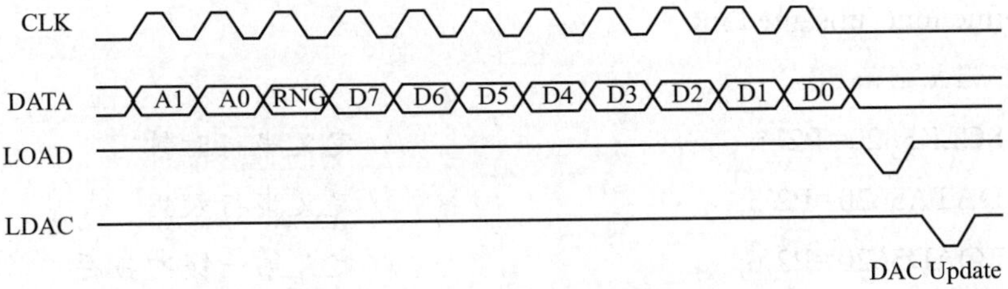

图5.10 LDAC控制的更新

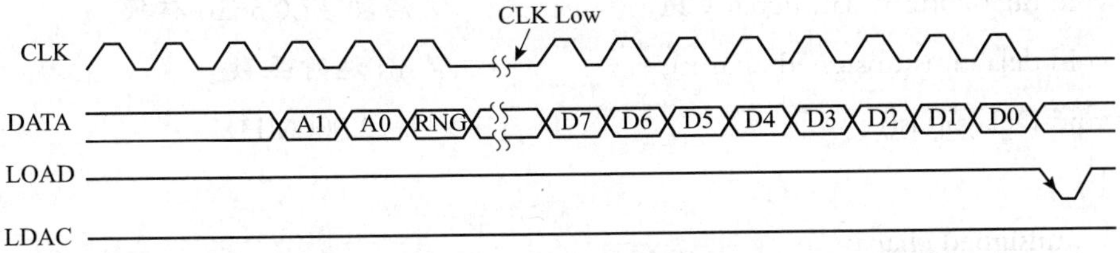

图5.11 使用8位串行字LOAD控制的更新（LDAC=低电平）

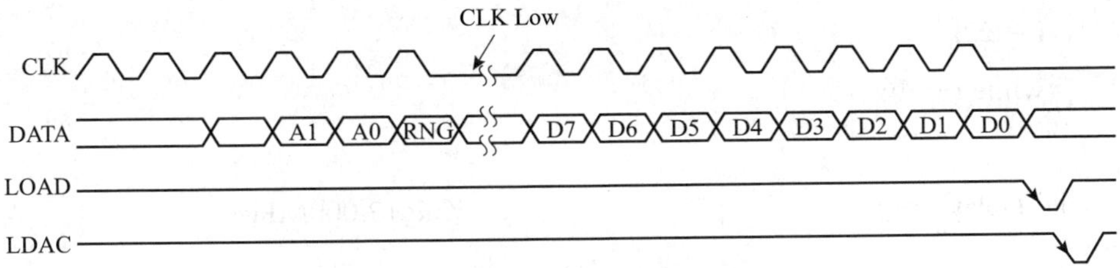

图5.12 使用8位串行字LDAC控制的更新

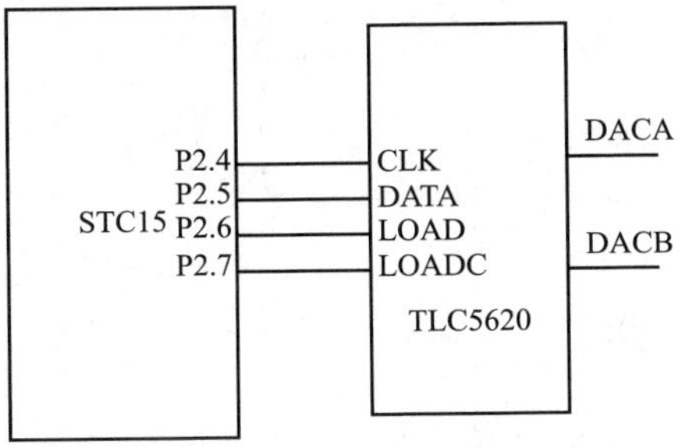

图5.13 TLC5620应用

【例 5.1】 请设计软件程序，用单片机控制 TLC5620 实现 D/A 转换，使其通道 1 产生一个三角波，而通道 2 产生一个和通道 1 周期、幅度均相同的方波。

程序如下：

```
#include<reg52.h>
#include <intrins.h>
#define uchar unsigned char
#define uint  unsigned int
uint wave_data=0;
sbit SCLK5620=P2^4;                          // 定义串行时钟
sbit DATA5620=P2^5;                          // 定义串行数据
sbit LOAD5620=P2^6;                          // 定义第一缓冲锁存
sbit LDAC5620=P2^7;                          // 定义第二缓冲锁存
void tlc5620(uint dat, uchar CH);            // 启动 TLC5620 转换
void delaynms(unsigned char k);              // ms 延时函数
void Delay50us()                             //@12.000MHz
{
    unsigned char i;
    _nop_();
    i = 22;
    while (--i);
}
void Delay1ms()                              //@12.000MHz
{
    unsigned char i, j;
    i = 2;
    j = 239;
    do
    {
            while (--j);
    } while (--i);
}
```

```
void main()
{
    delaynms(200);                                  //等待系统稳定
    WaveData = 0 ;                                  //输出数据
    while(1)
    {
        for(WaveData = 0 ; WaveData < 255 ;  WaveData ++)
        {
        tlc5620(WaveData,0);
        tlc5620(0xFF,1);
        }
        for(WaveData = 0 ; WaveData < 255 ;  WaveData ++)
        {
        tlc5620(255` WaveData,0);
        tlc5620(0x0,1);
        }
    }
}

void tlc5620(uint dat, uchar CH)
{
    SCLK5620=1;                                     //串行时钟高
    DATA5620=0;                                     //串行数据0
    LOAD5620=1;                                     //第一缓冲锁存
    LDAC5620=1;                                     //第二缓冲锁存
    uchar i;
    uint  data;
    data  = CH<<1;                                  //通道左移1位
    data  =( (data<<8)+dat)<<5;                     //得到输出数据
    for(i=0;i<11;i++)                               //发送11位数据,从最高位开始发送。
```

```
        {
            if((data&0x8000)==0x8000)
                DATA5620=1;
            else
                DATA5620=0;
            SCLK5620=0;                          //SCLK 下降沿，数据输入
            data<<1;                             //SCLK
            SCLK5620=1;                          //SCLK 恢复高电平
        }
        LOAD5620=0;                              // 第一缓冲锁存变低
        LDAC5620=0;                              // 第二缓冲锁存变低
        LOAD5620=1;                              // 第一缓冲锁存变高
        LDAC5620=1;                              // 第二缓冲锁存变高
    }
    void delaynms(unsigned char k)               // 延时 nms
    {
        while(k)
        {
        int i;
        i=110;
        while(i--);
        k=k-1;
        }
    }
```

5.3 开关量输出通道

智能仪器在检测和控制中常常需要处理一些开关量信号，例如，接受外部装置的状态，通过微处理器分析和处理后，输出开关量信号控制外部装置的操作。把接收开关量信号的电路称为开关量输入通道，而把输出具有一定驱动能力的开关量信号的电路称为开关量输出通道。

智能仪表中常采用通用并行 I/O 芯片（例如 8155、8255、8279）来输入或输出开关量信息。若系统不复杂，也可用锁存器作为输出接口电路。对于单片机而言可直接通过 I/O 口与外界交换开关量信息。对于功率较大的开关设备，在输出通道中应设置功率放大电路，以使输出信号能驱动这些设备。

由于在工业现场存在电场、磁场、噪声等各种干扰，在输出通道中往往需要设置隔离器件，以抑制干扰的影响。开关量输出通道的主要技术指标是抗干扰能力和可靠性，而不是精度，这一点务必在设计时予以充分注意。

5.3.1　开关量输出通道的基本组成

开关量输出通道主要由输出锁存器、输出驱动电路、地址译码器等组成，如图 5.14 所示。

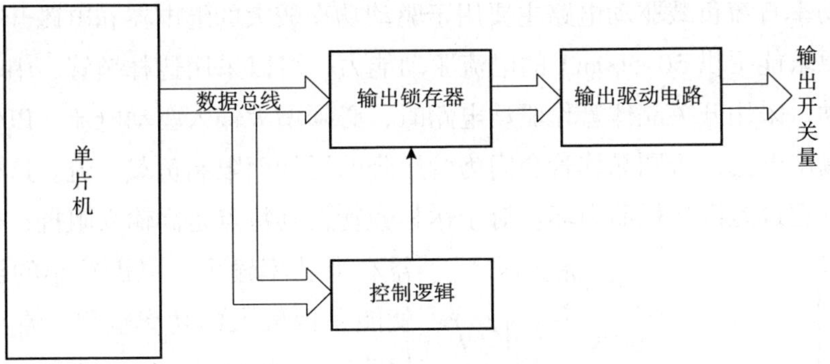

图5.14　开关量输出通道基本组成

地址译码器主要完成开关量输出通道的选通。输出锁存器的作用是保持微机输出数据在未刷新前稳定，以供外部设备使用。输出驱动电路主要完成电平转换，隔离和功率驱动等。

5.3.2　开关量输出驱动电路

（1）直流负载驱动电路

小功率直流负载主要有发光二极管、LED 数码显示器、小功率继电器和晶闸管等器件，要求提供 5~40mA 的驱动电流。通常采用小功率三极管（如 9013、9014、8550 和 8050 等），集成电路（如 75451、74LS245 和 SN75466 等）作驱动电路。图 5.15 是采用小功率三极管的驱动电路，图中 Q1 三极管作开关用，驱动电流在 100mA 以下，适用于驱动要求负载电流不大的场合。图 5.16 是采用驱动器 75451 的驱动电路，当单片机的指定 I/O 端口输出低电平时，LED 指示灯被点亮。

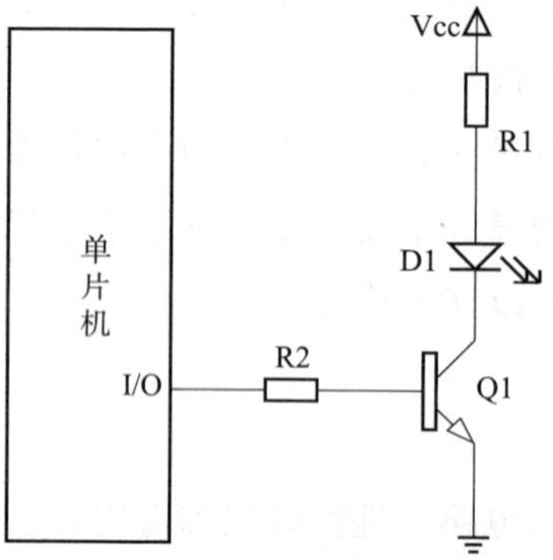

图5.15　小功率三极管的驱动电路

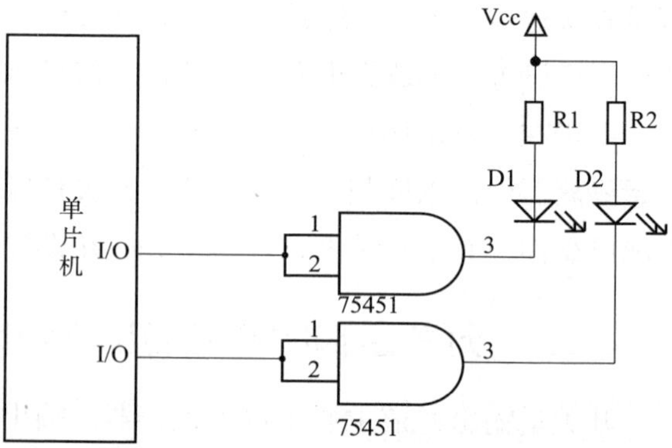

图5.16　专用驱动器75451驱动电路

中功率直流负载驱动电路主要用于驱动功率较大的继电器和电磁开关等控制对象，要求能提供 50~500mA 的电流驱动能力，可以采用达林顿管、中功率三极管来驱动。采用开关晶体管作驱动电路时，必须增大输入驱动电流，以保证有足够大的输出电流，否则晶体管会因为管压降的增加而限制负载电流。这样有可能使晶体管超过允许功耗而损坏。对于达林顿管，其特点是高输入阻抗、极高的增益和大功率输出，只需较小的输入电流就能获得较大的功率输出。常用的达林顿管组有MC1412、MC1413和MC1416等，其集电极电流可达 500mA，输出端的耐压可达 100V，很适合驱动继电器和接触器。图 5.17 是采用单个达林顿管驱动继电器的实例。

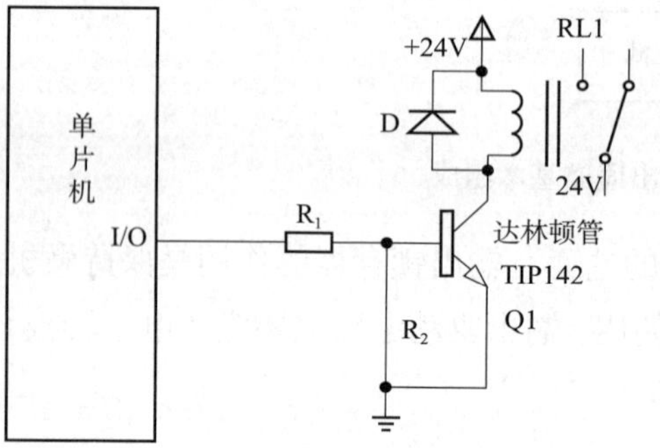

图5.17　采用达林顿管的驱动电路

（2）交流负载驱动电路

交流负载的功率驱动电路，通常采用晶闸管来构成。晶闸管有单向晶闸管（也称单向可控硅）和双向晶闸管（也称双向可控硅）两种类型。晶闸管只工作在导通和截止状态，使晶闸管导通只需要极小的驱动电流，一般输出负载电流与输入驱动电流之比大于 1000，它是较为理想的大功率开关器件，通常用来控制交流大电压开关负载。

图 5.18 是采用双向晶闸管的交流负载驱动电路。为了防止交流电干扰，晶闸管驱动电路与数字电路间通过光电耦合器隔离。D_1~D_4 构成的整流桥电路为光

敏三极管及三极管T提供集电极电源电压。图中P1.0为输出开关量，当P1.0=0时，光电耦合器中的发光二极管导通，三极管T截止，双向晶闸管导通，交流电源给负载加电。反之，当P1.0=1时，双向晶闸管截止、负载断电。外接发光二极管LED用作开关指示。如果将图中双向晶闸管改为单向晶闸管，则在P1.0=0期间，负载得到的不再是双向交流电压，而是单向脉动电压。

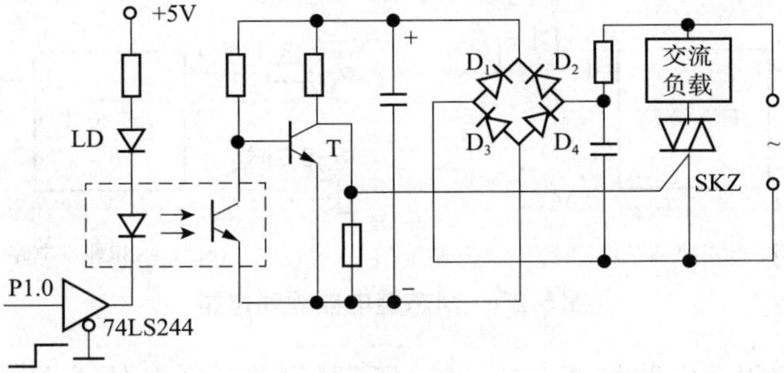

图5.18　双向晶闸管的交流负载驱动电路

（3）固态继电器驱动电路

固态继电器SSR是一种无触点通断功率型电子开关，在输入端施加/去除触发信号后，其输出端主回路呈现导通/阻断状态。由于器件内部采用了光电耦合器，从而实现了输入与输出之间的电隔离及信号耦合。SSR的控制电流较小，一般用TTL、HTL、CMOS等集成电路或晶体管就可以直接驱动，适用于在微机测控系统中作输出通道的控制元件。SSR与普通电磁式继电器和磁力开关相比，具有无机械触点噪声，不会产生抖动和回跳，开关速度快，体积小，质量轻，寿命长，工作可靠等优点，特别适于控制大功率设备的场合。

固体继电器分为直流固态继电器（DC-SSR）和交流固态继电器（AC-SSR）两种，DC-SSR输出端用功率晶体管做开关元件，如图5.19（a）所示，主要用于直流大功率控制场合；AC-SSR的输出端用双向可控硅做开关元件，如图5.19（b）所示，主要用于交流大功率驱动场合。

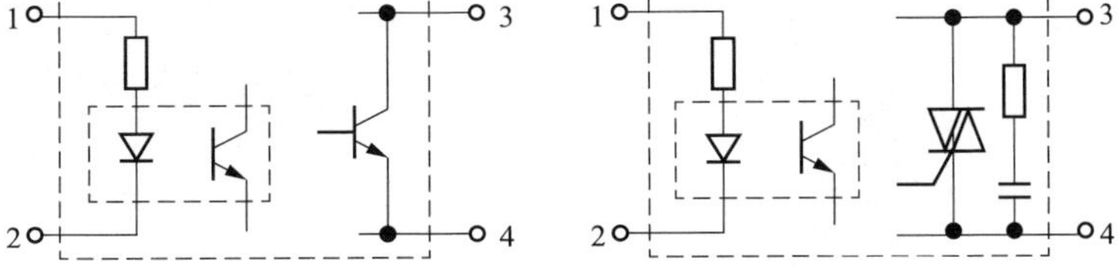

(a)DC-SSR　　(b)AC-SSR

图5.19　直流固态继电器和交流固态继电器

固态继电器的驱动电路如图 5.20（a）所示。DC-SSR 的驱动电流小于 15mA，因此，要选用适当的电压 V_{CC} 和限流电阻 R。DC-SSR 可以采用逻辑门电路或晶体管直接驱动。DC-SSR 的输出端断态电流一般小于 5mA，输出工作电压为 30~180VDC。当控制感性负载时，要加保护二极管，以防止 DC-SSR 因突然截止产生的高电压而损坏继电器。当控制一般电阻性负载时可直接加负载设备。

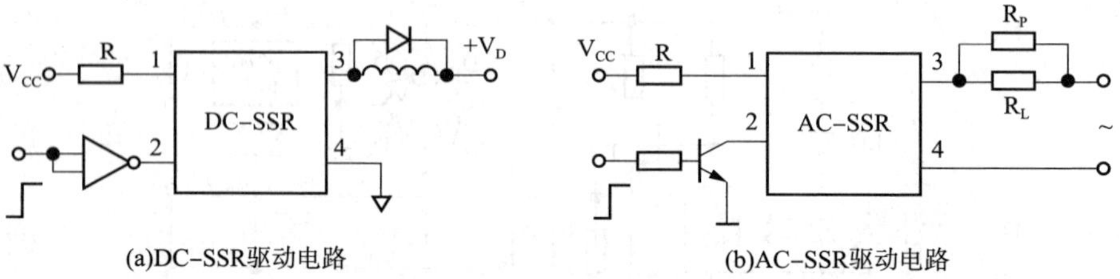

图 5.20　固态继电器驱动电路

AC-SSR 的驱动电路如图 5.20（b）所示。AC-SSR 的输入电流小于 500mA，采用功率晶体管驱动。AC-SSR 可用于 220VAC、380VAC 等常用市电场合，输出断态电流一般小于 10mA，一般应使 AC-SSR 的开关电流至少为断态电流的 10 倍，负载电流若低于该值，应并联电阻 R_p，以提高开关电流。

思考题

1. 模拟量输出通道的组成部分有哪些？
2. DAC 的主要技术指标有哪些？
3. 开关量输出通道可以使用哪些驱动元件？
4. 开关量输出电路通常会有隔离电路，为什么？
5. 模拟量输出的用途有哪些？
6. 说明模拟量输出通道的数据分配模拟输出和模拟分配模拟输出的区别。

6 SPI 和 I²C 总线

计算机的系统扩展可以分为并行系统扩展和串行系统扩展。计算机系统最初时常用的系统外部接口有可编程 I/O 接口（如 8155，8255），可编程键盘显示接口 8279，定时器芯片（如 8253，8254）及并行接口的 ADC（ADC0809）和 DAC（DAC7520，DAC0832）。以上这些均为并行接口的三总线结构，即控制总线（CB）、地址总线（AB）和数据总线（DB）。以 STC15W 为 CPU 的标准三总线结构如图 6.1 所示。该结构使用的 I/O 口的数量较多，结构较复杂，但是数据传输的速度较高。目前要求高速大容量的数据传输的场合多采用。如果对数据的采集和传送要求不高的场合推荐使用串型接口的器件，这类器件通常使用的标准有 SPI，I²C，1-wire，三线等。本章主要介绍较主流的 SPI 和 I²C。

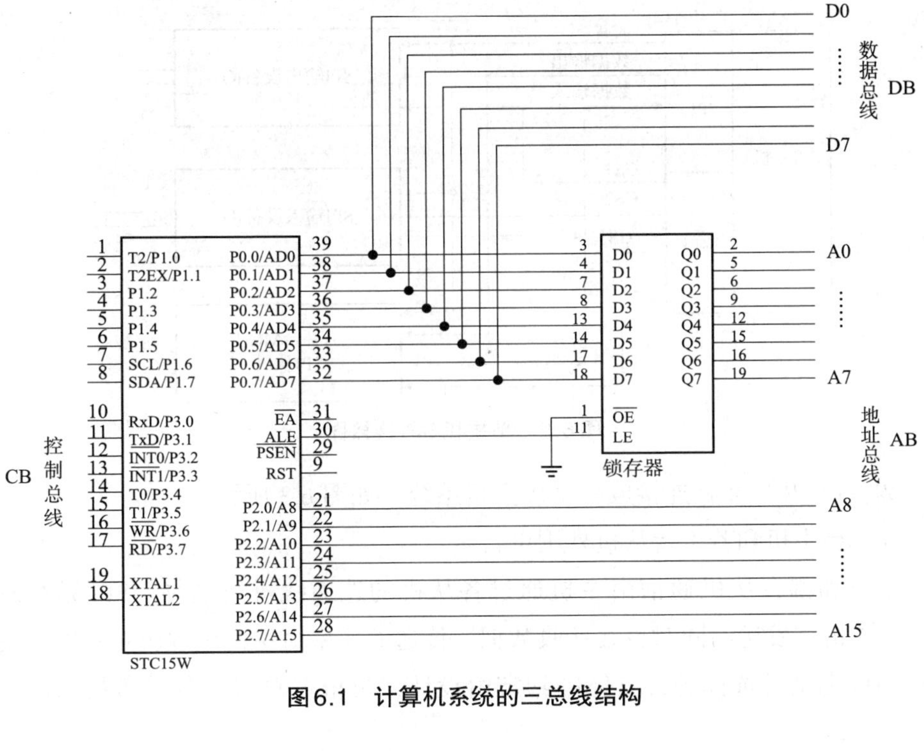

图6.1 计算机系统的三总线结构

6.1 SPI 总线

6.1.1 SPI 总线概述

SPI（Serial Peripheral Interface）串行总线接口最早是由摩托罗拉（Motorola）公司提出的一种有四条线构成的同步串行外设扩展接口。由同步串行外设接口SPI 连成的串行总线上可以连接多个可作为主机的微控制器（MCU），装有 SPI接口的输出设备和输入设备，如液晶驱动、A/D 转换等外设，也可以连接到单个TTL 移位寄存器的芯片。总线上允许连接多个能作为主机的设备，但在任一时刻只允许有一个设备作为主机。总线的时钟线 SCK 由主机控制，另两根分别是主机输入 / 从机输出线 MISO 和主机输出 / 从机输入线 MOSI。$\overline{SS}$ 为芯片选择信号（CS）。典型的结构如图 6.2 所示。

SPI 系统可以简单，也可以复杂，主要有以下几种形式：

①一台主机 MCU 和若干台从机 MCU，如图 6.2 所示。

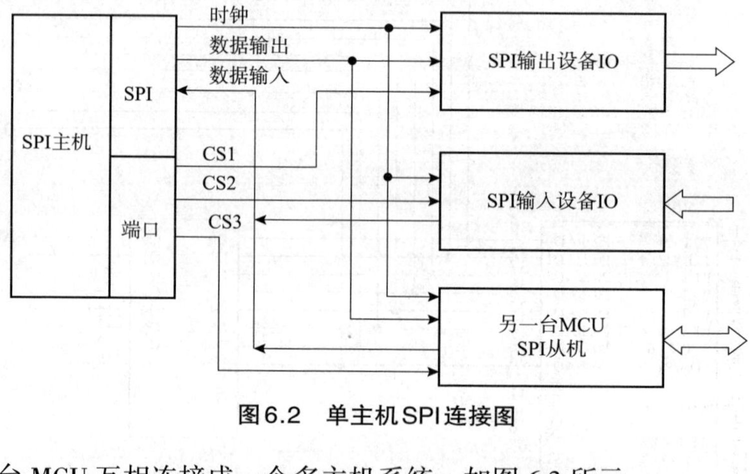

图6.2　单主机SPI连接图

②多台 MCU 互相连接成一个多主机系统，如图 6.3 所示。

③一台主机和若干台从机外围设备。

主机和哪台从机通信由主机通过各从机的选通线进行选择。SPI 是全双工的，即主机在发送的同时也在接收数据，传送的速率由主机编程决定；时钟的极性和相位也是可选择的，具体的约定由设计人员根据总线上各设备接口的功能决定。

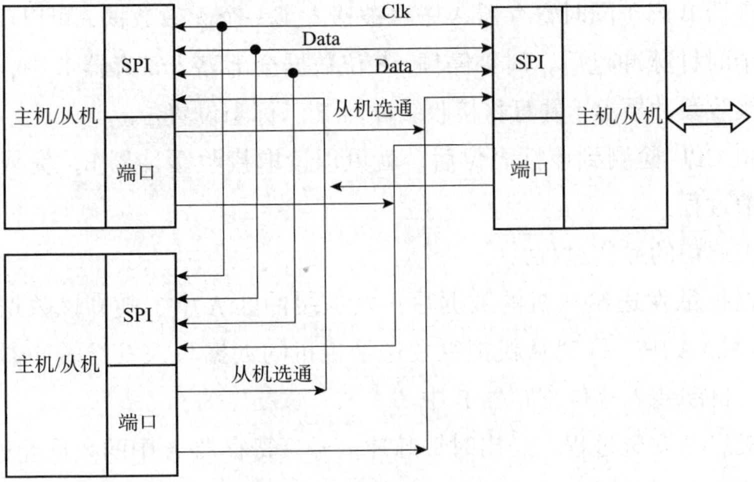

图6.3 多主机SPI连接图

6.1.2 SPI 总线工作原理

SPI 工作原理示意图如图 6.4 所示。电路包含三个主要组成部分：移位寄存器、发送缓冲器和接收缓冲器。其中发送缓冲器与数据总线相连，可以由用户程序写入欲发送的数据，然后自动向移位寄存器装载数据；接收缓冲器也与数据总线相连，可以由用户程序读取接收到的数据；移位寄存器负责收发数据，有移入和移出两个端口，分别与收和发两条通信线路连接，与之通信另一端单片机的移位寄存器恰好构成一个环形结构。

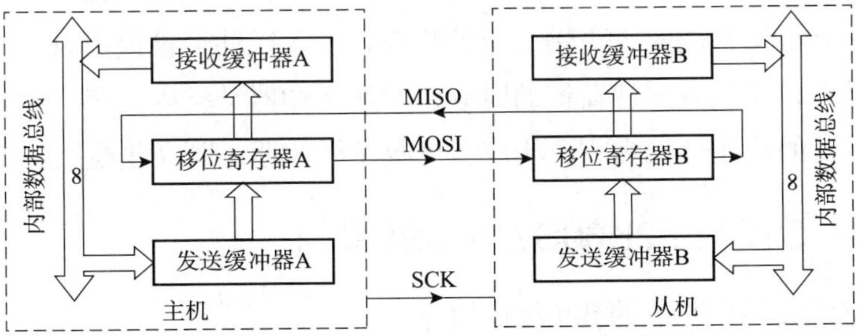

图6.4 简化SPI工作原理示意图

半双工通讯的操作过程（以主机给从机发送数据为例）：

①主机 CPU 经过数据总线把欲发送数据写入发送缓冲器 A，该数据随即被自动装入移位寄存器 A 中。

②主机启动发送过程送出时钟脉冲信号，有效数据从寄存器 A 中一位一位

地移入寄存器 B 内（同时寄存器 A 中也被移入了一个无效数据，可以不理睬）。

③ 8 个时钟脉冲过后，时钟停顿，8 位数据全部移入寄存器 B 中，随即又被自动装入接收缓冲器 B，并且将接收缓冲器 B 满标志位置位。

④从机 CPU 检测到该标志位后，就可以读取接收缓冲器 B，完成一个字节的单向通信过程。

全双工通信的操作过程：

①主机把欲发送给从机的数据写入发送缓冲区 A 中，随即该数据被自动装入移位寄存器 A 中；同时从机把欲发送给主机的数据写入发送缓冲器 B 中，随即该数据被自动装入移位寄存器 B 中。

②主机启动发送过程，送出时钟脉冲信号，寄存器 A 中的数据经过 MOSI 线一位一位地移入寄存器 B 内；同时，寄存器 B 中的数据经过 MISO 线一位一位地移入寄存器 A 内。

③8 个时钟脉冲过后，时钟停顿，寄存器 A 中的 8 位数据全部移入寄存器 B 中，随即又被自动装入接收缓冲器 B，并且将从机接收缓冲器 B 满标志位置位。同理，寄存器 B 中的 8 位数据全部移入寄存器 A 中，随即又被自动装入接收缓冲器 A，并且将主机接收缓冲器 A 满标志位置位。

④主机 CPU 检测到接收缓冲器 A 满标志位后，就可以读取接收缓冲器 A，同样从机 CPU 检测到接收缓冲器 B 满标志位后，就可以读取接收缓冲器 B，完成一个字节的互换通信过程。

从以上操作过程的分析可以看出，即使是在进行全双工通信时，接收缓冲器和发送缓冲器也没有同时被占用。也就是说在发送缓冲器被使用时，接收缓冲器处于空闲状态，而接收缓冲器忙的时候，发送缓冲器又空闲下来。因此，就可以将两个缓冲器的功能合二为一，构成一个收发缓冲器，既简化电路又不会冲突。

6.1.3 STC15F2K60S2 的 SPI 接口

（1）STC15F2K60S2 的 SPI 接口简介

STC15F2K60S2 单片机集成了串行外设接口，SPI 接口既可以和其他微处理器通信，也可以与具有 SPI 兼容接口的器件（如存储器、A/D 转换器、D/A 转换器、LED 或 LCD 驱动器等）进行同步通信。SPI 接口有两种操作模式：主模式和从模式。在主模式中支持高达 3 Mbps 的速率（工作频率为 12MHz 时，如果 CPU 主频采用 20MHz 到 36MHz，则可更高，从模式时速度无法太快，频率在 SYSclk/4 以内较好），还具有传输完成标志和写冲突标志保护。

（2）STC15F2K60S2 的 SPI 接口的结构

STC15F2K60S2 单片机的 SPI 接口功能方框图如图 6.5 所示。

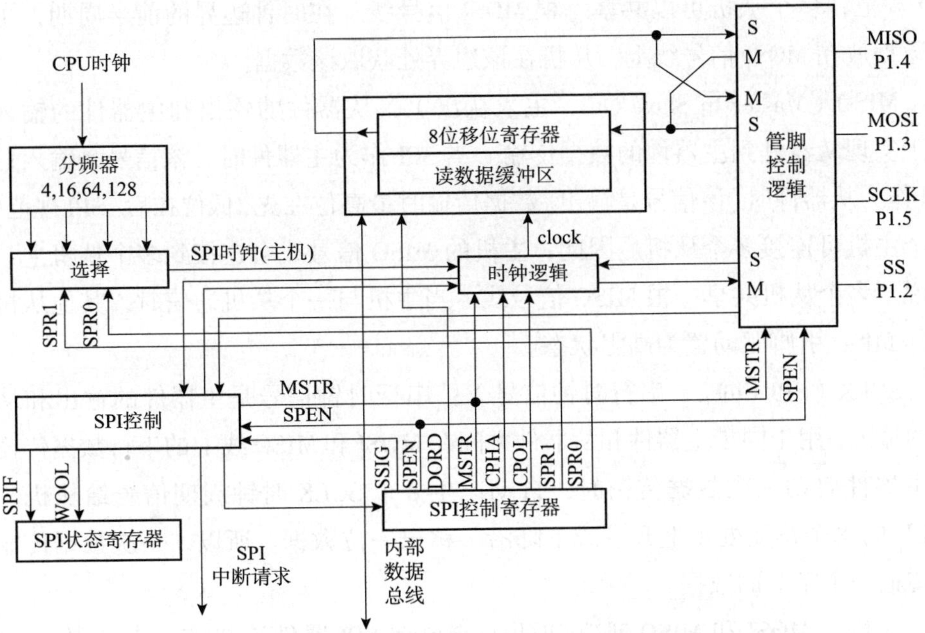

图6.5　STC15F2K60S2单片机的SPI接口功能方框图

SPI 接口的核心是一个 8 位移位寄存器和数据缓冲器，数据可以同时发送和接收。在 SPI 数据的传输过程中，发送和接收的数据都存储在数据缓冲器中。

对于主模式，若要发送一个字节数据，只需将这个数据写到 SPDAT 寄存器中。主模式下 $\overline{SS}$ 信号不是必需的；但是在从模式下，必须在 $\overline{SS}$ 信号变为有效并接收到合适的时钟信号后，方可进行数据传输。在从模式下，如果一个字节传输完成后，$\overline{SS}$ 信号变为高电平，这个字节立即被硬件逻辑标志为接收完成，SPI 接口准备接收下一个数据。

任何 SPI 控制寄存器的改变都将复位 SPI 接口，清除相关寄存器。

（3）STC15F2K60S2 的 SPI 接口的信号

SPI 接口有 4 个管脚：SCLK，MISO，MOSI 和 $\overline{SS}$，可在 3 组管脚之间进行切换：{SCLK/P1.5，MISO/P1.4，MOSI/P1.3 和 $\overline{SS}$ /P1.2}；{SCLK_2/P2.1，MISO_2/P2.2，MOSI_ 2/P2.3 和 $\overline{SS}$ _2/P2.4}；{SCLK_3/P4.3，MISO_3/P4.1，MOSI_3/P4.0 和 $\overline{SS}$ _ 3/P5.4}。

MOSI（Master Out Slave In，主出从入）：主器件的输出和从器件的输入，用于主器件到从器件的串行数据传输。当SPI作为主器件时，该信号是输出；当SPI作为从器件时，该信号是输入。数据传输时最高位在先，低位在后。根据SPI规范，多个从机可以共享一根MOSI信号线。在时钟边界的前半周期，主机将数据放在MOSI信号线上，从机在该边界处获取该数据。

MISO（Master In Slave Out，主入从出）：从器件的输出和主器件的输入，用于实现从器件到主器件的数据传输。当SPI作为主器件时，该信号是输入；当SPI作为从器件时，该信号是输出。数据传输时最高位在先，低位在后。SPI规范中，一个主机可连接多个从机。因此，主机的MISO信号线会连接到多个从机上，或者说，多个从机共享一根MISO信号线。当主机与一个从机通信时，其他从机应将其MISO引脚驱动置为高阻状态。

SCLK（SPI Clock，串行时钟信号）：串行时钟信号是主器件的输出和从器件的输入，用于同步主器件和从器件之间在MOSI和MISO线上的串行数据传输。当主器件启动一次数据传输时，自动产生8个SCLK时钟周期信号给从机。在SCLK的每个跳变处（上升沿或下降沿）移出一位数据。所以，一次数据传输可以传输一个字节的数据。

SCLK、MOSI和MISO通常和两个或更多SPI器件连接在一起。数据通过MOSI由主机传送到从机，通过MISO由从机传送到主机。SCLK信号在主模式时为输出，在从模式时为输入。如果SPI系统被禁止，即SPEN（SPCTL.6）=0（复位值），这些管脚都可作为I/O口使用。

$\overline{SS}$（Slave Select，从机选择信号）：这是一个输入信号，主器件用它来选择处于从模式的SPI模块。主模式和从模式下，$\overline{SS}$的使用方法不同。在主模式下，SPI接口只能有一个主机，不存在主机选择问题，该模式下$\overline{SS}$不是必需的。主模式下通常将主机的$\overline{SS}$管脚通过10kΩ的电阻上拉高电平。每一个从机的$\overline{SS}$接主机的I/O口，由主机控制电平高低，以便主机选择从机。在从模式下，不管发送还是接收，$\overline{SS}$信号必须有效。因此在一次数据传输开始之前必须将$\overline{SS}$为低电平。SPI主机可以使用I/O口选择一个SPI器件作为当前的从机。

SPI从器件通过其$\overline{SS}$脚确定是否被选择。如果满足下面的条件之一，$\overline{SS}$就被忽略：

· 如果SPI系统被禁止，即SPEN（SPCTL.6）= 0（复位值）；
· 如果SPI配置为主机，即MSTR（SPCTL.4）=1，且P1.2/$\overline{SS}$配置为输出（通

过 P1M0.2 和 P1M1.2）；

· 如果$\overline{SS}$脚被忽略，即 SSIG（SPCTL.7）= 1，该脚配置用于 I/O 口功能。

（4）STC15F2K60S2 与 SPI 功能模块相关的特殊功能寄存器

1）SPI 控制寄存器 SPCTL。

SPI 控制寄存器 SPCTL 的每一位都有控制含义，具体格式如下：

Address	bit	B7	B6	B5	B4	B3	B2	B1	B0	复位值
CEH	name	SSIG	SPEN	DORD	MSTR	CPOL	CPHA	SPR1	SPR0	00000000

SSIG: $\overline{SS}$引脚忽略控制位。

SSIG=1，MSTR（位 4）确定器件为主机还是从机，$\overline{SS}$引脚被忽略，可配置为 I/O 功能。

SSIG=0，$\overline{SS}$脚用于确定器件为主机还是从机。$\overline{SS}$脚可作为 I/O 口使用（见 SPI 接口的工作模式表）。

SPEN：SPI 使能位。

SPEN=1，SPI 使能。

SPEN=0，SPI 被禁止，所有 SPI 引脚都作为 I/O 口使用。

DORD：设定 SPI 数据发送和接收的位顺序。

DORD=1，数据字的 LSB(最低位)最先发送，即数据的传输顺序为由低到高。

DORD=0，数据字的 MSB(最高位)最先发送，即数据的传输顺序为由高到低。

MSTR：SPI 主 / 从模式选择位。

MSTR=1，主机模式。

MSTR=0，从机模式。

SPI 接口的工作状态还与其他控制位有关，具体选择方法如表 6.1 所示。

表 6.1 SPI接口的工作模式

SPEN	SSIG	$\overline{SS}$	MSTR	SPI模式	MISO	MOSI	SCLK	备注
0	X	P1.2	X	禁止	P1.4	P1.3	P1.5	SPI信号引脚做普通I/O使用
1	0	0	0	从机	输出	输入	输入	选择为从机
1	0	1	0	从机（未选中）	高阻	输入	输入	未被选中，MISO引脚处于高阻状态，以避免总线冲突
1	0	0	1→0	从机	输出	输入	输入	$\overline{SS}$配置为输入或准双向口，SSIG为0，如果选择$\overline{SS}$为低电平，则被选择为从机；当$\overline{SS}$变为低电平时，会自动清零MSTR控制位

续表

<table>
<tr><th>SPEN</th><th>SSIG</th><th>$\overline{SS}$</th><th>MSTR</th><th>SPI模式</th><th>MISO</th><th>MOSI</th><th>SCLK</th><th>备注</th></tr>
<tr><td rowspan="2">1</td><td rowspan="2">0</td><td rowspan="2">1</td><td rowspan="2">1</td><td>主（空闲）</td><td rowspan="2">输入</td><td>高阻</td><td>高阻</td><td>当主机空闲时，MOSI和SCLK为高阻状态以避免总线冲突。用户必须将SCLK上拉或下拉（根据CPOL确定），以避免SCLK出现悬浮状态</td></tr>
<tr><td>主（激活）</td><td>输出</td><td>输出</td><td>主机激活时，MOSI和SCLK为强推挽输出</td></tr>
<tr><td rowspan="2">1</td><td rowspan="2">1</td><td rowspan="2">P1.2</td><td>0</td><td>从机</td><td>输出</td><td>输入</td><td>输入</td><td></td></tr>
<tr><td>1</td><td>主机</td><td>输入</td><td>输出</td><td>输出</td><td></td></tr>
</table>

CPOL：SPI 时钟信号极性选择位。

CPOL=1，SCLK空闲时为高电平。SCLK的前时钟沿为下降沿而后沿为上升沿。

CPOL=0，SCLK空闲时为低电平。SCLK的前时钟沿为上升沿而后沿为下降沿。

CPHA：SPI 时钟信号相位选择位。

CPHA=1，数据在 SCLK 的前时钟沿驱动，并在后时钟沿采样。

CPHA=0，数据在 $\overline{SS}$ 为低（SSIG=0）时被驱动，在 SCLK 的后时钟沿被改变，并在前时钟沿被采样（注：SSIG = 1 时的操作未定义）。

SPR1，SPR0：主模式时 SPI 时钟速率选择控制位。SPI 时钟选择如表 6.2 所示。

表6.2　SPI时钟频率的选择

SPR1	SPR0	时钟（SCLK）
0	0	CPU_CLK/4
0	1	CPU_CLK/16
1	0	CPU_CLK/64
1	1	CPU_CLK/128

其中，CPU_CLK 是 CPU 时钟。

2）SPI 状态寄存器 SPSTAT。

SPI 状态寄存器 SPSTAT 记录了 SPI 接口的传输完成标志与写冲突标志，其具体格式如下：

SFR 名称	地址	位	B7	B6	B5	B4	B3	B2	B1	B0	复位值
SPSTAT	CDH	名称	SPIF	WCOL	—	—	—	—	—	—	00xxxxxx

SPIF：SPI 传输完成标志。

当一次串行传输完成时，SPIF 置位。此时，如果 SPI 中断被打开（即 ESPI（IE2.1）和 EA（IE.7）都置位），则产生中断。

当 SPI 处于主模式且 SSIG=0 时，如果 $\overline{SS}$ 为输入并被驱动为低电平，SPIF 也将置位，表示“模式改变”（由主机模式变为从机模式）。

SPIF 标志通过软件向其写入“1”清零。

WCOL：SPI 写冲突标志。

在数据传输的过程中如果对 SPI 数据寄存器 SPDAT 执行写操作，WCOL 将置位。WCOL 标志通过软件向其写入“1”清零。

3）SPI 数据寄存器 SPDAT。

SPDAT 数据寄存器的地址是 CFH，用于保存通信数据字节。

4）STC15F2K60S2 的与 SPI 中断管理有关的控制位。

SPI 中断允许控制位 ESPI：位于 IE2 寄存器的 B1 位。“1”允许，“0”禁止。

SPI 中断优先级控制位 PSPI：位于 IP2 寄存器的 B1 位。利用 PSPI 可以将 SPI 中断设置为 2 个优先等级。

（5）STC15F2K60S2 的 SPI 接口的数据通信

1）SPI 接口的数据通信方式。

STC15F2K60S2 单片机的 SPI 接口的数据通信方式有 3 种：单主机 - 单从机方式、双器件方式（器件可互为主机和从机）和单主机 - 多从机方式。

①单主机 - 单从机方式。单主机 - 单从机方式的连接图如图 6.6 所示。

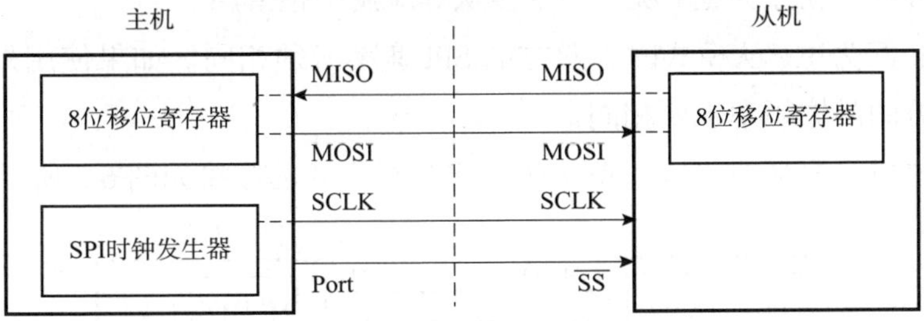

图6.6 SPI接口的单主机-单从机方式

在图 6.6 中，从机的 SSIG（SPCTL.7）为 0，$\overline{SS}$ 用于选择从机。SPI 主机可使用任何端口（包括 P1.2/ $\overline{SS}$ ）来驱动 $\overline{SS}$ 脚。主机 SPI 与从机 SPI 的 8 位移位寄存器连接成一个循环的 16 位移位寄存器。当主机程序向 SPDAT 寄存器写入一个字节时，立即启动一个连续的 8 位移位通信过程：主机的 SCLK 引脚向从机的 SCLK 引脚发出一串脉冲，在这串脉冲的驱动下，主机 SPI 的 8 位移位寄存器中的数据移动到了从机 SPI 的 8 位移位寄存器中。与此同时，从机 SPI 的 8 位移位寄存器中的数据移动到了主机 SPI 的 8 位移位寄存器中。由此，主机既可向从机发送数据，又可读从机中的数据。

②双器件方式。双器件方式也称为互为主 / 从方式，连接方式如图 6.7 所示。

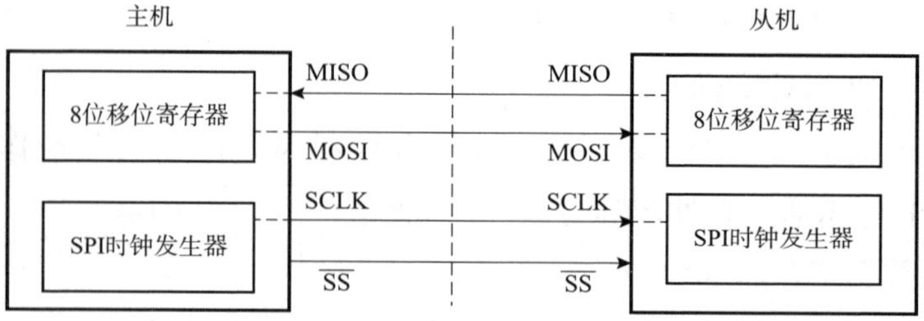

图 6.7　SPI 接口的双器件方式

图 6.7 所示为两个器件互为主从的情况。当没有发生 SPI 操作时，两个器件都可配置为主机（MSTR=1），将 SSIG 清零并将 P1.2（ $\overline{SS}$ ）配置为准双向模式。当其中一个器件启动传输时，它可将 P 1.2（ $\overline{SS}$ ）配置为输出并驱动为低电平，这样就强制另一个器件变为从机。

双方初始化时将自己设置成忽略 $\overline{SS}$ 脚的 SPI 从模式。当一方要主动发送数据时，先检测 $\overline{SS}$ 脚的电平，如果 $\overline{SS}$ 脚是高电平，就将自己设置成忽略 $\overline{SS}$ 脚的主模式。通信双方平时将 SPI 设置成没有被选中的从模式。在该模式下，MISO、MOSI、SCLK 均为输入，当多个 MCU 的 SPI 接口以此模式并联时不会发生总线冲突。这种特性在互为主 / 从、一主多从等应用中很有用。

注意：互为主 / 从模式时，双方的 SPI 速率必须相同。如果使用外部晶体振荡器，双方的晶体频率也要相同。

③单主机 – 多从机方式。单主机 – 多从机方式的连接如图 6.8 所示。

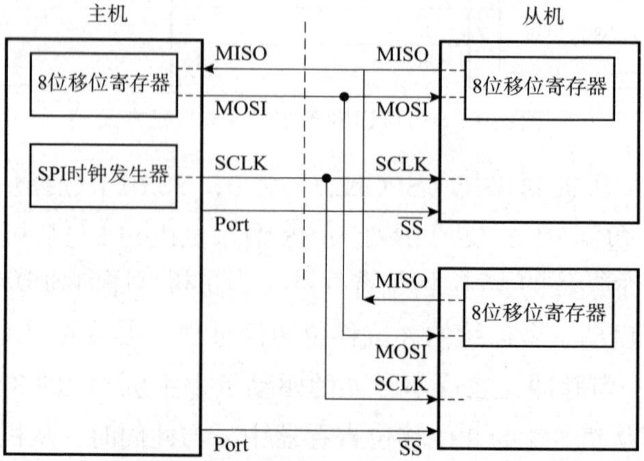

图 6.8　SPI 接口的单主机 – 多从机方式

在图 6.8 中，从机的 SSIG（SPCTL.7）为 0，从机通过对应的 $\overline{SS}$ 信号被选中。SPI 主机可使用任何端口（包括 P1.2/ $\overline{SS}$ ）来驱动 $\overline{SS}$ 脚。

STC15F2K60S2 单片机进行 SPI 通信时，主机和从机的选择由 SPEN、SSIG、$\overline{SS}$ 引脚（P1.2）和 MSTR 联合控制。

2）SPI 接口的数据通信过程。

①作为从机时的额外注意事项。

当 CPHA= 0 时，SSIG 必须为 0（也就是不能忽略 $\overline{SS}$ 脚），$\overline{SS}$ 脚必须置低并且在每个连续的串行字节发送完后须重新设置为高电平。如果 SPDAT 寄存器在 $\overline{SS}$ 有效（低电平）时执行写操作，那么将导致一个写冲突错误。CPHA=0 且 SSIG=0 时的操作未定义。

当 CPHA=1 时，SSIG 可以置 1（即可以忽略 $\overline{SS}$ 脚）。如果 SSIG=0，$\overline{SS}$ 脚可在连续传输之间保持低有效（即一直固定为低电平）。这种方式有时适用于具有单固定主机和单从机驱动 MISO 数据线的系统。

②作为主机时的额外注意事项。

在 SPI 中，传输总是由主机启动的。如果 SPI 使能（SPEN=1）并选择作为主机，主机对 SPI 数据寄存器的写操作将启动 SPI 时钟发生器和数据的传输。在数据写入 SPDAT 之后的半个到一个 SPI 位时间后，数据将出现在 MOSI 脚。

需要注意的是，主机可以通过将对应器件的 $\overline{SS}$ 脚驱动为低电平实现与之通信。写入主机 SPDAT 寄存器的数据从 MOSI 脚移出发送到从机的 MOSI 脚。同时从机 SPDAT 寄存器的数据从 MISO 脚移出发送到主机的 MISO 脚。

传输完一个字节后，SPI 时钟发生器停止，传输完成标志（SPIF）置位并产生一个中断 （如果 SPI 中断使能）。主机和从机 CPU 的两个移位寄存器可以看作是一个 16 位循环移位寄存器。当数据从主机移位传送到从机的同时，数据也以相反的方向移入。这意味着在一个移位周期中，主机和从机的数据相互交换。

接收数据时，接收到的数据传送到一个并行读数据缓冲区，从而释放移位寄存器以进行下一个数据的接收，但必须在下一个字符完全移入之前从数据寄存器中读出接收到的数据，否则前一个接收数据将丢失。

3）通过 $\overline{SS}$ 改变模式。

如果 SPEN=1，SSIG=0 且 MSTR=1，SPI 使能为主机模式。$\overline{SS}$ 脚可配置为输

入（[P2M 1.2，P2M0.2]=[1，0]）或准双向模式（[P2M1.2，P2M0.2]=[0，0]）。这种情况下，另外一个主机可将该$\overline{SS}$脚驱动为低电平，从而将该器件选择为SPI从机并向其发送数据。

为了避免争夺总线，SPI系统执行以下动作：

① MSTR清零并且CPU变成从机。这样SPI就变成从机。MOSI和SCLK强制变为输入模式，而MISO则变为输出模式。

② SPSTAT的SPIF标志位置位。如果SPI中断已被使能，则产生SPI中断。

用户软件必须一直对MSTR位进行检测，如果该位被一个从机选择清零而用户想继续将SPI作为主机，这时就必须重新置位MSTR，否则就进入从机模式。

4）SPI中断。

如果允许SPI中断，发生SPI中断时，CPU就会跳转到中断服务程序的入口地址004BH处执行中断服务程序。注意，在中断服务程序中，必须把SPI中断请求标志清零（通过写1实现）。

5）写冲突。

SPI在发送时为单缓冲，在接收时为双缓冲。这样在前一次发送尚未完成之前，不能将新的数据写入移位寄存器。当发送过程中对数据寄存器进行写操作时，WCOL位（SPSTAT.6）将置位以指示数据冲突。在这种情况下，当前发送的数据继续发送，而新写入的数据将丢失。

当对主机或从机进行写冲突检测时，主机发生写冲突的情况是很罕见的，因为主机拥有数据传输的完全控制权。但从机有可能发生写冲突，因为当主机启动传输时，从机无法进行控制。

接收数据时，接收到的数据传送到一个并行读数据缓冲区，这样将释放移位寄存器以进行下一个数据的接收。但必须在下个字符完全移入之前从数据寄存器中读出接收到的数据，否则，前一个接收数据将丢失。

WCOL可通过软件向其写入“1”清零。

6）数据传输格式

时钟相位（CPHA）允许用户设置采样和改变数据的时钟边沿。时钟极性位CPOL允许用户设置时钟极性。

对于时钟相位（CPHA）的不同设定，主机和从机对应的数据格式如图6.9~图6.12所示。

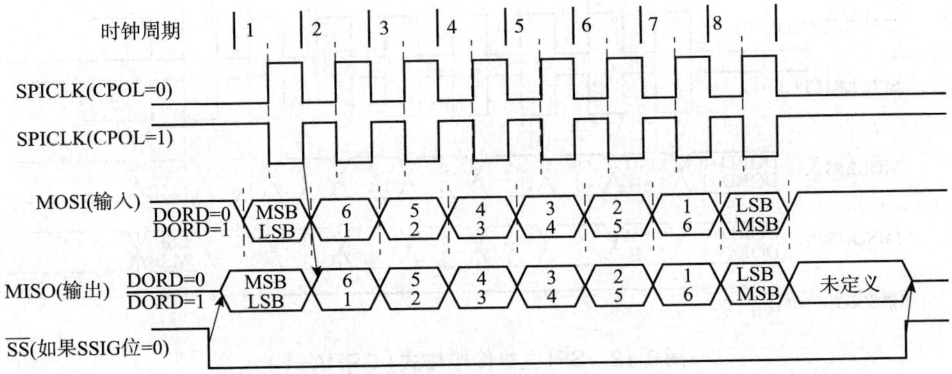

图6.9 SPI从机传输格式(CPHA=0)

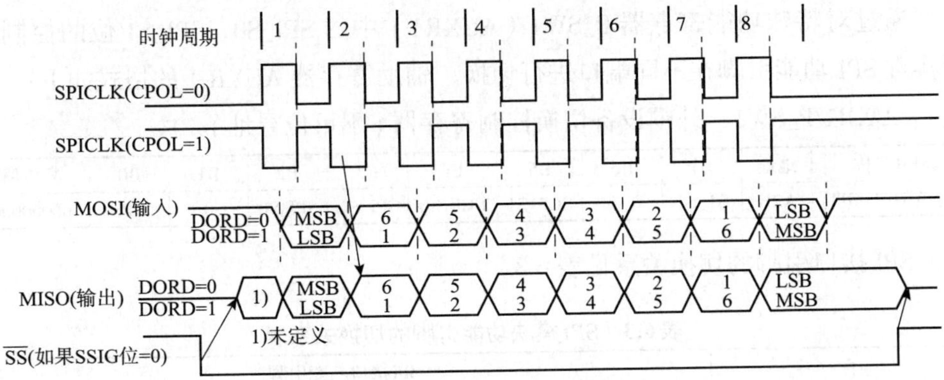

图6.10 SPI从机传输格式(CPHA=1)

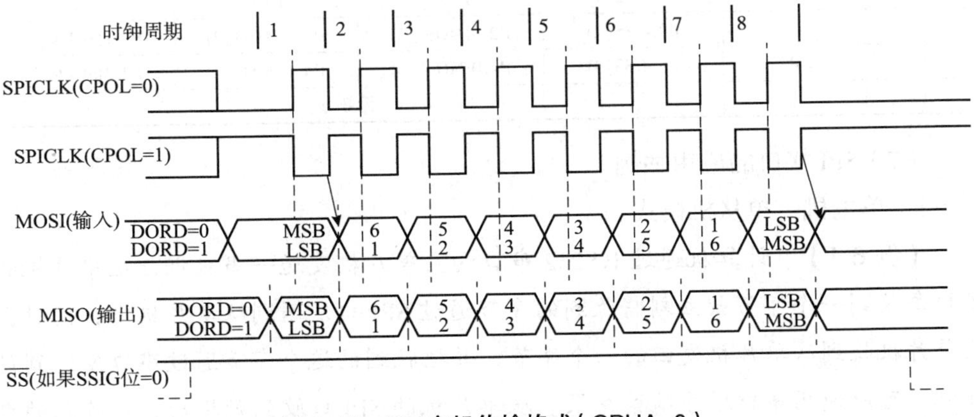

图6.11 SPI主机传输格式(CPHA=0)

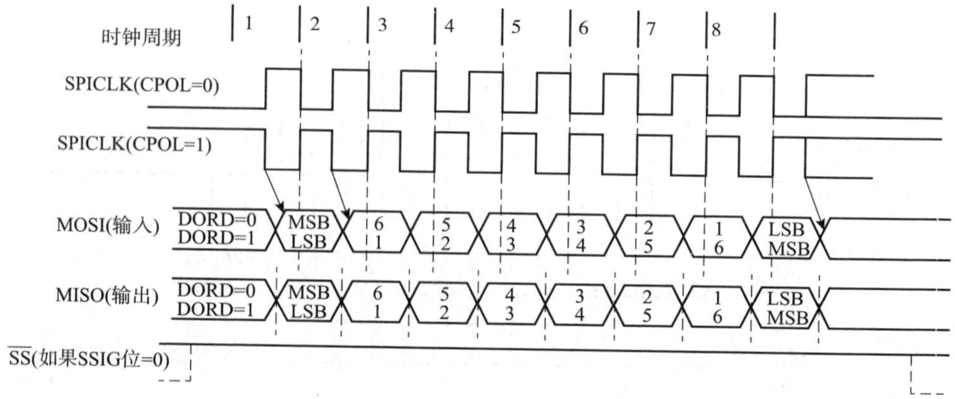

图6.12　SPI主机传输格式(CPHA=1)

（6）SPI 接口功能引脚的切换

通过对特殊功能寄存器 P_SW1（AUXR1）中的 SPI_S0、SPI_S1 位的控制，可实现 SPI 功能引脚在不同端口进行切换。辅助寄存器 AUXR 1 的格式如下：

AUXR1/P_SW1：外围设备切换控制寄存器(不可位寻址)。

SFR名称	地址	B7	B6	B5	B4	B3	B2	B1	B0	复位值
P_SW1(AUXR1)	A2H	S1_S1	S1_S0	CCP_S1	CCP_S0	SPI_S1	SPI_S0	0	DPS	00000000

SPI 接口引脚的切换关系见表 6.3。

表6.3　SPI模块功能引脚的切换关系表

SPI_S1	SPI_S0	SPI接口功能引脚			
		$\overline{SS}$	MOSI	MISO	SCLK
0	0	P1.2	P1.3	P1.4	P1.5
0	1	P2.4(SS_2)	P2.3(MOSI_2)	P2.2(MISO_2)	P2.1(SCLK_2)
1	0	P5.4(SS_3)	P4.0(MOSI_3)	P4.1(MISO_3)	P4.3(SCLK_3)
1	1	无效			

（7）SPI 接口的应用举例

1）单主机 – 单从机模式。

【例 6.1】 计算机通过 RS232 串口向主单片机发送一串数据，主单片机的串口每收到一个字节就立刻将收到的字节通过 SPI 口发送到从单片机中；同时，主单片机收到从单片机发回的一个字节，并把收到的这个字节通过串口发送到计算机。可以使用串口助手观察结果。从单片机的 SPI 口收到数据后，把收到的数据放到自己的 SPDAT 寄存器中，当下一次主单片机发送一个字节时把数据发回到主单片机。

单片机时钟频率为18.432 MHz，计算机RS232串口波特率设置为57600 bps。硬件连接如图6.13所示。

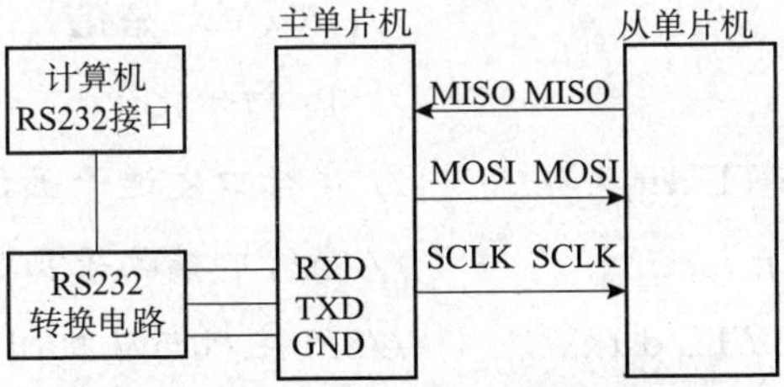

图6.13 单主机-单从机通信实验电路图

解：当CPU时钟不分频，波特率倍增位SMOD取0，波特率为57600bps时的重装时间常数为F6H。在主机程序中，使用查询方法查询UART是否接收到数据，采用查询方式接收SPI数据。

C语言参考程序：

```
#include "stc15f2k60s2.h"
#define  MASTER
#define  FOSC       18432000L
#define  BAUD       (256 - FOSC / 32 / 115200)
typedef  unsigned  char  BYTE;
typedef  unsigned  int   WORD;
typedef  unsigned  long  DWORD;
/*---------------- 定义SPI控制位 ----------------*/
#define  SPIF     0x80          //SPSTAT.7
#define  WCOL     0x40          //SPSTAT.6
#define  SSIG     0x80          //SPCTL.7
#define  SPEN     0x40          //SPCTL.6
#define  DORD     0x20          //SPCTL.5
#define  MSTR     0x10          //SPCTL.4
#define  CPOL     0x08          //SPCTL.3
#define  CPHA     0x04          //SPCTL.2
#define  SPDHH    0x00          //fSYS/4
#define  SPDH     0x01          //fSYS/16
#define  SPDL     0x02          //fSYS/64
```

```
#define  SPDLL      0x03              //fSYS/128
sbit  SPISS = P1^6;                   //SPI 从机选择控制引脚
void  InitUart();                     //UART 初始化
void  InitSPI();                      //SPI 初始化
void  SendUart(BYTE dat);             // 串行口发送子函数
BYTE  RecvUart();                     // 串行口接收子函数
BYTE  SPISwap(BYTE dat);              //SPI 主机与从机间的数据交换
void main()
{
    InitUart();
    InitSPI();
    while (1)
    {
#ifdef MASTER                  // 若是主机，从串行口接收数据，发给从机，从机回转的数据发给串口
    SendUart(SPISwap(RecvUart()));
#else                          // 若是从机，接收主机数据，并将前一个数据发回主机
    ACC = SPISwap(ACC);
#endif
    }
}
void InitUart()                        // 串口初始化
{
    SCON = 0x5a;
    TMOD = 0x20;
    AUXR = 0x40;
    TH1 = TL1 = BAUD;
    TR1 = 1;
}
void InitSPI()                         //SPI 接口初始化
{
```

```
    SPDAT = 0;
    SPSTAT = SPIF | WCOL;
#ifdef MASTER
    SPCTL = SPEN | MSTR;          // 主机模式
#else
    SPCTL = SPEN;                 // 从机模式
#endif
}
void SendUart(BYTE dat)           // 串口发送
{
    while (!TI);
    TI = 0;
    SBUF = dat;
}
BYTE RecvUart()                   // 串口接收
{
    while (!RI);
    RI = 0;
    return SBUF;
}
BYTE SPISwap(BYTE dat)            //SPI 主机与 SPI 从机数据交换
{
#ifdef  MASTER
    SPISS = 0;                    //pull low slave SS
#endif
    SPDAT = dat;                  //trigger SPI send
    while (!(SPSTAT & SPIF));     //wait send complete
    SPSTAT = SPIF | WCOL;         //clear SPI status
#ifdef  MASTER
    SPISS = 1;                    //push high slave SS
#endif
    return SPDAT;                 //return received SPI data
}
```

2）互为主从通信模式。

【例 6.2】 甲机与乙机互为主从，甲机与乙机通过串口与 PC 机相接，那个单片机接收到 PC 机发来的数据，就设置为主机，并选择对方为从机，并发送数据给从机，从机回传的数据发回 PC 机。

单片机时钟频率为 18.432 MHz，计算机 RS232 串口波特率设置为 57600 bps。

解： 甲机与乙机的 MISO、MOSI、SCLK 对应相接，甲机的 P1.6 与乙机的 /SS 端相接，乙机的 P1.6 与甲机的 /SS 相接。

单片机时钟频率与计算机 RS232 串口采用的波特率与【例 6.1】相同，因此，T1 波特率发生器的重装时间常数也是为 F6H。

C 语言参考程序：

```
#include "stc15f2k60s2.h"
#define FOSC     18432000
#define BAUD     0xf6                // (256 − FOSC / 32 / 115200)
typedef unsigned char BYTE;
typedef unsigned int WORD;
typedef unsigned long DWORD;
/*---------------- 定义 SPI 控制位 ----------------*/
#define SPIF     0x80                //SPSTAT.7
#define WCOL     0x40                //SPSTAT.6
#define SSIG     0x80                //SPCTL.7
#define SPEN     0x40                //SPCTL.6
#define DORD     0x20                //SPCTL.5
#define MSTR     0x10                //SPCTL.4
#define CPOL     0x08                //SPCTL.3
#define CPHA     0x04                //SPCTL.2
#define SPDHH    0x00                //fSYS/4
#define SPDH     0x01                //fSYS/16
#define SPDL     0x02                //fSYS/64
#define SPDLL    0x03                //fSYS/128
sbit SPISS = P1^6;                   //SPI 从机选择控制引脚
#define ESPI     0x02
```

```
void  InitUart();                      //UART 初始化
void  InitSPI();                       //SPI 初始化
void  SendUart(BYTE dat);              // 串行口发送子函数
BYTE  RecvUart();                      // 串行口接收子函数
bit  MSSEL                             //SPI 主、从机标志位，"1"为主机，"0"为从机
void main()
{
    InitUart();
    InitSPI();
    IE2 |=ESPI;
    EA=1;
    while (1)
    {
        if(RI)                         // 若是从串行口接收数据，即设为主机
        {
            SPCTL = SPEN|MSTR          // 设为主机
            MSSEL = 1;                 // 设主机标志
            ACC = RecvUart();          // 接收串行数据
            SPISS = 0;                 // 拉低从机的 /SS
            SPDAT = ACC;               // 启动 SPI 发送数据
        }
    }
}

void  spi_isr( ) interrupt 9 using 1   //SPI 中断函数
{
    SPSTAT = SPIF | WCOL
    if(MSSEL)                          //若是主机，设置回从机模式，并将 SPI 数据发给 PC
    {
        SPCTL = SPEN;
        MSSEL = 0;
```

```
            SPISS = 1;
            SendUart(SPDAT);
        }
        Else                                  // 若为从机，返回 SPI 接收数据
        {
            SPDAT=SPDAT;
        }
    }

    void InitUart()                           // 串口初始化
    {
        SCON = 0x5a;
        TMOD = 0x20;
        AUXR = 0x40;
        TH1 = TL1 = BAUD;
        TR1 = 1;
    }

    void InitSPI()                            //SPI 接口初始化
    {
        SPDAT = 0;
        SPSTAT = SPIF | WCOL;
        SPCTL = SPEN;                         // 从机模式
    }

    void SendUart(BYTE dat)                   // 串口发送
    {
        while (!TI);
        TI = 0;
        SBUF = dat;
    }
```

```
BYTE RecvUart()                    // 串口接收
{
    while (!RI);
    RI = 0;
    return SBUF;
}
```

3）SPI 器件的应用。

【例 6.3】 使用 SPI 接口的器件 EEPROM 芯片 PM25LV040 与 STC 系列 CPU 的接口构成数据非易失存储系统。

解： 查阅资料得 PM25LV040 是 4Mbit 的 EEPROM 存储芯片。引脚图如图 6.14。考虑其为 SPI 接口器件故使用 CPU 与之连接方式如图 6.15 所示。

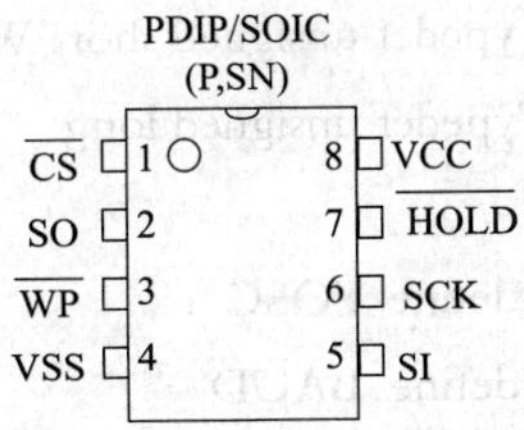

图6.14　PM25LV040引脚

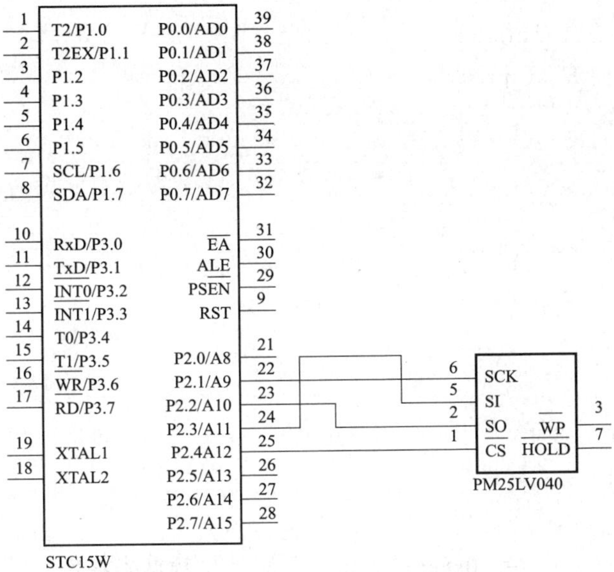

图6.15　25AA010A与STC15W的接口

应用程序参考如下：

```
/*-------------------------------------------------------------------------------------------*/
/* --- STC MCU Limited ---------------------------------------------------------------------*/
```

```
/* --- STC15F4K60S4 系列 SPI 举例 ------------------------------------------------------------------*/
/* --- Web: www.STCMCU.com ---------------------------------------------------------------------*/
/* --- Web: www.GXWMCU.com ---------------------------------------------------------------------*/
/*--------------------------------------------------------------------------------------------------*/
#include "reg51.h"
#define  FOSC                11059200L

Typedef bit                  BOOL;
Typedef unsigned char        BYTE;
Typedef unsigned short WORD;
Typedef unsigned long        DWORD;

#define  FOSC                  11059200L
#define  BAUD                  (65536 - FOSC / 4 / 115200)

#define  NULL             0
#define  FALSE            0
#define  TRUE             1

sfr P2M1 = 0x95;
sfr P2M0 = 0x96;
sfr P3M1 = 0xb1;
sfr P3M0 = 0xb2;
sfr P4M1 = 0xb3;
sfr P4M0 = 0xb4;
sfr P5M1 = 0xC9;
sfr P5M0 = 0xCA;

sfr   AUXR               =  0x8e;                  // 辅助寄存器
sfr   P_SW1              =  0xa2;                  // 外设功能切换寄存器 1
#define SPI_S0              0x04
#define SPI_S1              0x08

sfr   SPSTAT             =  0xcd;                  //SPI 状态寄存器
```

```
#define SPIF            0x80        //SPSTAT.7
#define WCOL            0x40        //SPSTAT.6
sfr   SPCTL         =   0xce;       //SPI 控制寄存器
#define SSIG            0x80        //SPCTL.7
#define SPEN            0x40        //SPCTL.6
#define DORD            0x20        //SPCTL.5
#define MSTR            0x10        //SPCTL.4
#define CPOL            0x08        //SPCTL.3
#define CPHA            0x04        //SPCTL.2
#define SPDHH           0x00        //CPU_CLK/4
#define SPDH            0x01        //CPU_CLK/16
#define SPDL            0x02        //CPU_CLK/64
#define SPDLL           0x03        //CPU_CLK/128
sfr SPDAT           =   0xcf;       //SPI 数据寄存器
sbit SS             =   P2^4;       //SPI 的 SS 脚，连接到 Flash 的 /CS
#define SFC_WREN        0x06        // 串行 Flash 命令集
#define SFC_WRDI        0x04
#define SFC_RDSR        0x05
#define SFC_WRSR        0x01
#define SFC_READ        0x03
#define SFC_FASTREAD    0x0B
#define SFC_RDID        0xAB
#define SFC_PAGEPROG    0x02
#define SFC_RDCR        0xA1
#define SFC_WRCR        0xF1
#define SFC_SECTORER    0xD7
#define SFC_BLOCKER     0xD8
#define SFC_CHIPER      0xC7

void InitUart();
void SendUart(BYTE dat);
void InitSpi();
BYTE SpiShift(BYTE dat);
BOOL FlashCheckID();
```

```
BOOL IsFlashBusy();
void FlashWriteEnable();
void FlashErase();
void FlashRead(DWORD addr, DWORD size, BYTE *buffer);
void FlashWrite(DWORD addr, DWORD size, BYTE *buffer);

#define BUFFER_SIZE   1024                                   //缓冲区大小
#define TEST_ADDR     0                                      //Flash 测试地址

BYTE   xdata    g_Buffer[BUFFER_SIZE];                       //Flash 读写缓冲区
BOOL   g_fFlashOK;                                           //Flash 状态

void main()
{
   int i;

   P1M0 = 0x00;
   P1M1 = 0x00;
   P2M0 = 0x00;
   P2M1 = 0x00;
   P3M0 = 0x00;
   P3M1 = 0x00;

   g_fFlashOK = FALSE;                                       // 初始化 Flash 状态
   InitUart();
   InitSpi();                                                // 初始化串口和 SPI
   FlashCheckID();                                           // 检测 Flash 状态
   FlashErase();                                             // 擦除 Flash
   FlashRead(TEST_ADDR, BUFFER_SIZE, g_Buffer);              // 读取测试地址的数据
for (i=0; i<BUFFER_SIZE; i++)
     SendUart(g_Buffer[i]);                                  // 发送到串口
for (i=0; i<BUFFER_SIZE; i++)
     g_Buffer[i] = i>>2;                                     // 修改置缓冲区
   FlashWrite(TEST_ADDR, BUFFER_SIZE, g_Buffer);// 将缓冲区的数据写到 Flash 中
```

```
    FlashRead(TEST_ADDR, BUFFER_SIZE, g_Buffer);        // 读取测试地址的数据
for (i=0; i<BUFFER_SIZE; i++)
      SendUart(g_Buffer[i]);                            // 发送到串口
    FlashRead(TEST_ADDR, BUFFER_SIZE, g_Buffer);        // 读取测试地址的数据
for (i=0; i<BUFFER_SIZE; i++)
      SendUart(g_Buffer[i]);                            // 发送到串口
for (i=0; i<BUFFER_SIZE; i++)
      g_Buffer[i]= 255-(i>>2);                          // 修改置缓冲区
    FlashWrite(TEST_ADDR, BUFFER_SIZE, g_Buffer);       //将缓冲区的数据写到 Flash 中
    FlashRead(TEST_ADDR, BUFFER_SIZE, g_Buffer);        // 读取测试地址的数据
for (i=0; i<BUFFER_SIZE; i++)
      SendUart(g_Buffer[i]);                            // 发送到串口
    while (1);
}
/************************************************
串口初始化
入口参数：无
出口参数：无
************************************************/
void InitUart()
{
    AUXR = 0x40;                                        // 设置定时器 1 为 1T 模式
    TMOD = 0x00;                                        // 定时器 1 为 16 位重载模式
    TH1 = BAUD >> 8;                                    // 设置波特率
    TL1 = BAUD;
    TR1 = 1;
    SCON = 0x5a;                                  // 设置串口为 8 位，波特率可变模式
}
/************************************************
发送数据到串口
入口参数：dat：准备发送的数据
出口参数：无
************************************************/
```

```
void SendUart(BYTE dat)
{
   while (!TI);                                  // 等待上一个数据发送完成
   TI = 0;                                       // 清除发送完成标志
   SBUF = dat;                                   // 启动本次的数据发送
}
/************************************************
SPI 初始化
入口参数：无
出口参数：无
************************************************/
void InitSpi()
{
   ACC = P_SW1;                                  // 使用的是第二组 SPI 控制 Flash
   ACC &= ~(SPI_S0 | SPI_S1);                    //SPI_S0=1 SPI_S1=0
   ACC |= SPI_S0;                                //(P2.4/SS_2, P2.3/MOSI_2, P2.2/MISO_2,
                                                 //P2.1/SCLK_2)
   P_SW1 = ACC;
   SPSTAT = SPIF | WCOL;                         // 清除 SPI 状态
   SS = 1;
   SPCTL = SSIG | SPEN | MSTR;                   // 设置 SPI 为主模式
}
/************************************************
使用 SPI 方式与 Flash 进行数据交换
入口参数：
     dat：准备写入的数据
出口参数：从 Flash 中读出的数据
************************************************/
BYTE SpiShift(BYTE dat)
{
   SPDAT = dat;                                  // 触发 SPI 发送
   while (!(SPSTAT & SPIF));                     // 等待 SPI 数据传输完成
   SPSTAT = SPIF | WCOL;                         // 清除 SPI 状态
   return SPDAT;
```

```
}
/***********************************************
检测 Flash 是否准备就绪
入口参数：无
出口参数：0：没有检测到正确的 Flash
         1：Flash 准备就绪
***********************************************/
BOOL FlashCheckID()
{
  BYTE dat1, dat2;
  SS = 0;
  SpiShift(SFC_RDID);                          // 发送读取 ID 命令
  SpiShift(0x00);                              // 空读 3 个字节
  SpiShift(0x00);
  SpiShift(0x00);
  dat1 = SpiShift(0x00);                       // 读取制造商 ID1
  SpiShift(0x00);                              // 读取设备 ID
  dat2 = SpiShift(0x00);                       // 读取制造商 ID2
  SS = 1;
  g_fFlashOK = ((dat1 == 0x9d) && (dat2 == 0x7f));  //是否为 PM25LVxx 系列
                                                    的 Flash
  return g_fFlashOK;
}
/***********************************************
检测 Flash 的忙状态
入口参数：无
出口参数：
  0：Flash 处于空闲状态
  1：Flash 处于忙状态
***********************************************/
BOOL IsFlashBusy()
{
  BYTE dat;
  SS = 0;
  SpiShift(SFC_RDSR);                          // 发送读取状态命令
```

```
    dat = SpiShift(0);                          // 读取状态
    SS = 1;
    return (dat & 0x01);                        // 状态值的 Bit0 即为忙标志
}
/*********************************************
使能 Flash 写命令
入口参数：无
出口参数：无
*********************************************/
void FlashWriteEnable()
{
    while (IsFlashBusy());                      //Flash 忙检测
    SS = 0;
    SpiShift(SFC_WREN);                         // 发送写使能命令
    SS = 1;
}
/*********************************************
擦除整片 Flash
入口参数：无
出口参数：无
*********************************************/
void FlashErase()
{
    if (g_fFlashOK)
    {
        FlashWriteEnable();                     // 使能 Flash 写命令
        SS = 0;
        SpiShift(SFC_CHIPER);                   // 发送片擦除命令
        SS = 1;
    }
}

/*********************************************
从 Flash 中读取数据
```

```
入口参数:  addr  : 地址参数
           size  : 数据块大小
           buffer : 缓冲从 Flash 中读取的数据
出口参数: 无
**********************************************/
void FlashRead(DWORD addr, DWORD size, BYTE *buffer)
{
  if (g_fFlashOK)
  {
    while (IsFlashBusy());                          //Flash 忙检测
    SS = 0;
    SpiShift(SFC_FASTREAD);                         // 使用快速读取命令
    SpiShift(((BYTE *)&addr)[1]);                   // 设置起始地址
    SpiShift(((BYTE *)&addr)[2]);
    SpiShift(((BYTE *)&addr)[3]);
    SpiShift(0);                                    // 需要空读一个字节
    while (size)
    {
      *buffer = SpiShift(0);                        // 自动连续读取并保存
      addr++;
      buffer++;
      size--;
    }
    SS = 1;
  }
}
/**********************************************
写数据到 Flash 中
入口参数:      addr    : 地址参数
               Size    : 数据块大小
               Buffer  : 缓冲需要写入 Flash 的数据
出口参数:      无
**********************************************/
void FlashWrite(DWORD addr, DWORD size, BYTE *buffer)
```

```
{
    if (g_fFlashOK)
    while (size)
    {
        FlashWriteEnable();                    // 使能 Flash 写命令
        SS = 0;
        SpiShift(SFC_PAGEPROG);                // 发送页编程命令
        SpiShift(((BYTE *)&addr)[1]);          // 设置起始地址
        SpiShift(((BYTE *)&addr)[2]);
        SpiShift(((BYTE *)&addr)[3]);
        while (size)
        {
            SpiShift(*buffer);                 // 连续页内写
            addr++;
            buffer++;
            size--;
            if ((addr & 0xff) == 0) break;
        }
        SS = 1;
    }
}
```

6.2 I^2C 总线

6.2.1 I^2C 总线概述

（1）I^2C 总线背景及概念

I^2C 总线是由 PHILIPS 公司提出的一种高性能芯片间串行同步传输总线。与 SPI、Micro Wire 接口不同，它仅仅需要两根信号线（串行数据线 SDA 和串行时钟线 SCL）就实现了完善的双工同步数据传送，能够极其方便的构成多机系统和外围器件扩展系统。I^2C 总线采用了器件地址的硬件设置方法，通过软件寻址完全避免了器件的片选线寻址的弊端，从而使硬件系统具有更简单，更灵活的扩展方法。鉴于 I^2C 总线的众多优越性，目前以 PHILIPS 公司为主的许多著名半导体制造公司，纷纷研制出了大量的种类繁多的（已经多达数百种型号）带有 I²C 总线硬件接口的单片机、通用外围器件，例如 RAM、EEPROM、NVRAM、I/O 端口、ADC、DAC、日历时钟 RTC、LED 驱动器、LCD 驱动器、温度传感器等。另外，还开发了面向一些特殊应用系统中专用配套的 I²C 总线芯片，例如无线电、无绳电话机、移动手机、电视机、音响系统、家庭影院等系统中的双音多频 DTMF 拨号器、语音合成器、数字调谐器、编码器、解码器、图像处理器、频率合成器等。

I²C 总线应用系统的组网方式非常灵活，如图 6.16 所示，是一个具有双微控制器的 I²C 总线应用系统模型。图 6.16 中每一个器件与 I²C 总线的两条信号线 SDA 和 SCL 的接口电路结构上是相同的，并且都是由一级输出驱动电路和一级输入缓冲电路复联在一起构成的。其中输出驱动电路是一只漏极开路的 N 沟道场效应管，输入缓冲器电路是一只高输入阻抗的同相器，如图 6.17 所示，这样，通过公共的外接上拉电阻 R_p，各个器件之间连接成线与逻辑关系，以便于实现时钟同步和总线仲裁机制。

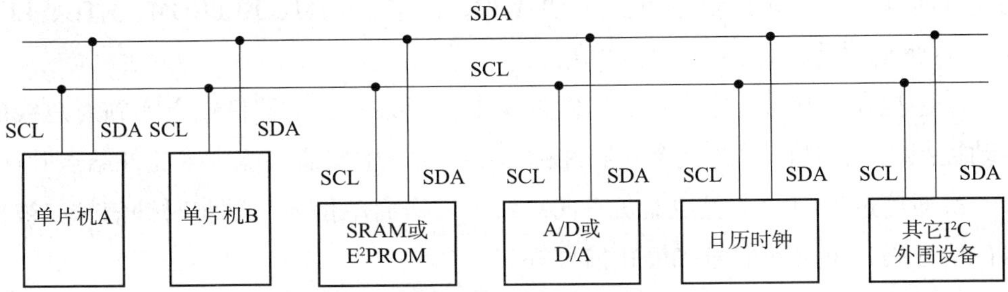

图6.16　I²C总线应用系统模型

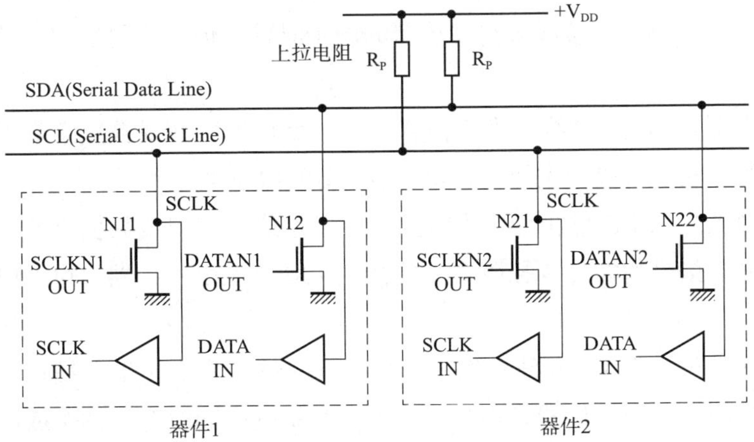

图6.17　设备和I²C总线的接口电路

线与逻辑关系，意味着 I²C 总线上的信号波形不是由哪一个器件所能够独立决定的，而是由挂接其上的所有器件的输出级（开漏管的工作状态）所共同决定的。以一条信号线 SCL 为例，当有任何一个器件输出低电平（即场效应管 N11 或 N21 饱和导通）时，SCL 线都会呈现低电平；只有当所有器件都输出高电平时，SCL 线才能够呈现高电平。

在描述 I²C 总线系统的构成、操作原理、组网方式等内容时，都要用到许多专用术语和名词概念，在此进行统一说明。

①器件结点。在 I²C 总线系统中，已共同挂接的 I²C 总线作为通信手段的每个器件（或组件），均构成 I²C 总线的一个器件结点，简称结点。依据结点器件是否带有智能，可以将总线上的结点分为主器件结点和外围器件结点两种。

②主器件结点。I²C 总线系统中，可以对 I²C 总线实施主动控制功能、内部带有 CPU 的智能结点。例如 MCU、MPU 和 DSP 等，称为主器件结点。

③外围器件结点。I²C 总线系统中，没有能力对 I²C 总线实施主动控制功能、内部不带 CPU 的非智能结点。例如 ADC、DAC、RAM、EEPROM、RTC、LED 或 LCD 驱动器等，称为外围器件结点。

④主控器。在 I²C 总线系统工作过程中，当某一个主器件结点实施对总线的主动控制时，就把此时的这个主器件称作主控器。主控器只能由主器件结点胜任。在一次通信过程中，由主控器负责向总线上发送启动信号、同步时钟信号、被控器件地址码、重启动信号和停止信号等。

⑤被控器。在 I²C 总线系统工作过程中，被动受控的器件就称作被控器。既可以由主器件结点充当，也可以由外围器件结点充当。在一次通信过程中，被控器总是被主控器寻址、接收来自主控器的同步时钟，但是也可以向时钟线插入等待时间。

⑥发送器。向 I²C 总线上发送信息（可以是地址字节或数据字节）的器件，称为发送器。它既可以由主控器，也可以由被控器充当。

⑦接收器。从 I²C 总线上接收信息（可以是地址字节或数据字节）并且向发送器反馈应答信号的器件为接收器。同样，它既可以由主控器，也可以由被控器充当。

⑧总线冲突。在 I²C 总线系统中，可以同时挂接多个主器件结点，但是，在某一时刻只能有一个主控器管理总线。如果在系统中同时存在两个或两个以上的主器件结点企图控制总线，则形成总线冲突状态。由于 I²C 总线系统引入了时钟

同步和总线仲裁机制，即使出现总线冲突也不会造成信息丢失。检测总线冲突的具体方法是，由主控器采样 SDA 线上的电平实现的。例如主控器在经过开漏管向 SDA 线发送高电平的同时，经过同相器采样 SDA 线上的电平，应该得到与自身发送相匹配的高电平；否则，就表明还有其他主器件也在驱动 I^2C 总线。

⑨总线仲裁。在发生总线冲突时，为了避免信息丢失，就需要对总线的控制权进行裁决。裁决的结果只能允许其中一个主器件成为主控器，接管总线或者继续占用总线。总线仲裁是通过裁定 SDA 线的控制权来解决的。

⑩时钟同步。串行时钟信号 SCL 上的时钟脉冲，虽然是由主控器发送用于驱动被控器的，但是被控器也并非只是听令。当被控器希望降低时钟速率或者插入等待时间时，可以通过将 SCL 线上的电平拉低，并且保持一定的时长来达到这一目的。这样一来，主控器也能够（在个别时候）接受被控器的时钟同步控制。实际上，时钟同步是由连接到 SCL 线上的所有器件进行实现的，只要有一个器件向 SCL 输出低电平，则 SCL 就是低电平；只有所有器件都向 SCL 输出高电平，SCL 才会呈现高电平。由此可见，SCL 线的低电平时间由时钟低电平期最长的器件决定，而 SCL 线的高电平时间由时钟高电平期最短的器件决定，这就形成了时钟的同步。

（2）I^2C 总线的技术特点

自 1980 年 PHILIPS 公司首创 I^2C 总线规范以来，该规范从此成为一种串行总线事实上的工业标准，被大量地用作系统内部的电路板级总线，并且有 50 余家公司被授权。该总线已经广泛应用于基于微控制器的消费和通信产品之中。从发明至今，I^2C 总线的发展过程经历了 V1.0、V2.0 和 V2.1 几个版本。I^2C 总线最初按 100kb/s 速度设计的，被称作标准模式——S 模式，用于低速通信，例如简单控制和状态信号检测等。1992 年推出了升级版本，其速度达到 400kb/s，被称作为快速模式——F 模式。1999 年又推出了高速模式——Hs 模式，其速度高达 3.4Mb/s，可以用于开发大容量、高速度的串行 RAM、EEPROM 或 FLASH 存储器，以及速度不断增加的其他应用。例如，图像显示的 LCD 驱动器的串行传输，及高速数字 IC 与模拟器件之间的数据传输等。I^2C 总线的串行通信过程与 SPI 或 USART 相比，无论是从硬件结构，还是组网方式、软件编制方法，都有很大的不同。

以下是 I^2C 总线的特点，对于学习和应用 I^2C 总线技术是很有必要的。

①二线制（串行数据线 SDA 和串行时钟线 SCL）。I^2C 总线上的所有结点，包含主器件结点和外围器件结点，其同名端都分别挂接到两条信号线 SDA 和

SCL 上。

② I^2C 总线上的所有节点，其 SDA 和 SCL 引脚的输出驱动级电路，都是一只集电极开路的三极管或漏极开路的场效应管，以便通过接有上拉电阻的 SDA 和 SCL 线，连接成线与逻辑关系。

③采用的是互控通信方式且控制信号种类多。在一次通讯过程中，通讯双方频繁交换控制信息和状态信息。这些信息种类繁多，不仅包括常规的时钟、数据、地址，还包括启动信号、停止信号、重启动信号、方向信号、应答信号等。

④ I^2C 总线具备时钟同步机制。通过这一机制，很容易对挂接到同一 I^2C 总线上、工作速度不同的各个器件进行同步控制。

⑤系统中所挂接的所有外围器件，一般均拥有一个专用的 7 位从器件地址码，以供主控器来寻址识别。

⑥系统中的主控制器对于其他任何结点的寻址，不再像 SPI 那样需要连接专用片选线的方法，而是采用纯软件的寻址方法，从而减少了连线数目，并且固定为两条。

⑦所有具有 I^2C 总线接口的外围器件，都具有自动应答功能，即产生应答信号的能力。

⑧所有具有 I^2C 总线接口的外围器件，在片内有多个单元地址时（例如串行 EEPROM 存储器），在对于若干个相邻单元的数据（亦称为数据串或数据块）进行连续访问时，具有地址自动加 1 逻辑。这样在通过 I^2C 总线对于某一器件读 / 写多个字节时，很容易实现自动操作。

⑨在 I^2C 总线系统中，由于采用了时钟同步和总线仲裁机制，可以方便地构成多主机系统。各个主机之间没有优先次序之分，也无中心主机，任何一个主器件结点都可以作为整个系统的主控制器。多机竞争总线时，时钟同步和总线仲裁都由硬件自动完成。

⑩挂接到 I^2C 总线上的各个结点，可以使用各自独立的、电压值不同的电源供电，但是必须离地。I^2C 总线上的各个结点可以热插拔，即可以在系统带电的状态下自由接入和拆除。

⑪ 兼容 7 位寻址和 10 位寻址两种寻址模式。

⑫ 具有广播式寻址能力。利用一个通用地址码，同时呼叫挂接到 I^2C 总线上的所有被控器件。

⑬ I^2C 总线上允许同时挂接不同工作速率的具有 I^2C 总线接口的器件。

⑭ I^2C 总线系统中除了可以挂接带有 I^2C 总线硬件接口的单片机、外围器件外，还可以通过 I^2C 总线并行扩展器（PCF8574）、I^2C 总线 / 并行总线协议转换器（PCD8584）或者软件模拟方式，挂接不带 I^2C 总线接口的单片机、微处理器或数字信号处理器。

⑮ I^2C 总线不仅可以广泛地用作电路板级总线，还可以通过 I^2C 总线双向驱动器（82B715），进行不同系统之间的远程通信。

（3）I^2C 总线的基本工作原理

在 I^2C 总线上进行的数据传输过程中，主控器和被控器总是扮演着两个相反的角色（或工作在两个相反的状态），并且在一次通信过程中一般不发生角色转换。

①主控器为发送器（称主控发送器），被控器为接收器（称被控接收器）。

②主控器为接收器（称主控接收器），被控器为发送器（称被控发送器）。

如图 6.18 所示的是一次完整的通信过程的信号时序。在 I^2C 总线上进行的每一次通信过程都存在着这样一些规律：

①由主控器主动发起的，并且是以发送启动信号和停止信号来分别掌管总线和释放总线；

②每次通信过程都是以启动信号开始，以停止信号结束；

③传送的数据字节数是没有限制的；

④主控器在启动信号后面紧接着发送一个地址字节（其中包含 7 位被控器地址码和 1 位读 / 写控制位 R/W）；

⑤读写控制位 R/W（或称作方向位），用于通知被控器数据传送的方向，0 表示这次通信是由主控器向被控器写数据，1 表示这次通讯是主控器从被控器读数据；

⑥每传送一个地址字节或数据字节，共需要 9 个时钟脉冲，其中第 1~8 个时钟脉冲对应的是由发送器向接收器发送的信息，而第 9 个脉冲对应的是由接收器向发送器反馈的一个应答位 ACK；

⑦所有挂接到 I^2C 总线上的被控器件都接收启动信号后的地址字节，并且把接收到的第 7 位地址码与自己的地址进行比较，如果相符即为主控器寻址的被控器，在第 9 个时钟脉冲期间反馈应答信号；

⑧每个数据字节在传送时都是高位（MSB）在前。

假如将图 6.18 看作是一次“主控器发送数据 – 被控器接收数据”的通信过程，那么从该图中可以看出其操作步骤如下：

①主控器在检测到总线空闲的状况之下，首先发送一个启动信号时序；

②接着发送一个地址字节（包含着 7 位地址码和 1 位读写位 R/W，假设 R/W=0）；

③在被控器收到地址字节后返送一个应答位 ACK=0；

④在主控器收到该应答位后，开始发送第一个数据字节；

⑤被控器收到第一个数据字节后，又返送一个应答位 ACK=0；

⑥在主控器收到应答位后开始发送第二个数据字节；、

⑦被控器收到第二个数据字节后，再返送一个应答位 ACK=0 或一个空闲位 NACK=1；

⑧主控器将所需发送的全部数据（在此假设是两个字节）发送完毕之后，就发送一个停止信号时序，结束整个通信过程，并且释放总线，使得总线返回空闲状态。

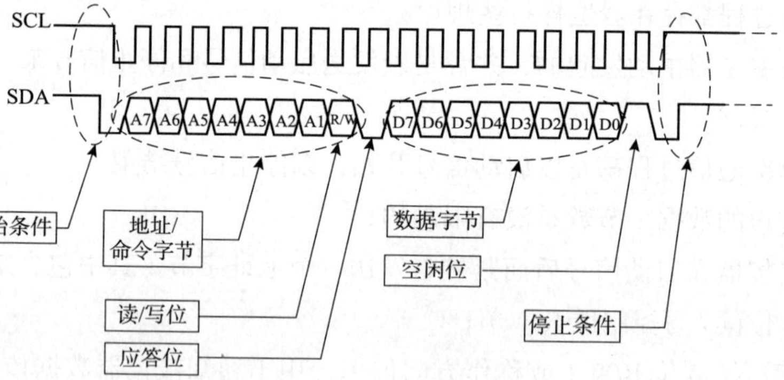

图6.18　I²C 总线的基本时序

6.2.2　I²C 器件的使用

PCF8563 是一个具有 I²C 接口的实时时钟芯片，我们以它为例说明 I²C 接口的使用。PCF8563 的引脚图如图 6.19。PCF8563 与 STC8A 系列的连接如图 6.20 所示。

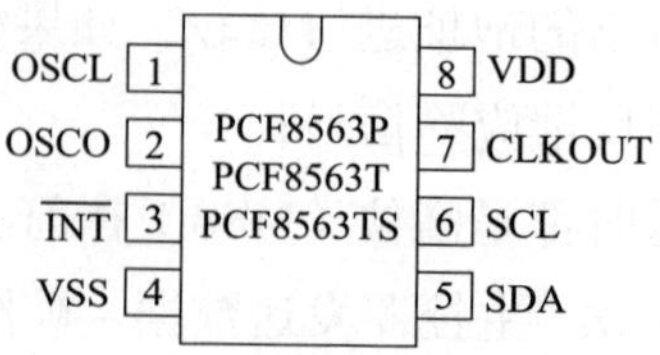

图6.19　PCF8563 引脚图

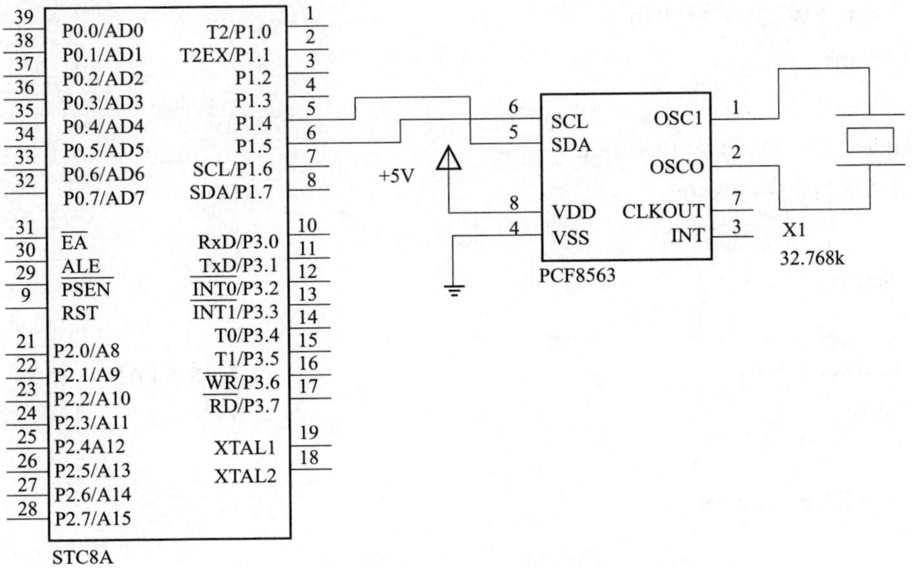

图6.20　STC8A与PCF8563的连接示意图

参考程序如下。

```
/*---------------------------------------------------------------------------------------------------------------*/
/* --- STC MCU Limited ---------------------------------------------------------------------------------------*/
/* --- STC8A8K64S2 系列 IIC 举例 ----------------------------------------------------------------------------*/
/* --- Web: www.STCMCU.com -----------------------------------------------------------------------------------*/
/* --- Web: www.GXWMCU.com ----------------------------------------------------------------------------------*/
/*---------------------------------------------------------------------------------------------------------------*/
#include "reg51.h"
#include "intrins.h"
#define I2CCFG          (*(unsigned char volatile xdata *)0xfe80)
#define I2CMSCR         (*(unsigned char volatile xdata *)0xfe81)
#define I2CMSST         (*(unsigned char volatile xdata *)0xfe82)
#define I2CSLCR         (*(unsigned char volatile xdata *)0xfe83)
#define I2CSLST         (*(unsigned char volatile xdata *)0xfe84)
#define I2CSLADR        (*(unsigned char volatile xdata *)0xfe85)
#define I2CTXD          (*(unsigned char volatile xdata *)0xfe86)
#define I2CRXD          (*(unsigned char volatile xdata *)0xfe87)
sbit    SDA     =   P1^4;
sbit    SCL     =   P1^5;
```

```
sfr       P_SW2      =   0xba;
void Wait()
{
    while (!(I2CMSST & 0x40));
    I2CMSST &= ~0x40;
}
void Start()
{
    I2CMSCR = 0x01;                                  // 发送 START 命令
    Wait();
}
void SendData(char dat)
{
    I2CTXD = dat;                                    // 写数据到数据缓冲区
    I2CMSCR = 0x02;                                  // 发送 SEND 命令
    Wait();
}
void RecvACK()
{
    I2CMSCR = 0x03;                                  // 发送读 ACK 命令
    Wait();
}
char RecvData()
{
    I2CMSCR = 0x04;                                  // 发送 RECV 命令
    Wait();
    return I2CRXD;
}
void SendACK()
{
    I2CMSST = 0x00;                                  // 设置 ACK 信号
    I2CMSCR = 0x05;                                  // 发送 ACK 命令
    Wait();
```

```
}
void SendNAK()
{
    I2CMSST = 0x01;                                  // 设置 NAK 信号
    I2CMSCR = 0x05;                                  // 发送 ACK 命令
    Wait();
}
void Stop()
{
    I2CMSCR = 0x06;                                  // 发送 STOP 命令
    Wait();
}
void Delay()
{
    int i;
    for (i=0; i<3000; i++)
    {
        _nop_();
        _nop_();
        _nop_();
        _nop_();
    }
}
void main()
{
    P_SW2 = 0x80;
    I2CCFG = 0xe0;                                   // 使能 I²C 主机模式
    I2CMSST = 0x00;
    Start();                                         // 发送起始命令
    SendData(0xa2);                                  // 发送设备地址 + 写命令
    RecvACK();
    SendData(0x02);                                  // 发送存储地址
    RecvACK();
```

```
    SendData(0x00);                          // 设置秒值
    RecvACK();
    SendData(0x00);                          // 设置分钟值
    RecvACK();
    SendData(0x12);                          // 设置小时值
    RecvACK();
    Stop();                                  // 发送停止命令
    while (1)
    {
        Start();                             // 发送起始命令
        SendData(0xa2);                      // 发送设备地址 + 写命令
        RecvACK();
        SendData(0x02);                      // 发送存储地址
        RecvACK();
        Start();                             // 发送起始命令
        SendData(0xa3);                      // 发送设备地址 + 读命令
        RecvACK();
        P0 = RecvData();                     // 读取秒值
        SendACK();
        P2 = RecvData();                     // 读取分钟值
        SendACK();
        P3 = RecvData();                     // 读取小时值
        SendNAK();
        Stop();                              // 发送停止命令
        Delay();
    }
}
```

思考题

1. SPI 的信号线是如何定义的？
2. SPI 的数据通信方式有哪几种？
3. SPI 的从机在数据传输时可以有几种时序可选用？

4. I^2C 总线的传输最高速率是多少?
5. I^2C 总线的信号线是如何定义的?
6. I^2C 总线为什么应用时要加上拉电阻?
7. 请画出 I^2C 总线数据传输的起始条件和停止条件时序图。
8. I^2C 总线的外围器件的地址通常是多少位?
9. 使用 SPI 及 I^2C 总线的优点是什么?

7　智能仪器的数据处理技术

本章介绍消除仪器随机误差的几种数字滤波技术，校正系统误差的几种有效方法，仪器量程自动变换的原理及提高量程变换性能的措施，实现线性标度变换与非线性标度变换的方法。

7.1　随机误差的校正

随机误差是由窜入仪器的随机干扰引起的，它是指在相同条件下测量同一量时，其大小和符号作无规则的变化而无法预测，但在多次测量中符合统计规律的误差。

为了抑制随机误差，仪器仪表施加了多种屏蔽和滤波措施。在传统的仪器仪表中，滤波是通过选用不同种类的滤波器来实现的。在智能仪器仪表中，滤波通过一定的软件算法来实现。这种软件算法称为数字滤波法，数字滤波法具有下述优点：

①数字滤波无需硬件，只是一个计算过程，因此可靠性高，不存在阻抗匹配问题。而且可以对频率很高或很低的信号进行滤波，这是模拟滤波器所不及的。

②数字滤波是用软件算法实现的，因此可以使多个输入通道共用一个“软件滤波器”，从而降低仪器仪表硬件成本。

③只要适当改变软件滤波器的滤波程序或运算参数，就能方便地改变滤波特性，这对于低频脉冲干扰、随机噪声特别有效。

尽管数字滤波法具有许多模拟滤波器所不具备的特点，但它并不能代替模拟滤波器。输入信号必须通过 ADC 转换成数字信号后才能进行数字滤波，有的输入信号很小，而且混有干扰信号，所以必须在 ADC 之前加入模拟滤波器。另外，在采样测量中，为了消除混叠现象，往往在输入端增加抗混叠滤波器，这也是数字滤波器所不能代替的。

按照随机干扰的性质及滤波方法的不同，数字滤波法分为五类：消除脉冲干扰的数字滤波法、抑制小幅度高频噪声的平均滤波法、复合滤波法、模拟滤波器数字化滤波法、自相关滤波法等。

7.1.1 消除脉冲干扰的数字滤波法

为了消除由于仪器外部环境因素的突然变化或仪器内部不稳定引起的尖脉冲干扰，通常采用限幅滤波法、中值滤波法、粗大误差滤波法等非线性滤波法。

（1）限幅滤波法

限幅滤波法又称程序判断法，它是通过程序判断被测信号的变化幅度来消除脉冲干扰的。其具体方法是比较 n 时刻的采样值 y_n 和 $n-1$ 时刻的滤波值 y_{n-1}，如果他们的差值超过了可能的变化范围，则认为发生了随机干扰，并视 y_n 为非法值，予以剔除。y_n 作废后，可以用 $\overline{y}_{n-1}$ 代替 y_n，或者采用递推方法，由 $\overline{y}_{n-1}$、$\overline{y}_{n-2}$（$n-1$、$n-2$ 时刻的滤波值）近似推出 $\overline{y}_n$。其相应算法为

$$\Delta y_n = \left| y_n - \overline{y}_{n-1} \right| = \begin{cases} \leqslant a, & \overline{y}_n = y_n \\ > a, \overline{y}_n = \overline{y}_{n-1} \text{或} \overline{y}_n = 2\overline{y}_{n-1} - \overline{y}_{n-2} \end{cases} \tag{7-1}$$

式中：a 是相邻两个采样值之差的最大可能变化范围。其数值可根据 y 的最大变化速率 V_{max} 及采样周期 T 确定，即：

$$a = V_{max} \cdot T$$

下面给出实现式（7-1）滤波算法的 STC15 单片机程序。设最大允许偏差为 a，y_{n-1} 存于 31H 单元，y_n 存于 32H 单元，当 $\Delta y_n > a$ 时，令 $y_n = y_{n-1}$。y_n 也存于 32H 单元。

参考程序如下：

```
#define    uchar    unsigned char
uchar  data  yn_1 _at_ 0x31;              // 前次采样值
uchar  data  yn _at_ 0x32;                // 当次采样值
uchar  data  temp _at_ 0x33;              // 临时变量


void Xian_Fu(void)
{
   temp = yn;
   if(abs(temp - yn_1)>a)
   {
         yn=yn_1;
```

```
    }
    else
    {
        yn=yn
    }
}
```

（2）中值滤波法

中值滤波法是对某一被测参数连续采样 N 次（一般 N 取奇数），然后把 N 次采样值按大小排序，取中间值为本次采样值。中值滤波法能有效地克服因偶然因素引起的波动或采样器不稳定引起的误码等脉冲干扰。对于缓慢变化的被测参数采用此法能收到良好的滤波效果，对于快速变化的参数一般不采用中值滤波法。

下面给出中值滤波程序。假设 Data 为存放采样值（单字节）的存储于内部 RAM 的数组，temp 为程序返回存放滤波值结果的内存变量，DataLength 为采样值个数。

参考程序如下：

```
unsigned char  zhong_zhi(int * Data, int  DataLength)
{
    int   i,j;                              // 循环变量
    unsigned char  temp;
    for (j = 0; j < DataLength − 1; j ++)         // 用冒泡法对数组进行排序
    {
        for (i = 0; i < DataLength − j − 1; i ++)
        {
            if (Data [i] > Data [i + 1])
            {
                // 互换数据
                temp = Data [i];
                Data [i] = Data [i + 1];
                Data [i + 1] =temp;
            }
        }
```

```
    }
    if ((DataLength & 1) > 0)                    // 计算中值
      {
      temp = Data [(DataLength + 1) / 2];  // 数组有奇数个元素，
      }                                           // 返回中间一个元素
    else
        {
        temp = (Data [DataLength / 2] + Data [DataLength / 2 + 1]) / 2;
        }                                          // 偶数个，返回中间值
    return temp;
}
```

（3）粗大误差滤波法

粗大误差是指由于操作人员的过失、测量环境 / 条件的瞬间改变和突发的严重干扰所引起的测量误差。粗大误差明显歪曲了测量结果，应予以剔除。处理粗大误差的步骤如下：

①求测量数据的算术平均值。

$$\bar{x}=\frac{1}{N}\sum_{i=1}^{n}x_i \tag{7-2}$$

②求各项的剩余误差。

$$v_i=x_i-\bar{x} \tag{7-3}$$

③求标准偏差。

$$\sigma=\sqrt{\frac{1}{N-1}\sum_{i=1}^{N}v_i^2} \tag{7-4}$$

④判断粗大误差并剔除：可以运用公式$|v_i|>k\sigma$进行判断，其中 k 为系数。

在测量数据为正态分布的情况下，如果测量次数足够多，习惯上采用莱以特准则判断。具体判断方法是：在各次测量值中，若某一次测量值 x_i 所对应的剩余误差 $v_i>3\sigma$，则认为该 x_i 为坏值，予以剔除。然后对剩余的 N–1 个测量值再用同样的方法进行计算和判断（每次只允许剔除最大的一个），直至无坏值为止。此时测量的算术平均值、各项的剩余误差及标准偏差分别为：

$$\bar{x}=\frac{1}{N-a}\sum_{i=1}^{N-a}x_i \tag{7-5}$$

$$v_i = x_i - \overline{x} \tag{7-6}$$

$$\hat{\sigma} = \sqrt{\frac{1}{N-a-1}\sum_{i=1}^{N-a} v_i^2} \tag{7-7}$$

式中 a 为坏值个数。

在测量数据为正态分布的情况下，如果测量次数不够多，宜采用格拉布斯准则判断，系数 k 通过查表求出，具体判断方法同莱以特准则。

上述消除粗大误差的两种方法是建立在测量数据满足正态分布条件上的，而造成粗大误差的干扰和噪声往往难以满足正态分布，因此该方法具有局限性。算法程序略。

7.1.2 抑制小幅度高频噪声的数字滤波法

小幅度高频随机噪声在多数情况下被认为是白噪声，白噪声具有数学期望为零及各态遍历性的特点，因此叠加在有效数据上的小幅度高频随机噪声可以用时间平均法抑制。常用的时间平均滤波法有算术平均滤波法、加权平均滤波法、移动平均滤波法等。

（1）算术平均滤波法

算术平均滤波法就是把 N 个连续采样值进行算术平均，作为本次测量的滤波值，其算法为：

$$\overline{x} = \frac{1}{N}\sum_{i=1}^{N} x_i \tag{7-8}$$

算术平均滤波法对信号的平滑程度完全取决于采样次数 N，当 N 较大时，平滑度高，但灵敏度低。当 N 较小时，平滑度低，但灵敏度高。实际应用中，应根据具体情况选取 N，既保证滤波效果，又尽量减少计算时间。

下面给出 STC15 的算术平均滤波法的应用程序。设 n 为采样值（10Bit）个数，samp 为存放双字节采样值的内存单元首地址 31H，且假定 n 个采样值之和不超过 16 位。滤波值存入 data 地址为 70H 开始的两个单元中。则实现平均值滤波的参考程序为：

```
#define    uint    unsigned int
#define    uchar   unsigned char
uint  data  samp[n]   _at_ 0x31;          // 采样值开始单元
uint  data  data            _at_ 0x70;    // 结果存放单元
```

把各采样值存于缓存区，然后进行滤波及运算；对于缓慢变化的被测量，可以一边采样一边运算处理。这时不必在 RAM 中开辟数据缓存区。

由于这种滤波算法兼容了递推平均滤波算法和去极值滤波算法的优点，所以，无论是对缓慢变化的过程变量，还是对快速变化的过程变量，都能起到较好的滤波效果（这种算法程序是相对两种算法程序的组合，故省略）。

上面介绍的是几种使用较普遍的克服随机干扰的软件算法。在一个具体的微机化测控系统中究竟选用哪些滤波算法，取决于其使用场合及过程中所含有的随机干扰情况。

在微机化测控系统中，一般都要求显示的数据和用于数字 PID 控制运算的实测数据是准确代表被测量的真值。因此，经 A/D 送入微机的原始测量数据通常要进行本章所介绍的算法处理。处理过程一般是先数字滤波，消除随机干扰引入的误差，再进行标度变换和非线性插值，最后才送去显示器显示或用于数字 PID 控制中实测值与给定值的偏差运算。

7.1.4　数字低通滤波器

模拟低通滤波器，如一阶惯性 RC 滤波器，能有效滤除高频干扰和周期性低频干扰。当用它来抑制周期性低频干扰时，要求滤波器有大的时间常数和高精度的 RC 网络，时间常数越大，要求 R 值越大，其漏电流也随之增大，从而使 RC 网络误差增大，降低了滤波效果。为此，可以采用数字低通滤波算法来消除干扰，数字低通滤波是一种以数字形式通过算法实现 RC 滤波的方法。它能很好地克服上述模拟滤波器的缺点，在滤波常数要求大的场合，此法更为实用。

一阶 RC 低通滤波器的传递函数可以写为：

$$\mathrm{H}(S)=\frac{Y(S)}{H(S)}=\frac{1}{\tau S+1} \tag{7–12}$$

式中，τ 为滤波器的时间常数。上式对应的微分方程为：

$$\frac{\tau dy(t)}{dt}+y(t)=x(t) \tag{7–13}$$

将其离散化，变为相应的差分方程：

$$\frac{\tau\left[y(n)-y(n-1)\right]}{T}+y(n)=x(n) \tag{7–14}$$

整理后得到：

$$y(n)=\alpha y(n-1)+(1-\alpha)x(n) \tag{7-15}$$

式中：T 为采样周期；$\alpha=\dfrac{\tau}{\tau+T}$ 为滤波系数；$y(n)$ 为第 n 次滤波输出值；$y(n-1)$ 为第 $n-1$ 次滤波输出值；$x(n)$ 为第 n 次采样值。

数字低通滤波算法对周期性低频干扰具有良好的抑制作用，适用于波动频繁的参数的滤波；其不足之处是带来了相位滞后，灵敏度低。滞后的程度取决于 α 的大小。同时它不能滤除频率高于采样频率二分之一（称为奈奎斯特频率）的干扰信号。对于频率高于奈奎斯特频率的干扰信号，应该采用模拟滤波器滤波。

下面给出数字低通滤波算法的实例程序。假设 y_{n-1} 存于 60H 为首地址的单元中，x_n 存放于 62H 为首地址的单元中，均为双字节。滤波结果在 New_value 中。

参考程序如下：

```
# define   TimeConstant        1                       // 滤波器时间常数
# define   Ts                  0.0001                  // 采样周期
# define   factor              (1/(TimeConstant / Ts +1))// 一阶滤波器系数
float idata   Y_value  _at_ 0x60;                      // y(n-1)地址
float idata   X_value  _at_ 0x62;                      //x (n)地址
float FirstOrderFilter(X_value , Y_value )
{
     float  New_value ;
     New_value = factor*Y_value+(1−factor)*X_value;// 一阶滤波器的计算
     return  New_value;
}
```

7.1.5　自相关滤波及互相关滤波

在测试领域，常常需要从强噪声中恢复出微弱信号或提取微弱信号的特征参数。相关检测法是检测微弱信号的有效方法之一，它分为自相关检测和互相关检测两种。自相关检测与互相关检测，又称为自相关滤波与互相关滤波。下面介绍两种检测方法的原理。

（1）自相关滤波

设输入 $x(t)$ 由被测信号 $s(t)$ 和噪声 $n(t)$ 叠加而成，即：

$$x(t)=s(t)+n(t) \tag{7-16}$$

其中噪声 $n(t)$ 为零均值平稳随机过程。

$x(t)$ 的自相关函数为：

$$\begin{aligned} R_{xx}(\tau) &= E\left[x(t)x(t+\tau)\right] \\ &= R_{ss}(\tau)+R_{nn}(\tau)+R_{sn}(\tau)+R_{ns}(\tau) \end{aligned} \tag{7-17}$$

如果信号 $s(t)$ 和噪声 $n(t)$ 不相关，则有 $R_{sn}(\tau)=0$ 、$R_{ns}(\tau)=0$ ，上式变为

$$R_{xx}(\tau)=R_{ss}(\tau)+R_{nn}(\tau) \tag{7-18}$$

根据噪声的相关性质，当 τ 趋于无穷大时，$R_{nn}(\tau)$ 趋于零。因此，$R_{nn}(\tau)$ 主要反映在 τ=0 附近，当 τ 较大时，$R_{xx}(\tau)$ 只反映 $R_{ss}(\tau)$ 的情况，而 $R_{ss}(\tau)$ 包含了 $s(t)$ 的信息，这样就抑制了噪声的影响，检测出了微弱信号 $s(t)$。

例如，如果 $s(t)$ 为正弦信号，$n(t)$ 是与 $s(t)$ 不相关的噪声，即

$$x(t)=s(t)+n(t)=A\sin(\omega_0 t+\varphi)+n(t) \tag{7-19}$$

取 τ 足够大，则 $x(t)$ 的自相关函数为

$$\begin{aligned} R_{xx}(\tau) &\approx R_{ss}(\tau) \\ &= \lim_{T\to\infty}\frac{1}{T}\int_{-\frac{T}{2}}^{\frac{T}{2}}\left[s(t)s(t+\tau)\right]\mathrm{d}t \\ &= \lim_{T\to\infty}\frac{1}{T}\int_{-\frac{T}{2}}^{\frac{T}{2}}A\sin(\omega_0 t+\varphi)A\sin\left[\omega_0(t+\tau)+\varphi\right]\mathrm{d}t \\ &= \frac{A^2}{2}\cos(\omega_0\tau) \end{aligned} \tag{7-20}$$

从上式看出，$R_{xx}(\tau)$ 是与 $s(t)$ 同频率的正弦波，这样，就从噪声中提取了正弦信号的幅度和频率，不足的是，自相关函数丢失了原信号的相位信息。$x(t)$ 及 $R_{xx}(t)$ 的波形如图 7.2 所示。

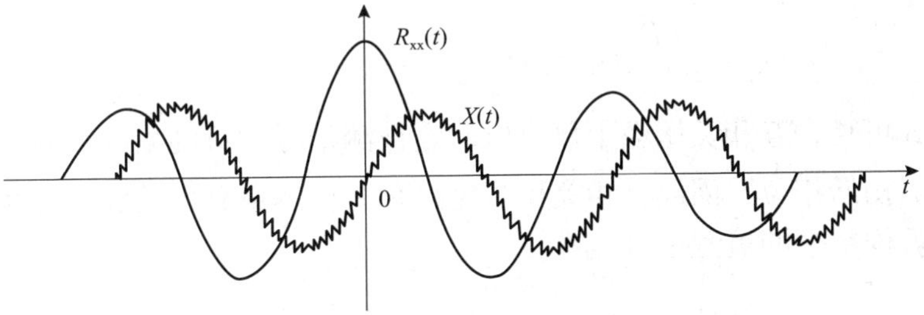

图 7.2　自相关检测波形

实际采样中，若 $x(t)$ 一个周期有 N 个采样点（j=0，1，2，…，N–1），其采样值 $x(j)$ 的自相关函数为：

$$R_{xx}(i)=\frac{1}{N}\sum_{j=0}^{N-1}x(j)x(j+i)\text{，}i=0\text{，}1\text{，}2\text{，}\cdots\text{，}N-1$$

（2）互相关检测

互相关检测是将含有噪声的输入 $x(t)$ 与一个无噪声的信号 $y(t)$ 进行互相关运算，其中 $y(t)$ 与被测信号 $s(t)$ 具有相关性。即：

$$x(t)=s(t)+n(t) \tag{7-21}$$

$$\begin{aligned}R_{xy}(\tau)&=E\left[x(t)y(t+\tau)\right]\\&=R_{sy}(\tau)+R_{ny}(\tau)\end{aligned} \tag{7-22}$$

如果 $y(t)$ 与噪声 $n(t)$ 没有相关性，则 $R_{ny}(\tau)=0$，则上式变为：

$$R_{xy}(\tau)=R_{sy}(\tau) \tag{7-23}$$

由于 $R_{xy}(\tau)$ 包含了信号 $s(t)$ 所携带的信息，因此可以把被测信号 $s(t)$ 检测出来。

例如，设 $s(t)$ 为一个正弦信号，$y(t)$ 为一个与 $s(t)$ 同频率的正弦信号，$n(t)$ 为一个与 $s(t)$、$y(t)$ 无相关性的噪声，即：

$$x(t)=A\sin(\omega_0 t+\varphi)+n(t)$$

$$y(t)=B\sin\omega_0 t$$

则其互相关函数为：

$$\begin{aligned}R_{xy}(\tau)&=R_{sy}(\tau)\\&=\lim_{T\to\infty}\frac{1}{T}\int_{-\frac{T}{2}}^{\frac{T}{2}}\left[s(t)y(t+\tau)\right]\mathrm{d}t\\&=\lim_{T\to\infty}\frac{1}{T}\int_{-\frac{T}{2}}^{\frac{T}{2}}A\sin(\omega_0 t+\varphi)B\sin\left[\omega_0(t+\tau)\right]\mathrm{d}t\\&=\frac{AB}{2}(\omega_0\tau-\varphi)\end{aligned} \tag{7-24}$$

由上式可见，互相关函数不仅可以确定被测信号 $s(t)$ 的幅度、频率，还可以提取 $s(t)$ 的初始相位，因此互相关检测比自相关检测更有优越性。由互相关函数完全可以重构原来的被测信号。

7.2 系统误差的校正

系统误差是由于系统自身的非理想性引起的误差。系统误差分为恒定系统误差及变化系统误差。恒定系统误差是指在某些测量条件改变时，其绝对值和符号保持不变的误差。例如，仪表的基准误差。变化系统误差是指在测量条件改变时，其绝对值和符号按照一定规律变化的误差。例如，仪表的零点和放大倍数的漂移、热电偶冷端随室温变化而引入的误差等。系统误差不同于随机误差，不能依靠概率统计方法来消除，只能针对具体情况在测量技术上采取相应措施。本节介绍几种常用的系统误差校正方法。

7.2.1 利用误差模型校正系统误差

利用误差模型校正系统误差的基本方法：先通过理论分析建立系统的误差模型；由误差模型求出修正误差的表达式（修正公式），式中一般含有若干误差因子；然后通过校准技术求得这些误差因子；最后利用修正公式来修正测量结果。

误差模型的建立，没有统一的方法可循，必须根据具体情况进行具体分析，建立相应系统的误差模型。

下面通过一个在电子仪器中具有普遍意义的误差模型，介绍系统误差的修正方法。误差模型如图 7.3（a）所示。图中 x 为输入被测量（如直流放大器的输入电压），y 是带有误差的测量结果（如放大器输出电压），ε 为影响量（如零点漂移或干扰），i 是偏差量（如直流放大器的偏置电流），k 是影响特性（如放大器的增益变化）。电路中从输出端引入反馈量到输入端，以改善系统的稳定性。

在无误差的理想情况下，$\varepsilon=0$，$i=0$，$k=1$，于是 $y=x$；在有误差的情况下，则有：

$$y = k\left(x + \varepsilon + y'\right)$$

$$\frac{y - y'}{R_1} + i = \frac{y'}{R_2}$$

由有上面两式可以得到：

$$x = y\left(\frac{1}{k} - \frac{i}{\dfrac{1}{R_1} + \dfrac{1}{R_2}}\right) - \varepsilon \qquad (7\text{–}25)$$

可以进一步简化为下列形式：

$$x = b_1 y + b_0 \qquad (7\text{–}26)$$

上式即为误差修正公式，b_0、b_1 其中为误差因子。如果能求出 b_0、b_1 的值，即可由误差修正公式获得无误差的 x 值，从而修正了系统误差。误差因子的求取可以通过校准技术来完成。由于存在两个误差因子，因此需要进行两次校准，从而可得两个关系式，并由此关系式写出误差因子 b_0 和 b_1。

例如可以按照图 7.3（b）所示的校准电路进行校准，其过程如下：

① 令输入端短路（即开关 S_1 闭合），此时有 $x=0$（称为零点校准），其输出为 y_0。按式（7–26）有：

$$0 = b_1 y_0 + b_0 \tag{7–27}$$

② 令输入端接一已知标准电压（即开关 S_2 闭合），此时有 $x=E$（称为增益校准），其输出为 y_1，于是可得：

$$E = b_1 y_1 + b_0 \tag{7–28}$$

③ 联立求解上两式，即可求出两个误差因子：

$$\begin{cases} b_1 = \dfrac{E}{y_1 - y_0} \\ b_0 = \dfrac{E}{1 - y_1 / y_0} \end{cases} \tag{7–29}$$

④ 输入接入被测量（开关 S_3 闭合），其输出为 y，于是被测量的真值为：

$$x = b_1 y + b_0 = \frac{E\left(y - y_0\right)}{y_1 - y_0} \tag{7–30}$$

由于智能仪器仪表的测量过程都是自动而快速进行的，所以在每次测量之前，都可预先进行校准，取得当时的误差因子，进行近似于实时的误差修正。

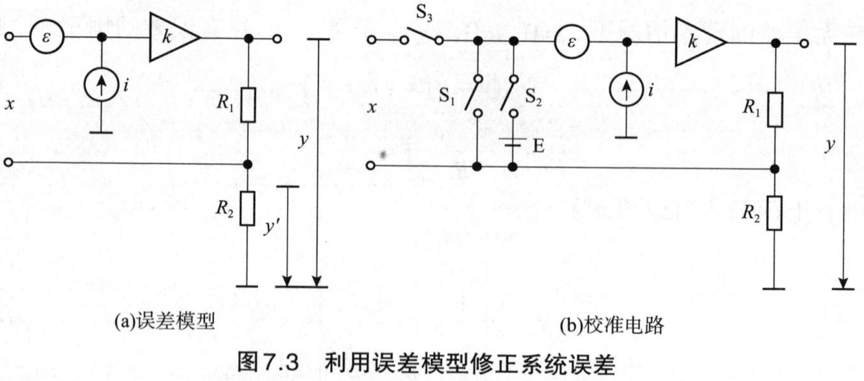

图7.3 利用误差模型修正系统误差

7.2.2 利用校准数据表校正系统误差

在复杂的仪器中，对较多的误差来源往往不能充分了解，因此难以建立适当的误差模型，这时可以通过建立校准数据表的方法修正系统误差。步骤如下：

①在仪器的输入端逐次加入一个已知的标准电压 x_1，x_2，…，x_n，得到对应

的测量结果 y_1，y_2，…，y_n。

②以 y_i（i=1，2，…，n）作为存储器中存储单元的地址，把对应的 x_i 存入其中，这样就在存储器中建立了一张校准数据表。

③实际测量时，令微处理器根据实测的 y_i 作为地址去访问内存，读出其中的 x_i。x_i 即为经过修正后的测量值。

如果实际测量值 y 介于某两个校准点 y_i 和 y_{i+1} 之间，可按最邻近的一个值 y_i 或 y_{i+1} 去查找对应的 x 值作为最后结果。这个结果将带有一定的残余误差。为了减少残余误差，在建立校准表时，可以使相邻标准电压 x_i、x_{i+1} 的差值减少，但是，在被测电压范围一定时将导致内存空间增大。为解决这一矛盾，可以采用插值技术。

最简单的插值方法是线性插值，当 $y_i < y < y_{i+1}$ 时取：

$$x = x_i + \frac{x_{i+1} - x_i}{y_{i+1} - y_i}\left(y - y_i\right) \tag{7-31}$$

线性插值是用两点间的一条直线来代替曲线，因而精度有限。如果要求更高的精度，可以采用 n 阶多项式内插、三角内插、牛顿内插等。

7.2.3 利用校正函数校正系统误差

如果能找到系统（或传感器）非线性特性的解析式，则可以利用相应的校正函数校正系统误差（或传感器误差）。

设被测量 x 与测量结果 y 之间为非线性关系，$y=f(x)$ 其反函数为 $x=F(y)$，则将测量值 y 带入反函数表示式计算，就得到修正后的被测量，反函数 $x=F(y)$ 即是校正函数。

例如，某测温仪的传感器采用热敏电阻，热敏电阻的阻值与温度之间的关系式为：

$$R_T = \alpha \cdot R_{25℃} \cdot \mathrm{e}^{\beta/T} \tag{7-32}$$

式中：R_T 为热敏电阻在温度为 T 时的电阻值；T 为绝对温度；$R_{25℃}$ 为在 25 ℃时热敏电阻的电阻值；α、β 为常数，当温度在 0~50 ℃范围时，$\alpha \approx 1.44 \times 10^{-6}$，$\beta \approx 40164$。

显然上式是一个以被测量 T 为自变量，以敏感量 R_T 为因变量的非线性函数表达式，求其反函数，可得到校正函数：

$$T = \frac{\beta}{\ln\left[R_T / \left(\alpha R_{25℃}\right)\right]} \tag{7-33}$$

在实际应用中，许多系统或传感器的解析式 $y=f(x)$ 是难以直接找到的，这样就不可能由此求出相应的反函数 $x=F(y)$；而且，有的校正函数也较复杂，不便于微处理器对之进行运算。此时可采用代数插值法或曲线拟合法来寻找 $x=F(y)$ 的近似表达式，来实现非线性校正。

7.2.4 利用代数插值法校正系统误差

（1）代数插值法的基本原理

设有 $n+1$ 组离散点：(x_0, y_0)，(x_1, y_1)，…，(x_n, y_n)，$x\in[a, b]$ 和未知函数 $f(x)$，并有

$$f(x_0)=y_0，f(x_1)=y_1，\cdots，f(x_n)=y_n$$

设法找到一个函数 $g(x)$，使 $g(x)$ 在 x_i（$i=0, 1, 2, \cdots, n$）处与 $f(x_i)$ 相等，此即为插值问题。满足这个条件的函数 $g(x)$ 称为 $f(x)$ 的插值函数，x_i 称为插值节点。有了 $g(x)$，在以后的计算中可以用 $g(x)$ 在区间 $[a, b]$ 上近似代替 $f(x)$。

在插值法中，$g(x)$ 有多种选择方法，由于多项式是最容易计算的一类函数，一般选取 $g(x)$ 为 n 次多项式，并记为 $P_n(x)$，这种插值方法叫作代数插值，或多项式插值。因此，所谓代数插值，就是用一个 n 次多项式：

$$P_n(x)=a_nx^n+a_{n-1}x^{n-1}+\cdots+a_1x+a_0$$

去逼近 $f(x)$，使 $P_n(x)$ 在节点 x_i 处满足：

$$P_n(x_i)=f(x_i)=y_i，\ i=0，1，2,\cdots，n$$

对于前述 $n+1$ 组离散数据，系数 a_n，…，a_1，a_0 应满足的方程组为

$$\begin{cases} a_nx_0^n+a_{n-1}x_0^{n-1}+\cdots+a_1x_0+a_0=y_0 \\ a_nx_1^n+a_{n-1}x_1^{n-1}+\cdots+a_1x_1+a_0=y_1 \\ \vdots \\ a_nx_n^n+a_{n-1}x_n^{n-1}+\cdots+a_1x_n+a_0=y_n \end{cases} \tag{7-34}$$

这是一个含有 $n+1$ 个未知数 a_n，…，a_1，a_0 的线性方程组，可以证明，当 x_0，x_1，…，x_n 互异时，方程组有唯一的一组解。即一定存在唯一的 $P_n(x)$ 满足所要求的插值条件。这样只要用已知的 x_i 和 y_i（$i=0，1，2,\cdots，n$）去解方程组，就可以求出 a_i（$i=0，1，2,\cdots，n$），从而得到 $P_n(x)$。这就是求出插值多项式最基本的方法。

通常，给出的数据组数总是多于求解插值函数所需要的组数。因此，在用多

项式插值方法求解插值函数时，首先必须根据所需要的逼近精度来决定多项式的次数。多项式的次数与所要逼近的函数有关，例如函数关系接近线性的，可从数组中选取两组，用一次多项式来逼近（n=1）；接近抛物线的可从数组中选取三组，用二次多项式来逼近（n=2）。同时多项式的次数还与自变量x_i的范围有关。一般的，自变量的允许范围越大（即插值区间越大），达到同样精度时的多项式的次数也越高。对于无法预先决定多项式次数的情况，可采用试探法，即先选取一个较小的 n 值，分析逼近误差是否接近所要求的精度，如果误差太大，则使 n+1，再试一次，直到误差接近精度要求为止。在满足精度要求的前提下，n 不应取得太大，以免增加计算时间。一般常用的多项式插值是线性插值和抛物线插值。

用插值法校正系统误差的方法是，首先由测量系统得到一组测量值（x_i，y_i）（$i=0$，1，2,…，n）。其中 y_i 为已知输入值，x_i 为测量输出值，根据（x_i，y_i）的变化特性确定插值函数 P_n（x）的次数，并计算 P_n（x）的系数 a_i，然后在实际测量及校正时，将每一被测量 y 的测量值 x 代入插值函数（即校正函数）P_n（x）进行计算，就得到被测量的校正值，$y=P_n$（x）。

需要说明的是，智能仪器中使用的传感器、检波器或其他器件多数都是具有非线性的特征，对它们的非线性进行校正也常用插值法及后边介绍的曲线拟合法。

（2）常用的插值法

1）线性插值法。

线性插值法是从一组测量数据（x_i，y_i）（$i=0$, 1, 2, …，n）中选取两个有代表性的点（x_m，y_m）和（x_n，y_n），然后根据插值原理，求出插值方程：

$$P_1(x)=\frac{x-x_n}{x_m-x_n}y_m+\frac{x-x_m}{x_n-x_m}y_n=a_1x_1+a_0 \tag{7-35}$$

式（7-35）中的待定系数 a_1 和 a_0：

$$a_1=\frac{y_n-y_m}{x_n-x_m},\ a_0=y_m-a_1x_m \tag{7-36}$$

并用插值函数 $P_1(x)$ 代替未知非线性函数 $f(x)$。

当（x_m，y_m）、（x_n，y_n）取在非线性特性曲线 $f(x)$ 或数组的两端点 A、B 时，线性插值的几何意义就如图 7.4 所示。

在图 7.4 所示的线性插值中，当 $x_i\neq a$，b 时，$P_1(x_i)$ 与 $f(x_i)$ 一般不相等，存在拟合误差 V_i：

$$V_i=\left|P_1(x_i)-f(x_i)\right|,\ i=1,\ 2,\cdots,\ n-1$$

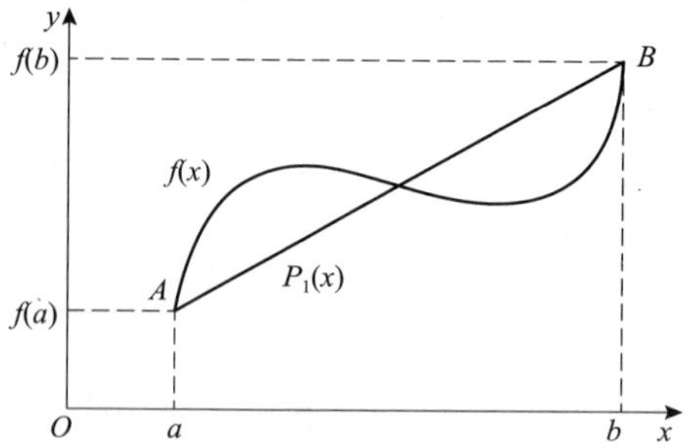

图7.4　线性插值

若在 x 的全部取值区间 $[a, b]$ 上始终有 $V_i < \varepsilon$（ε 为允许拟合误差），则直线方程 $P_1(x) = a_1x_1 + a_0$ 就是满足允许误差的差值方程。

用线性插值法校正系统误差时，只需将测量值 x 代入插值方程（即校正方程）$P_1(x) = a_1x_1 + a_0$ 进行计算，就得到被测量 y 的校正值。

下面以镍铬～镍铝热电偶为例，说明这种方法的具体应用。

0~490℃的镍铬～镍铝热电偶分度表如表 7.1 所示。若允许的校正误差小于 3℃，分析能否用直线方程进行非线性校正。

表 7.1　0~490℃镍铬~镍铝热电偶分度表

温度/℃	0	10	20	30	40	50	60	70	80	90
	热电势/mV									
0	0.00	0.40	0.80	1.20	1.61	2.02	2.44	2.85	3.27	3.68
100	4.10	4.51	4.92	5.33	5.73	6.14	6.54	6.94	7.34	7.74
200	8.14	8.54	8.94	9.34	9.75	10.15	10.56	10.97	11.38	11.80
300	12.21	12.62	13.04	13.46	13.87	14.29	14.71	15.13	15.55	15.97
400	16.40	16.82	17.24	17.67	18.09	18.51	18.94	19.36	19.79	20.21

取 A（0，0）和 B（20.21，490）两点，按式（7–36）可求得 a_1 =24.245，a_0 =0，即 $P_1(x) = 24.245x$，此即为直线校正方程。显然两端点的误差为 0。通过计算可知，最大校正误差发生在 x=11.38mV，误差为 4.09℃。另外在 240~360℃范围内校正误差均大于 3℃。因此用直线方程进行校正，不能满足精度要求。

2）抛物线插值法。

抛物线插值法是在多组测量数据中选取（x_0，y_0）、（x_1，y_1）和（x_2，y_2）三点，求出相应的插值方程：

$$P_2(x) = \frac{(x - x_1)(x - x_2)}{(x_0 - x_1)(x_0 - x_2)}y_0 + \frac{(x - x_0)(x - x_2)}{(x_1 - x_0)(x_1 - x_2)}y_1 + \frac{(x - x_0)(x - x_1)}{(x_2 - x_0)(x_2 - x_1)}y_2 \quad (7\text{–}37)$$

抛物线插值法的几何意义如图 7.5 所示。

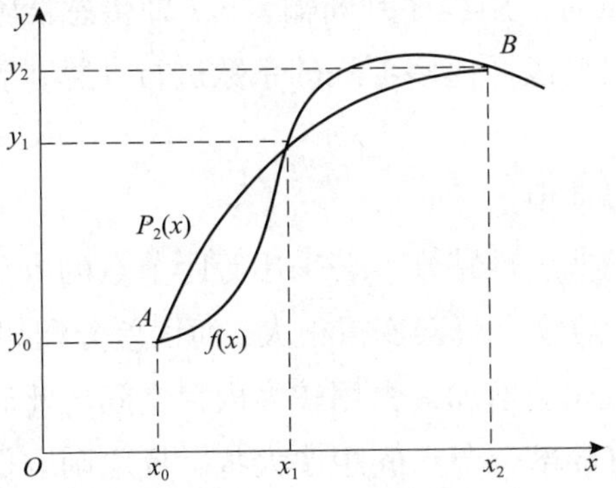

图7.5 抛物线插值法

现仍以表 7.1 所列数据说明抛物线插值的具体应用。

数组选择（0，0）、（10.15，250）和（20.21，490）三组。由式（7–37）求得：

$$P_2(x)=\frac{x(x-20.21)}{10.15(10.15-20.21)}\times 250+\frac{x(x-10.15)}{20.21(20.21-10.15)}\times 490$$

$$=-0.038x^2+25.02x$$

可以验证，用这一方程进行非线性校正，每点误差均不大于 3℃，最大误差发生在 130℃处，误差值为 2.277℃。

因此，提高插值多项式的次数可以提高校正精度。考虑到实时计算这一情况，多项式的次数一般不宜取得太高，当多项式的次数在允许范围内仍不能满足校正精度要求时，可以采用分段插值法。

3）分段插值法。

分段插值法分为等距节点分段插值法和非等距节点分段插值法两种。

①等距节点分段插值法。

这种方法是将曲线 $y=f(x)$ 按等距节点分成 N 段，每一段用一个插值多项式 $P_{ni}(x)$（ $i=1$，2,…，$n-1$ ）来代替。

等距节点分段插值适用于非线性曲率变化不大的场合，分段数 N 及差值多项式的次数 n 均取决于非线性程度和仪器的精度要求。非线性越严重或仪器的精度要求越高，则 N 或 n 越大。为了实时计算方便，常取 $N=2^m$，$m=1$，2,⋯N 。采用等距节点分段插值法，每一段插值曲线的拟合误差 V_i 一般各不相同，应保证：

$$\max\left[V_{\max i}\right]\leqslant\varepsilon\text{，}\quad i=1\text{，}2,\cdots N$$

其中 $V_{\max i}$ 为第 i 段的最大拟合误差。

实际应用中，先离线求得每一段校正曲线的校正方程及其系数，将其存入程序存储器中。实际测量时，用程序判断输入 x（即传感器输出数据）位于校正曲线的哪一段，然后取出该段插值多项式的系数进行计算，就可以得到被测物理量的近似值。

②非等距节点分段插值法。

对于曲率变化大的非线性特性，若采用等距节点的方法进行插值，要使最大误差满足精度要求，分段数 N 就会变得很大，而误差分配却不均匀。同时 N 增加，使得多项式的系数组数相应增加，占用较多内存空间。此时宜采用非等距节点分段插值法，即在线性好的部分节点间距取大些，反之则取得小些。从而使误差达到均匀分布。

下面仍以表 7.1 所列数据为例，说明分段插值法的具体应用。

在表 7.1 所列数据中取三点：（0，0）、（10.15，250）和（20.21，490），并用经过这三点的两个直线方程来近似代替整个表格。求得插值方程为：

$$P_1(x)=\begin{cases}24.63x, & 0\leqslant x<10.15\\ 23.86x+7.85, & 10.15\leqslant x\leqslant 20.21\end{cases}$$

可以验证，用这两个插值多项式对表 7.1 所列的数据进行非线性校正，每一点的误差均不大于 2℃。第一段的最大误差发生在 130℃处，误差值为 1.278℃；第二段最大误差发生在 340℃处，误差值为 1.212℃。显然与整个范围内使用抛物线插值法相比，最大误差减少约 1℃。因此，分段插值可以在大范围内用较低的插值多项式（通常不高于二阶）来达到很高的校正精度。

7.2.5 利用最小二乘法校正系统误差

运用 n 次多项式对非线性特性进行逼近，可以保证在 $n+1$ 个节点上校正误差为零，因为拟合曲线（或 n 段折线）恰好经过这些节点。但是，如果这些实验数据含有随机误差，得到的校正方程并不一定能反映出实际的函数关系。因此，对于含有随机误差的实验数据的拟合，通常选择“误差平方和最小”这一标准来衡量逼近结果，这样，使逼近模型比较符合实际关系，同时函数的表达形式也比较简单。这就是下面介绍的最小二乘法原理。

设被逼近函数为 $f(x_i)$，逼近函数为 $g(x_i)$，x_i 为 x 轴上的离散点，逼近误差为：

$$V(x_i)=\left|f(x_i)-g(x_i)\right|$$

记：

$$\varphi=\sum_{i=1}^{n}V^2\left(x_i\right)$$

令 $\varphi \to \min$，即在最小二乘意义上使 $V(x)$ 最小化，这就是最小二乘法原理。为了使逼近函数简单起见，通常选择多项式。下面介绍用最小二乘法实现直线拟合和曲线拟合。

（1）直线拟合

设有一组实验数据如图 7.6 所示，现在要求一条最接近于这些数据点的直线。设这组实验数据的最佳拟合直线方程（称为回归方程）为：

$$y=a_1x+a_0$$

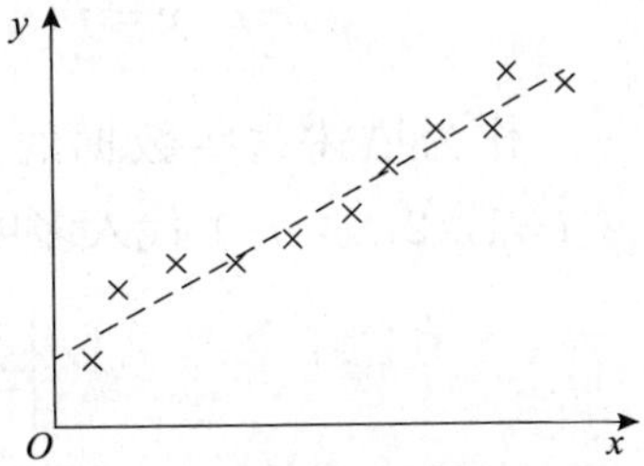

图7.6　最小二乘法直线拟合

式中 a_1、a_0 称为回归系数。

令：

$$\varphi_{a_0,\ a_1}=\sum_{i=1}^{n}V_i^2=\sum_{i=1}^{n}\left[y_i-\left(a_0+a_1x\right)\right]^2$$

根据最小二乘原理，要使 $\varphi_{a_0,\ a_1}$ 为最小，按通常求极值的方法，取对 a_0、a_1 的偏导数，并令其为 0，得：

$$\begin{cases}\dfrac{\partial\varphi}{\partial a_0}=\sum\limits_{i=1}^{n}\left[-2\left(y_i-a_0-a_1x_i\right)\right]=0\\\dfrac{\partial\varphi}{\partial a_1}=\sum\limits_{i=1}^{n}\left[-2x_i\left(y_i-a_0-a_1x_i\right)\right]=0\end{cases}$$

又可得如下方程组（称之为正则方程组）

$$\begin{cases}\sum\limits_{i=1}^{n}y_i=na_0+a_1\sum\limits_{i=1}^{n}x_i\\\sum\limits_{i=1}^{n}x_iy_i=a_0\sum\limits_{i=1}^{n}x_i+a_1\sum\limits_{i=1}^{n}x_i^2\end{cases}$$

解得：

$$a_0=\frac{\left(\sum_{i=1}^{n}y_i\right)\left(\sum_{i=1}^{n}x_i^2\right)-\left(\sum_{i=1}^{n}x_iy_i\right)\left(\sum_{i=1}^{n}x_i\right)}{n\left(\sum_{i=1}^{n}x_i^2\right)-\left(\sum_{i=1}^{n}x_i\right)^2}\tag{7-38}$$

$$a_1=\frac{n\left(\sum_{i=1}^{n}x_iy_i\right)-\left(\sum_{i=1}^{n}x_i\right)\left(\sum_{i=1}^{n}y_i\right)}{n\left(\sum_{i=1}^{n}x_i^2\right)-\left(\sum_{i=1}^{n}x_i\right)^2}\tag{7-39}$$

只要将各组测量数据代入正则方程组，即可解得回归方程的回归系数 a_0 和 a_1，从而得到这组测量数据在最小二乘意义上的最佳拟合直线方程。

（2）曲线拟合

为了提高拟合精度，通常对 n 对实验数据（x_i，y_i）（$i=1, 2, \cdots, n$）选用 m 多项式：

$$y=f(x)=a_0+a_1x+a_2x^2+\cdots+a_mx^m=\sum_{j=0}^{m}a_jx^j \tag{7-40}$$

作为描述这些数据的近似函数关系式（回归方程）。如果把（x_i，y_i）（$i=1, 2, \ldots, n$）代入多项式，就可得 n 个方程：

$$\begin{cases} y_1-\left(a_0+a_1x_1+\cdots+a_mx_1^m\right)=V_1 \\ y_2-\left(a_0+a_1x_2+\cdots+a_mx_2^m\right)=V_2 \\ \vdots \\ y_n-\left(a_0+a_1x_n+\cdots+a_mx_n^m\right)=V_n \end{cases}$$

简记为：

$$V_i=y_i-\sum_{j=0}^{m}a_jx_i^j，i=1，2,\cdots，n$$

式中 V_i 为在 x_i 处由回归方程式（7–40）计算得到的值与被测值之间的误差。根据最小二乘原理，为求取系数 a_j 的最佳估计值，应使误差 V_i 的平方和最小，即：

$$\varphi(a_0, a_1,\cdots, a_m)=\sum_{i=1}^{n}V_i^2=\sum_{i=1}^{n}\left[y_i-\sum_{j=0}^{m}a_jx_i^j\right]^2\rightarrow \min$$

亦即计算 a_0，$a_1,\cdots$，a_m 的线性方程组为：

$$\begin{bmatrix} n & \sum_{i=1}^{n}x_i & \cdots & \sum_{i=1}^{n}x_i^m \\ \sum_{i=1}^{n}x_i & \sum_{i=1}^{n}x_i^2 & & \sum_{i=1}^{n}x_i^{m+1} \\ \vdots & & \ddots & \vdots \\ \sum_{i=1}^{n}x_i^m & \sum_{i=1}^{n}x_i^{m+1} & \cdots & \sum_{i=1}^{n}x_i^{2m} \end{bmatrix}\begin{bmatrix} a_0 \\ a_1 \\ \vdots \\ a_m \end{bmatrix}=\begin{bmatrix} \sum_{i=1}^{n}y_i \\ \sum_{i=1}^{n}x_iy_i \\ \vdots \\ \sum_{i=1}^{n}x_i^my_i \end{bmatrix} \tag{7-41}$$

由上式可求得 $m+1$ 个未知数 a_j 的最佳估计值。

拟合多项式的次数越高，拟合的结果越精确，但计算量很大。一般在满足精度要求的条件下，尽量降低拟合多项式的次数。除用 m 次多项式来拟合外，也可以用其他函数如指数函数、对数函数、三角函数等进行拟合。

下面仍以表 7.1 所列的数据为例，说明用最小二乘法来建立校正函数的方法。

在整个区间内仍取相同的三个点（0，0）、（10.15，250）和（20.21，490），分成两段，每段用直线方程拟合，设两段直线方程分别为：

$$y = a_{01} + a_{11}x, \quad 0 \leqslant x < 10.15$$

$$y = a_{02} + a_{12}x, \quad 10.15 \leqslant x \leqslant 20.21$$

根据式（7–38）和式（7–39）可分别求出 a_{01}、a_{11} 和 a_{02}、a_{12}

$$a_{01} = -0.122, \quad a_{11} = 24.57$$

$$a_{02} = 9.05, \quad a_{12} = 23.83$$

可以验证，第一段直线最大绝对误差发生在 130℃处，误差值为 0.836℃。第二段直线最大绝对误差发生在 250℃处，误差值为 0.925℃。与分段插值法相比较，采用最小二乘法所得的校正方程的误差要小得多。

7.3 量程自动转换技术

智能仪器通常都具有量程自动转换功能，它能根据被测量的大小自动选择合适量程，以提高测量范围和测量精度。

7.3.1 量程自动转换原理

依据测量范围及测量精度，智能仪器一般设置有多个量程，量程的设置可通过程控衰减器、程控放大器来实现，如图 7.7 所示，当输入信号较大时，选择大量程，衰减器按某一比例对信号进行衰减，而放大器放大倍数很小（通常为 1），放大器的输出电压落在 A/D 转换器要求的范围之内。当输入信号较小时，选择小量程，衰减器不进行衰减（处于直通状态），放大器按某一比例进行放大，放大器的输出电压仍然落在 A/D 转换器要求的范围之内。在量程设置中，对应某一量程，所选择的衰减器的衰减系数及放大器的放大系数应能保证在本量程内输入信号的最大值经衰减、放大后与 ADC 允许的输入最大值相匹配（相等）。自动量程转换的过程，就是 CPU 根据输入信号的大小，自动选择程控衰减器的衰减系数及程控放大器的放大系数，使得经过程控放大器的输出电压满足 ADC 对输入的要求。

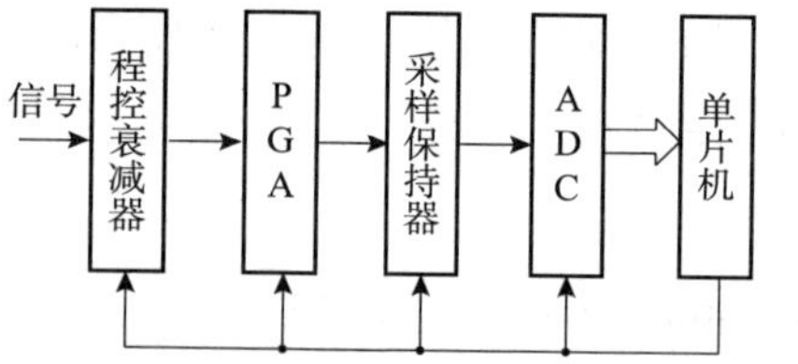

图7.7　量程自动转换电路原理图

量程自动转换流程如图 7.8 所示。在某一量程下，如果测量结果超过该量程的上限值，则判断该量程是否为最大量程，若为最大量程，则进行过载显示，否则进行升量程处理，重新进行测量，并判断量程；如果在某一量程下，测量结果低于该量程的下限值，则判断该量程是否为最小量程，若为最小量程则结束量程判断，否则降低一个量程进行测量与判断，直至找到合适的量程为止。在量程切换中，由于开关的延时特性，可能导致输入信号不稳定，因此在控制流程中增加了一个延时环节。

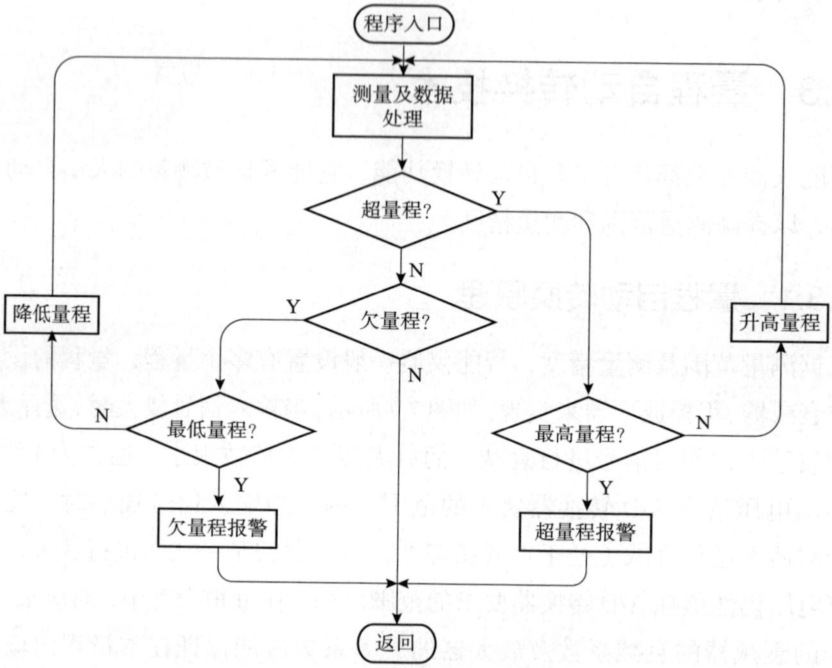

图7.8　量程自动转换流程图

7.3.2　量程上、下限的确定

智能仪器中，每一量程的上、下限值，主要取决于输入信号的范围、衰减器的倍数及放大器的增益、ADC 的量化误差、ADC 的分辨率等。下面通过一个具体例子进行分析。

假设输入信号经过衰减器、放大器后，已与 ADC 对输入幅度的要求相匹配。ADC 的转换位数为 8 位，由量化误差产生的相对误差≤0.5%，试确定量程转换的条件。

8 位 ADC 的量化值 q 为：

$$q=\frac{U_{\mathrm{H}}}{2^{8}}=\frac{U_{\mathrm{H}}}{256}$$

式中 U_{H} 为 ADC 满刻度输出对应的输入电压值。

如果 ADC 采取舍入量化形式，最大量化误差为：

$$e_{\mathrm{m}}=\frac{1}{2}q$$

根据要求，由 ADC 量化误差产生的相对误差 δ 不大于 0.5%，即：

$$\delta=\frac{e_{\mathrm{m}}}{U_{i}}\leqslant 0.5\%$$

将 e_{m} 的值代入上式，有

$$U_{i}=\frac{e_{\mathrm{m}}}{\delta}\geqslant 100q$$

上式表明输入电压 U_i 的最小值不得小于 100 位。也就是说，当输入电压 U_i 经 A/D 转换后的数字量小于 100 位时，必须控制前级放大器切换至高一档增益，即降低一量程进行测量。因此量程的下限值为：

$$U_{\min}=100q$$

输入信号幅度越大，由 ADC 量化误差产生的相对误差越小，理论上量程的上限值可以达到 ADC 满刻度输出对应的输入值 U_{H}。即：

$$U_{i\max}=255q$$

通常量程的上限值设置得小于 255q，如：

$$U_{i\max}=250q$$

7.3.3 量程自动转换性能的提高

前边介绍的量程自动转换电路及其控制流程用于实现量程自动转换的基本功能，在实际应用中，为了提高系统的性能，还需要采取下列措施。

（1）提高测量速度

量程自动转换的测量速度，是指根据被测量的大小自动选择合适量程并完成一次测量的速度。前述的量程自动转换电路，对某一被测量进行测量时，可能会发生多次转换量程、多次测量的现象，测量速度较低。为此，可以充分利用微机的软件功能，使得当读数大于或小于当前量程允许范围时，只需要经过一次中间测量，就可以找到正确的量程。例如，在某一量程进行测量时，发现被测量超过该量程的上限值，则立刻回到最高量程进行一次测量，将测量值与各量程的上限值相比较，寻找合适的量程。而当发现被测量小于该量程的下限值时，只需要将读数直接同较小的量程的上限值进行比较，就可以找到合适的量程。此外，在大多数情况下，被测量不一定会经常发生大幅度变化。所以一旦选定合适的量程，应该在该量程继续测量下去，直到出现超量程或欠量程。

（2）消除量程的不确定性

量程的不确定性是指发生在两个相邻量程之间反复选择的现象，这种情况的出现是由于测量误差造成的。例如某一电压表有两个量程：20V 档（2~20V）、2V 档（0~2V），20V 档存在着负的测量误差，而 2V 档又存在着正的测量误差。那么在升降量程转换点附近就有可能出现反复选择量程的现象。假设被测电压为 2V，在 20V 档读数可能为 1.999V，低于满度值的十分之一，应降量程到 2V 档进行测量。但是在 2V 档测量时读取为 2.002V，超过满度值，应该升至 20V 档进行测量，于是就产生了在两个相邻量程间的反复选择，造成被选量程的不确定性。

量程选择的不确定性，可以通过给定高量程下限值与低量程上限值回差的方法来解决（使高量程下限值低于低量程上限值）。通常可采用减小高量程下限值，而低量程上限值不变的方法。例如本例中，20V 档量程下限值选取满度值的 9.5% 而不是 10%，即 1.9V，而 2V 档量程上限值仍然为 2V，就不会出现量程反复选择的现象。实际上，在这种情况下，只要两个相邻量程的测量误差绝对值之和不超过 0.5%，就不会造成被选量程的不确定性。

（3）增加过载保护措施

由于每次测量并不都是从最高量程开始，而是在选定量程上进行。因此不可避免地会发生被测量超过选定量程的上限值，甚至超过仪器的最大允许值。这种过载现象需经过一次测量后才能发觉，因此量程输入电路必须要有过载保护能力。当过载发生时，至少在一次测量过程中仍然能正常工作，并且不会损坏仪器。

下面介绍一个典型的输入过压保护电路，电路如图 7.9（a）所示。当输入电压过载超过保护电压 V_S 时，二极管 D_1 或 D_2 导通，输入电压经降压电阻 R_1 后被限制在 $\pm V_S$ 之内。

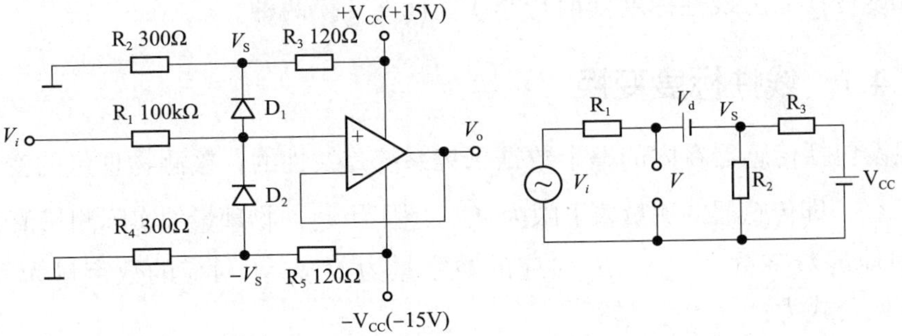

(a)保护电路　　(b)等效电路

图 7.9　输入电压过载保护电路

二极管导通时的等效电路如图 7.9（b）所示。利用叠加原理可得放大器输入端电压 V 为：

$$V=\frac{R_2//R_3}{R_1+R_2//R_3}V_i+\frac{R_1}{R_1+R_2//R_3}V_d+\frac{R_1//R_2}{R_3+R_1//R_2}V_{cc}$$

式中 V_d 为二极管导通压降。

因为 $R_1 \gg R_2$、R_3，所以：

$$V\approx\frac{R_2//R_3}{R_1}V_i+V_d+\frac{R_2}{R_2+R_3}V_{cc}$$

按图 7.9 所取电阻值，当输入电压为 1000V 时，可限制在 ±12V 左右的范围内。此时，流经电阻 R_1 和二极管的电流约为 100mA。当电阻 R_1 功率不小于 10W 时，可保证在最大输入电压为 1000V 的情况下，电路中长期承受过载电压。

7.4　测量数据的标度变换

智能仪器检测的物理量，一般都要通过传感器转化为电量，再通过数据采集系统后得到与被测量对应的数字量。由于数字量仅对应于被测参数的大小，并不等于原来带有量纲的参数值，因此必须把它转换为带有量纲的数值后才能显示或打印输出，这种转换就是工程量变换，又称标度变换。例如，某一压力测量智能仪器，当压力变化范围为 0~10kPa 时，压力传感器输出的电压为 0~10mVDC，将其放大为 0~5VDC 后进行 A/D 转换，转换结果为 0x00~0x3FF（假设采用 10 位

ADC）数字量。这一数字量需要通过标度变换，转换为具有压力单位（kPa）的被测量。

标度变换分为线性标度变换与非线性标度变换两种。

7.4.1　线性标度变换

假设包括传感器在内的整个数据采集系统是线性的，被测物理量的变化范围为 $A_0 \sim A_m$，即传感器的测量值下限为 A_0、上限为 A_m，物理量的实际测量值为 A_x。而 A_0 对应的数字量为 N_0，A_m 对应的数字量为 N_m，A_x 对应的数字量为 N_x。则标度变换公式为：

$$A_x = A_0 + \left(A_m - A_0\right)\frac{N_x - N_0}{N_m - N_0} \tag{7-42}$$

式中，A_0、A_m、N_0、N_m 对于某一固定的参数，或者仪器的某一量程来说，均为常数，可以事先存入计算机。对于不同的参数或者不同的量程它们会有不同的数值，这种情况下，计算机应存入多组这样的常数。进行标度变换时，根据需要调入不同的常数来计算。

为了使程序简单，通常通过一定的处理，使被测参数的起点 A_0 对应的 A/D 转换值为零，即 $N_0 = 0$，这样式（7–42）变为：

$$A_x = A_0 + \left(A_m - A_0\right)\frac{N_x}{N_m} \tag{7-43}$$

式（7–42）及式（7–43）称为线性标度变换公式。

下面以一个实例说明线性标度变换公式的具体应用。

【例 7.1】 已知某智能温度测量仪的温度传感器是线性的，温度测量范围为 10~100℃，ADC 转换位数为 8 位。对应温度测量范围，ADC 转换结果范围为 0x0~0xFF，被测温度对应的 ADC 转换值为 0x28，求其标度变换值。

解：由于温度传感器是线性的，因此可以用式（7–43）进行标度变换，其中 $A_0 = 10℃$，$A_m = 100℃$，$N_m = 0xFF = 255D$，$N_x = 0x28 = 40D$，标度变换结果为：

$$A_x = A_0 + \left(A_m - A_0\right)\frac{N_x}{N_m} = 10 + (100 - 10) \times \frac{40}{255} = 24.1℃$$

7.4.2　非线性标度变换

前述的标度变换公式是针对线性化电路而导出的，实际中许多智能仪器所使用的传感器都是非线性的。这种情况下应先进行非线性校正，然后再按照前述的标度变换方法，进行标度变换。但是如果传感器输出信号与被测物理量之间有明确的数学关系，就没有必要先进行非线性校正，再进行标度变换，可以直接利用该数学关系式进行标度变换。

例如，利用节流装置测量流量时，流量与节流装置两边的差压之间有以下关系：

$$G = k\sqrt{\Delta P} \tag{7-44}$$

式中，G 为流量（即被测量）；k 为系数（与流体的性质及节流装置的尺寸有关）；ΔP 为节流装置两边的差压。

显然，式（7–44）中 G 和 $\sqrt{\Delta P}$ 之间是线性关系，因此可以方便地得出流量的标度变换公式：

$$G_x = G_0 + \left(G_m - G_0\right)\frac{\sqrt{N_x} - \sqrt{N_0}}{\sqrt{N_m} - \sqrt{N_0}} \tag{7-45}$$

式中，G_x 为被测流量值；G_m 为被测流量上限，G_0 为被测流量下限；N_x 为差压变送器所测得的差压值（数字量）；N_m 为差压变送器上限对应的数字量；N_0 为差压变送器下限对应的数字量。

由于一般情况下，流量的下限可取为 0，因此式（7–45）可以改写成：

$$G_x = G_m \frac{\sqrt{N_x}}{\sqrt{N_m}} \tag{7-46}$$

思考题

1. 常用的数字滤波算法有哪些？
2. 移动平均滤波的算法是如何实现的？
3. 智能仪器系统中系统误差的修正方法有哪些？
4. 常用的插值法有哪些？
5. 最小二乘法是基于什么原则的？
6. 实现自动量程转换通常使用什么器件？
7. 试推导线性标度变换的公式。

8 智能仪器的程序设计

本章将介绍智能仪表的软件设计。硬件电路确定后，仪表的主要功能将依赖于软件来实现。对同一个硬件电路，配以不同的软件，它所实现的功能也就不同，而且有些硬件电路的功能，通常可用软件来替代。研制一台复杂的智能仪表，软件研制的工作量往往大于硬件。因此，智能仪表的设计很大程度上是软件设计，所以设计人员必须掌握软件设计的基本方法和编程技术。

8.1 软件设计方法

软件开发一般经历分析、设计、编程、测试以及运行与维护等阶段。智能仪表的软件分析工作已在仪表总体设计时完成。

软件设计部分主要是设计软件系统的模块层次结构、控制流程以及数据库的结构等。这个阶段可以分为两个部分：总体设计和详细设计。总体设计完成软件系统的模块划分，设计层次结构、确立模块间的调用及完成全局数据库的设计等工作；详细设计完成每个模块的内部实现算法、控制流程以及局部数据结构的设计。

软件设计方法是指导软件设计的某种规程和准则，目前广泛采用的设计方法主要是结构化设计（Structure Design，简称 SD）和结构化编程（Structure Programming，简称 SP）。

8.1.1 结构化设计和编程

（1）结构化设计方法

结构化设计方法由美国 IBM 公司 Constantine 等人提出，用于软件系统的总体设计。其基本思想来源于模块化及“自顶向下”（Top——Down）逐步求精等程序设计技术。用结构化设计方法设计的软件结构，模块之间相对独立，各模块可以独立地进行编程、测试、排错和修改，使复杂的研制工作得以简化；此外模块的相对独立性能有效防止错误在模块之间蔓延，提高系统的可靠性、可理解性和可维护性。

“自顶向下”设计，概括地说，就是从整体到局部再到细节，即将整体任务划分成若干子任务模块，子任务再分成若干子子任务模块，分层的同时明确各层次之间关系以及同一层次各个任务之间关系，经逐层细分，最后拟定出各个任务细节。

软件中的“自顶向下”设计，其要领如下：

①确定文件系统结构时要着眼全局，不要纠结于细枝末节。

②对于每一个程序模块，应明确规定其输入、输出和模块功能。

③重视模块间传递信息数据的接口设计。

结构化设计中的另一个重要思想是模块化。通常为了使程序易于编码、调试和排除错误，也为了便于检验和维护，总是设法把程序编写成一个个结构完整、相对独立的程序段，这样的一个程序段，可以看作为一个可调用的子程序（即一个程序模块）。把整个程序按照如上所述“自顶向下”的设计来分层分块，一层一层分下去，一直分到最下层的每一模块都能容易地编码时为止，就是所谓的模块化编程（Modular Programming）。

模块化编程有利于程序设计任务的划分，可以让具有不同经验的程序员承担不同功能的模块编程，有利于形成程序员自己的程序库。例如，各种可编程接口、电路的初始化程序以及各种数学计算程序等，都可划分为一个个独立的模块，允许被任意调用，而且也便于程序的修改。至于划分模块的具体方法，至今尚无公认的准则，大多数人是凭直觉、经验及一些特殊的方法来构成模块。但是在进行模块化编程时常常考虑下面一些原则，对编程将会有所帮助。

首先，模块不宜分得过大，过大的模块往往不具有普遍适应性，而且在编写和连接时可能会遇到麻烦；模块也不宜分得过小，过短过小的程序模块会增加工作量；其次，模块必须保证独立性，即一个模块内部的更改不影响其他模块；第三，模块只能有一个入口和一个出口，这是结构化的一个重要原则；第四，尽可能采用符号化参数，分离 I/O 功能和数值处理功能，减少共同存储单元等；第五，对一些简单的任务，不必勉强分块，因为在这种情况下，编写和修改整个程序比分配和修改模块要更容易一些。

按照结构化设计方法，不管仪表（甚至整个测控系统）的功能如何复杂，都可以将总体任务分解为较为简单的子任务来分别完成，仪表功能再强，分析设计工作的复杂程度不会随之增大，只不过多分解几层而已。

（2）结构化编程

在完成软件系统的总体结构设计后，每一个模块的算法和数据结构由结构化编程方法来确定,其基本要求是：为确保模块逻辑清晰,应使所有模块只用单入口、单出口和顺序、分支、循环三种基本控制结构，尽量减少使用无条件转移语句。

结构化程序设计的优点是：

①由于每个结构只有一个入口和出口，故程序的执行顺序易于跟踪，便于查错和测试。

②由于基本结构是限定的，故易于装配成模块。

③易于用程序框图来描述。

结构化编程要求在设计过程中采用“自顶向下”逐步求精的设计方法，但是在具体编程时最好采用“自底向上”的方法，即从最底层的模块开始编程，然后进行上一层模块的编程，直至最后完成。这样每编完一层便可进行调试，等最顶层的模块编好并调试完后，整个程序设计也就完成了。实践证明，这种方法可大大减少系统调试的工作，而且不易出现难以排除的故障或问题。

采用结构化编程，无论一个程序包含多少个模块，每个模块包含多少个控制结构，整个程序仍能保持结构清晰，从而使所设计的程序具有易读性、易理解性、通用性好且执行时效高等优点。

8.1.2 软件功能测试

（1）测试目的

为了证明所编制出来的软件没有错误，需要花费大量的时间进行测试，有时测试工作量比编制软件本身所花费的时间还长。测试的目的并非是说明程序能正确地执行它应有的功能，而是假定程序中存在错误，因而要通过执行这个程序来发现尽可能多的错误。所以测试是“为了发现错误而执行程序”。这一定义对如何设计测试时所选用的实例、什么人应该参加测试等一系列问题有很大影响。

（2）测试方法

测试的关键是如何设计测试方法。常用的方法有功能测试法和程序逻辑结构测试法两种。

功能测试法并不关心程序的内部逻辑结构和特性，而只检查软件是否符合它预定的功能要求。因此，用这种方法来设计测试用例时，是完全根据软件的功能来设计的。

如果想用功能测试法来发现一个智能仪表的软件中可能存在的全部错误，则必须设想出仪表输入的一切可能情况，从而判断软件是否都能做出正确的响应。一旦仪表在现场中可能遇到的各种情况都已输入仪表，且仪表的处理都是正确的，则可认为这个仪表的软件是没有错误的。但事实上，由于疏忽或手段不具备，无法罗列出仪表可能面临的各种输入情况；即使能全部罗列出来，要全部测试一遍，在时间上也是不允许的。因此使用功能测试法测试过的仪表软件仍有可能存在错误。

程序逻辑结构测试法是根据程序的内部结构来设计测试用例。用这种方法来发现程序中可能存在的所有错误，至少必须使程序中每种可能的路径都被执行过一次。图 8.1 是一个小程序的控制流程图。若要使程序走过所有路径，则有 ABCDG、ABCEG、ABFG 三种走法。随着软件结构的复杂化，可能的路径就越来越多，以至最终不可能试遍所有路径。另外，即使试遍所有路径，也不能保证程序一定符合它的功能要求，因为程序中的有些错误与测试数据有关而与路径无关。

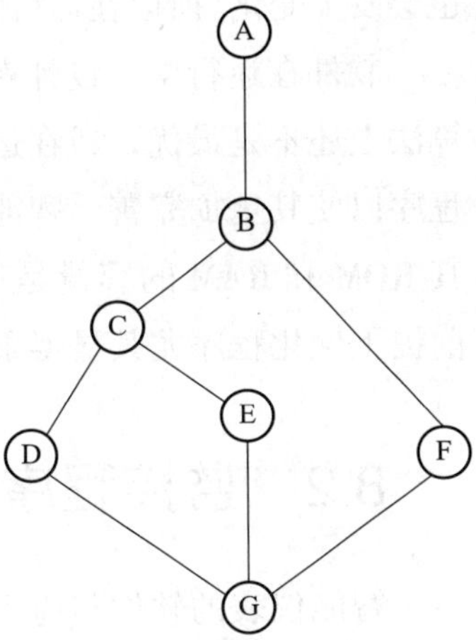

图8.1 控制流程示例

每一种测试方法都各有所长，实际应用时常常将它们结合起来使用。通常采用功能测试法设计基本的测试方案，再利用程序逻辑结构测试法作必要的补充。

（3）测试的基本原则

既然彻底的测试几乎是不可能的，就应考虑怎样来组织测试和设计测试用例，以提高测试的效果。下面是软件测试应遵循的基本原则：

应避免设计者本人测试自己的程序，由编程者以外的人来进行测试会获得较好的效果。

测试用例应包括输入信息和与之对应的预期输出结果两部分，否则由于对输出结果心中有数，会将一些不十分明显的错误输出当作正确结果。

设计测试用例时，不仅要选用合理的输入数据，更应选用那些不合理的输入情况，以观察仪表的输出响应。

测试时除了检查仪表软件是否做了它该做的工作外，还应检查它是否做了不该做的事。

测试完成后，应妥善保存测试用例、出错统计和最终分析报告，以便下次需要时再用，直至仪表的软件被彻底更新为止。

8.1.3 软件的运行、维护和改进

经过测试的软件仍然可能隐含着错误，同时，用户的需求也经常会发生变化。实际上用户在仪表及整个系统未正式运行前，往往不可能把所有的要求都提完全。当投运后，用户常常会改变原来的要求或提出新的要求。另外，仪表运行的环境也会发生变化。所以在运行阶段仍需对软件进行继续排错、修改和扩充等维护工作。

软件在运行中，设计者常常会发现某些程序模块虽然能实现预期功能，但在算法上还不是最优，或在运行时间、占用内存等方面还需要改进，这就需要修改程序以使其更加完善。智能仪表由于受到仪表机械结构空间及经济成本的约束，其 ROM 和 RAM 的容量是有限的，而它的实时性要求又很强，故在保证功能的前提下优化程序尤其显得重要。

8.2 监控程序设计

智能仪表的软件与通用微型计算机系统不同，后者的命令主要来自键盘或通信接口，而智能仪表则不仅要处理来自仪表按键、通信接口方面的来的命令，以实现人 - 机（对话）联系，而且要有实时处理能力，即根据被控过程（对象）的实时中断请求，完成各种测量、控制任务。所谓实时处理，是指仪表直接接受过程的信息采入数据，对其进行处理，并立即送出处理结果。

智能仪表的软件主要包括监控程序、中断服务程序和用于完成各种算法的功能模块。仪表的功能主要由中断服务和功能算法模块来实现。监控程序作为软件设计的核心，其主要作用是能及时地响应来自系统或仪表内部的各种服务请求，有效地管理仪表自身软、硬件及人 - 机联系设备，与系统中其他仪器设备交换信息，并在系统一旦出现故障时，提供相应的处理。

监控程序包括监控主程序和命令处理子程序两部分。监控主程序是监控程序的核心，主要作用是识别命令、解释命令并获得子程序的入口地址。命令处理子程序负责具体执行命令，完成命令所规定的各项实际动作，主要任务包括：

①初始化管理；

②自诊断，实现对仪表自身的诊断处理；

③键盘和显示管理，定时刷新显示器，分析处理按键命令并转入相应的键服务程序；

④中断管理，接收因过程通道或时钟等引起的中断信号，区分优先级，实现中断嵌套，并转入相应的实时测量、控制功能子程序；

⑤时钟管理，实现对硬件定时器的处理及由此形成的软件定时器的管理。

监控程序的组成主要取决于测控系统的组成规模，以及仪表和系统的硬件配备与功能，其基本组成如图 8.2 所示。监控主程序调用各功能模块，并将他们联系起来，形成一个有机整体，从而实现对仪表的全部管理功能。

各功能模块又由各种下层模块（子程序）所支持。智能仪表中常用模块如图 8.3 所示。

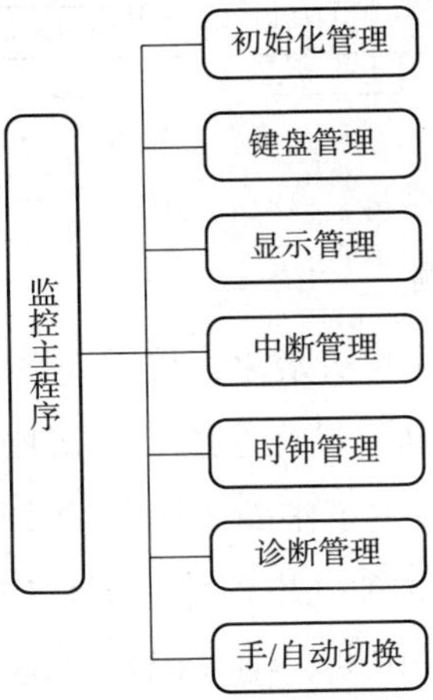

图 8.2　监控程序的基本组成

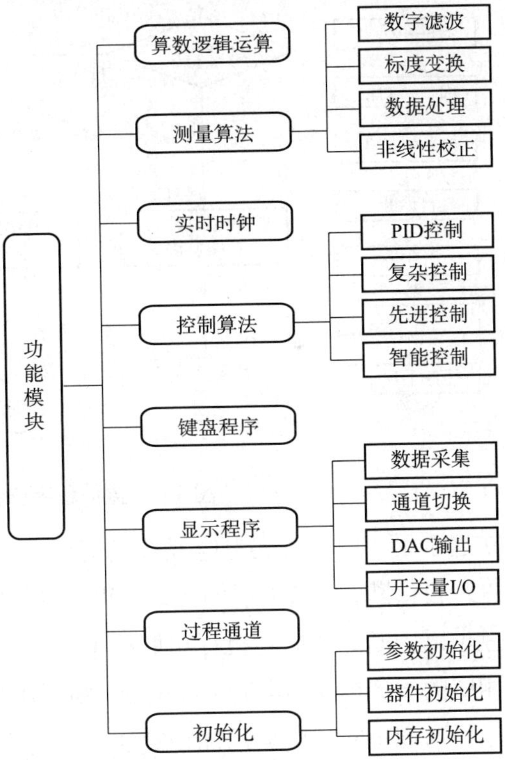

图 8.3　智能仪表的功能模块图

8.2.1　监控主程序

监控主程序是整个监控程序的一条主线，上电复位后仪表首先进入监控主程序，监控主程序一般都放在 0000H 单元开始的 ROM 中。

如果把整个软件比作一棵树，则监控主程序就是树干，相应的处理模块就是树枝和树叶。监控主程序引导仪表进入正常运行，并协调各部分软、硬件有条不紊地工作。监控主程序通常可调用可编程器件、输入 / 输出端口和参数的初始化，自诊断管理，键盘显示管理，以及实时中断管理和处理等模块，是“自顶向下”结构化设计中的第一个层次。除了初始化和自诊断外，监控主程序一般总是把其余部分连接起来，构成一个无限循环圈，仪表的所有功能都在这一循环圈中周而复始或有选择地执行，除非掉电或按复位（RESET）键，否则仪表不会跳出这一循环圈。由于各个智能仪表的功能不同、硬件结构不同、程序编制方法不同，因而监控主程序没有统一的模式。图 8.4 给出一个微机温控仪监控主程序示例。

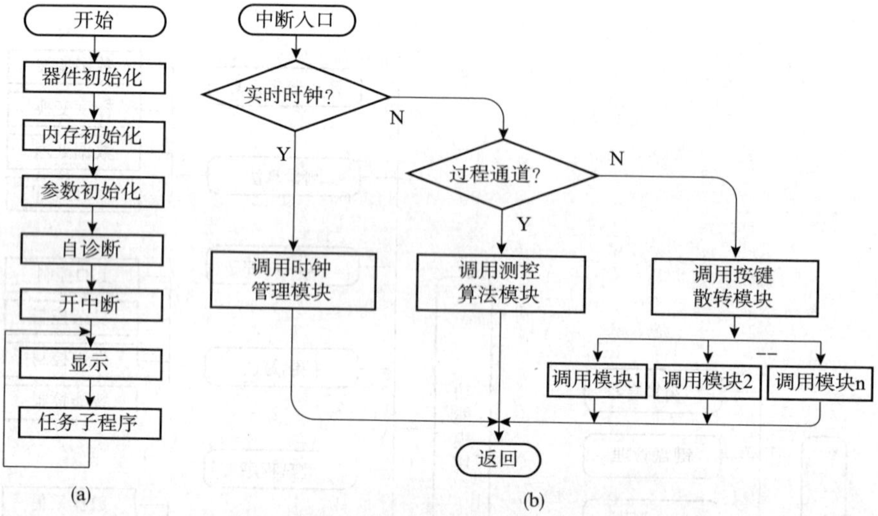

图8.4　监控程序流程图示例

在这个示例中，仪表上电或按键复位后，首先进入初始化，接着对各种硬件模块进行自诊断，自诊断后即开放中断，等待实时时钟、过程通道及按键中断（这里键盘也以中断方式向主机提出服务请求）。一旦发生了中断，则判明中断源后进入相应的服务模块。若是时钟中断，则调用相应的时钟处理模块完成计时处理；若是过程通道中断，则调用测控算法；若是面板按键中断，则去识别键码并进入散转程序，随时调用相应的键服务模块；若是通讯中断，则转入相应的通信服务子程序。无论是哪一个中断源产生中断，均会在执行完相应的中断服务程序后，返回监控主程序，必要时修改显示内容，并开始下一轮循环。

值得指出的是：在编写各种功能模块时，必须考虑到模块在运行时可能遇到的所有情况，使其在运行后均能返回主程序中的规定入口。特别要考虑到可能出现的意外情况，如做乘法时结果溢出、做除法时除数为零等，使程序不致陷入不应有的死循环或进入不该进入的程序段，导致程序无法正常运行。

8.2.2 初始化任务

初始化管理主要包括可编程器件初始化、内存及堆栈初始化和参数初始化三部分。

可编程器件初始化是指对可编程硬件接口电路的工作模式的初始化。微机化测控系统中常用的可编程器件有早期的键盘显示管理接口 8279、I/O 和 RAM 扩展接口 8155、并行输入 / 输出接口 8255、定时计数器接口 8253 等及现在的新型 ADC，DAC 等器件。这些器件的初始化都有固定的格式，只是格式中的初始化参数随用户使用方式不同而异。因此，都可编成一定的子程序模块，随时调用。

内存及堆栈初始化就是复位后首先在用户 RAM 中确定一个堆栈区域。堆栈是微处理器中一个十分重要的概念，它是实现实时中断处理的和子程序调用必不可少的一种存储架构。大多数微处理器允许设计人员在用户 RAM 中任意开辟堆栈区域并采用向上或向下生长的堆栈结构，由堆栈指示器 SP 来管理。剩下的 RAM 空间合理分配给系统的相应功能模块使用。

参数初始化是指对测控系统的整定参数（如 PID 算法的 K_P、T_I 和 T_D 三个参数的初值）、报警值以及过程输入通道的数据与过程输出通道的数据初始化。系统的整定参数初值由被控对象的特性确定。对于过程输入通道的数据初值，例如采样初值、偏差初值、多路电子开关的初始状态、滤波初值等，一般由测量控制算法决定。对于过程输出通道，通常都置模拟量输出为 0 状态或其他预定状态，置开关量输出为无效状态，如继电器处于释放状态等。

根据结构化思想，通常把这些可调整初始化参数集中在一个模块中，以便集中管理，也作利于实现模块独立性。初始化管理模块作为监控程序的重要功能，通过分别调用上述三类始化功能模块，实现对整个测控系统中有关器件的初始化。

8.3 键盘管理程序设计

微机化测控系统的键盘可以采用编码式键盘，如 HD7279A，INTEL8279 及 MAX7370 等可编程键盘显示管理接口，也可采用软件扫描（非编码）方式。但不论采用哪一种方法，在获得当前按键的编码后，都要设法转入相应键服务程序的入口，以便完成相应的功能。各键所应完成的具体功能，由软件设计者根据总体要求，兼顾软、硬件，从合理、方便、经济等因素出发来确定。键盘管理可分为一键一义和一键多义两种方式。

8.3.1 一键一义的键盘管理

智能仪器系统的功能如果不复杂，按键定义可以设计的比较简单，可以使用一键一义，即一个按键代表一个确切的命令或一个数字。编程时只要根据当前按键的编码把程序直接转到相应的处理模块的入口，而无须知道在此以前的按键情况。

键盘信号的获得有三种方法：

第一种是查询法。主程序用扫描键盘等手段来获取键盘信息。微处理器周而复始地扫描键盘，当发现按键时，首先判别是命令键还是数字键。若是数字键，则把按键读数读入存储器，通常还进行显示。若是命令键，则根据按键读数查阅转移表，以获得处理子程序的入口。处理子程序执行完后继续扫描键盘，如图 8.5（a）所示。进行一键一义的键盘管理的核心是一张一维的转移表，如图 8.5（b）所示，在转移表内顺序登记了各个处理子程序的转移指令或入口标号。

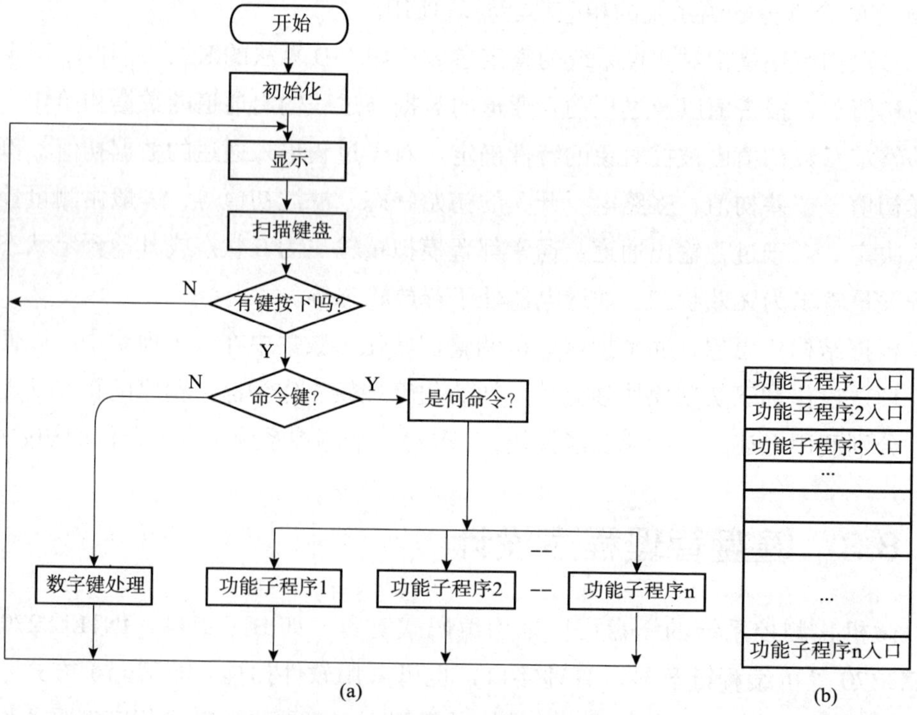

图 8.5 查询法程序流程图

对于图 8.5，下面是一键一义的键值查询法处理程序。进入该程序时，程序根据键值来执行相应的定义好的按键功能。

```
if(key_flag == 1)            // 按键按下标志；=1，有键按下；=0，无键按下
{
    key_flag = 0 ;
    switch(keyvalue)
    {
                case 0:
                  {
                        …….. // “0”的处理
                  }break;
                case 1:
                  {
                        …….. // “1”的处理
                  }break;
                case 2:
                  {
                        …….. // “2”的处理
                  }break;
                case 3:
                  {
                        ……..
                  }break;
                        ……..
                        ……..
                case 14:
                  {
                        …….. // “14”的处理
                  }break;
                case 15:
                  {
```

```
                    ……..  // "15" 的处理
                    }break;
                default:  break;
    }
}
```

第二种办法是中断方法，按下任何键都引起一个中断请求，键码分析过程放在中断子程序中。这种方法需独自占用一个外部中断源，其监控程序结构如图 8.6（a）所示。

第三种办法是定时查询方法，每隔一定时间查询一次键盘，由于时间间隔通常很短，对操作者来说键盘的响应是实时的，键盘的查询过程安排在定时中断程序中完成，其监控程序的结构框图如图 8.6（b）所示。

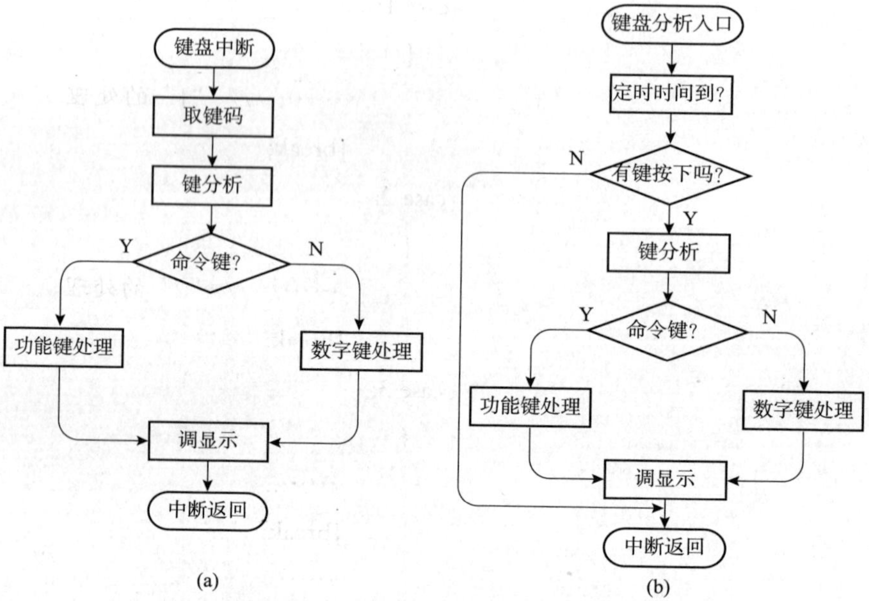

图8.6　中断法和定时法程序流程图

8.3.2　一键多义的键盘管理

对于功能复杂的微机化系统，若仍采用一键一义，则按键使用往往过多。这使面板难以布置，操作也不方便。因此，有些键盘设计成一键多义，一个按键有多种功能，例如一个按键可以有多个功能含义，程序特殊设计后既可作命令键，又可作数字键。

在一键多义的情况下，一个命令不是由一次按键，而是由一个按键序列所组成。换句话说，对一个按键含义的解释，除了取决于本次按键外，还取决于以前按了些什么键。因此对于一键多义的监控程序，首先要判断一个按键序列（而不是一次按键）是否已构成一个合法命令。若已构成合法命令，则执行命令，否则等待新按键输入。

一键多义的监控程序仍可采用转移表法进行设计，不过这时要用多张转移表，组成一个命令的前几个按键起着引导的作用，把控制引向某张合适的转移表，根据最后一个按键编码查阅该转移表，就找到要求的子程序入口。按键的管理可以用查询法，也可以用中断法。由于有些按键功能往往需执行一段时间，例如修改一个参数，采用单键递增（或递减）方法，当参数的变化范围比较大时，运行时间就比较长。这时若用查询法处理键盘，会影响整个系统的实时处理功能。此外，微机化系统监控程序具有实时性，一般按键中断不应干扰正在进行的控制运算（控制运算一般比按键具有更高的优先级，除非是“停止运行”等按键）。考虑到这些因素，常常把键服务设计成比过程通道中断低一级的中断源。

下面举一个例子来说明一键多义键服务处理方法。

设一个 8 回路微机测控仪有 6 个按键：C（回路号 1~8，第 8 回路为环境温度补偿，其余为控温点）、P（参数号，有设定值，实测值，P、I、D 参数值，上、下限报警值，输出控制值等 9 个参数、△（加一）、▽（减 1）、R（运行）和 S（停止运行）。显然，这些按键都是一键多义的。C 键对应了 8 个回路，且第 8 回路（环境温度补偿回路）与其余 7 个回路不同，它只有实测值一个参数，没有其他参数。P 键对应了每一回路（除第 8 回路外）的 8 个参数。这些参数，有的能执行± 1 功能，如设定值，P、I、D 参数，上、下限报警值；有的不能修改，如实测温度值。△和▽键的功能执行与否，取决于在它们前面按过的 C 和 P 键；R 键的功能执行与否，则取决于当前的 C 值。为完成这些功能所设计的键分析流程图如图 8.7 所示。

根据图 8.7 流程图，可用 C51 编制如下的程序。因无特定对象，各按键服务子程序略。

设键编码 R：00H；S：01H；△：02H；▽：03H；C：04H 和 P：05H。变量 Loop_Number 为通道号，变量 Loop_Parameter 参数号。假设 Key_Value 用来存储键值。

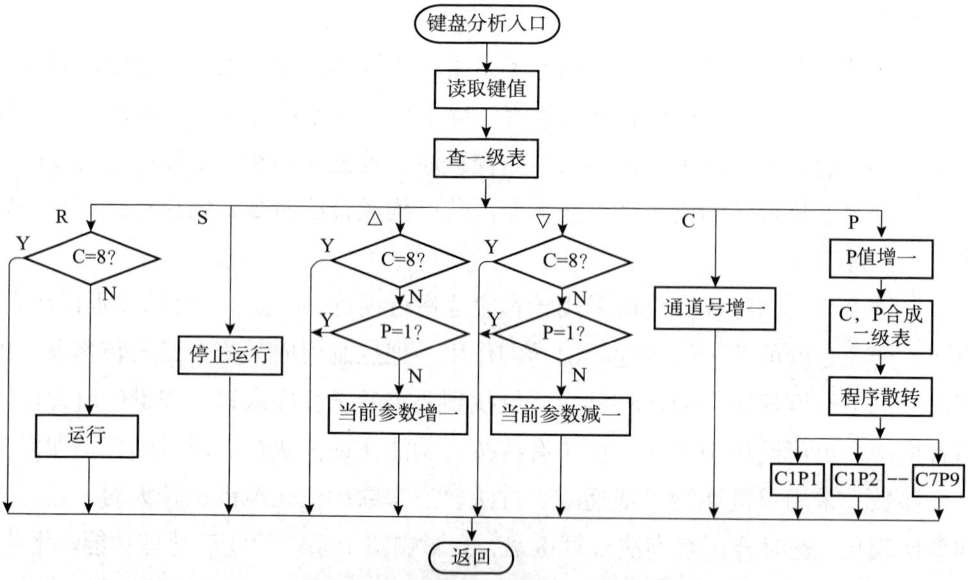

图8.7　一键多义键分析程序流程图

```
if(key_flag == 1)                    // 按键按下标志；=1，有键按下；=0，无键按下
{
    key_flag = 0 ;
    switch(Key_Value)
    {
                case 0:                       // “R”键的处理
                    {
                    if(Loop_Number !=8)
                    {
                        RUN();
                    }
                  }break;
                case 1:                       // “S”键的处理
                    {
                        STOP();
                    }break;
                case 2:                       // △（加 1）键的处理
                    {
```

```
            if(Loop_Number !=8)
            {
               if(Loop_Parameter!=1)
               {
                  switch(Loop_Parameter)
                  {
                     case 2:
                           ……  // 当前参数加一
                     case 3:
                           ……  // 当前参数加一
                     ……
                     case 8:
                           ……
                  }break;
               }
            }
         }break;
case 3:                          // ▽（减 1）键处理
         {
            if(Loop_Number !=8)
            {
               if(Loop_Parameter!=1)
               {
                  switch(Loop_Parameter)
                  {
                     case 2:
                           ……  // 当前参数减一
                     case 3:
                           ……  // 当前参数减一
                     …….
                     case 8:
```

```
                        ……
                    }break;
                }
            }
        }break
    case 4:                              //C（通道号）键处理
        {
            Loop_Number ++;
            if(Loop_Number>9)
                Loop_Number = 1;
        }break;
    case 5:                              //P（参数号）键处理
        {
            Loop_Parameter++;
            if(Loop_Parameter >10)
                Loop_Parameter = 1;
            switch(Loop_Parameter)
            {
                case 1:
                    switch(Loop_Number)
                    {
                        case 1:
                            C1P1();
                        case 2:
                            C2P1();
                        …….
                        case 7:
                            C7P1();
                    }break;
```

```
                case 2:
                    switch(Loop_Number)
                    {
                        case 1:
                            C1P2();
                        case 2:
                            C2P2();
                        ……
                        case 7:
                            C7P2();
                    }break;
                ……
                case 9:
                    switch(Loop_Number)
                    {
                        case 1:
                            C1P9();
                        case 2:
                            C2P9();
                        ……
                        case 7:
                            C7P9();
                    }break;
                }break;
            }break;
        default:    break;
    }
}
```

上面的程序只是一键多义按键管理程序的一个示例。按排列规律，7 个回路（1~7），每个回路 9 个参数，共有 63 个转移入口，分别由 63 个键服务功能模块所支持。第 8 回路无参数，由其独立子程序 C8 单独处理。但实际上，针对一个具体的测控系统，往往不同回路的同一参数的服务功能是相同的，只是服务对象的地址（参数地址、I /O 地址等）不一样。因此在处理时，并不真的需要 63 个功能模块，可视实际情况予以合并。

8.4 显示、中断与时钟管理

8.4.1 显示管理

显示是实现人——机联系的主要途径。微机化系统的显示方式目前主要有模拟指示、数字显示和模拟数字混合显示三种。

对于选用模拟表头作为显示手段的，一般只要在过程输入通道的模拟量部分取出信号送入指示表即可，无需软件管理。

对于数字式显示，随着硬件方案的不同，软件显示管理方法也不同。例如，采用可编程显示接口电路与采用一般锁存电路（用静态或动态扫描法），其显示驱动方式大不相同，软件管理方法自然也不一样。

对于大多数微机化测控系统来说，显示管理软件的基本任务有如下三个方面。

（1）显示更新的数据

当输入通道采集了一个新的过程参数，或操作人员键入一个参数，或测控系统出现异常情况时，显示管理软件应及时调用显示驱动程序模块，以更新当前的显示数据或显示特征符号。

为了使过程信息、按键内容与显示缓冲器相衔接，设计人员可在用户 RAM 区开辟个参数区域，作为显示管理模块与其他功能模块的数据接口。

（2）多参数的巡测和定点显示管理

对于一个多路测控系统，每一路都有一个实测值。由于测控系统不可能为每一路的参数都设计一组显示器，因此，通常都采用巡回显示的方法辅以定点显示功能，即在一般情况下作巡回显示，而当操作人员对某一参数特别感兴趣时，可中止巡回方式，进入定点跟踪方式。方式的切换由面板按键控制。

在定点显示方式中，显示管理软件只是不断地把当前显示参数的更新值送出显示，而不改换通道或参数。

在巡回显示方式的显示管理软件中，每隔一定时间（例如 2s）改换一个新的显示参数，并显示该值。值得指出的是，延时时间一般不采用软件延时的方法，因为在软件延时期间，主机不能做其他事。因此，要采用一定的软件技巧来解决这一问题，这部分将在实时时钟部分介绍。

（3）指示灯显示管理

为了报警或使按键操作参数显示醒目，微机化测控系统常在面板上设置一定数量的指示灯（发光二极管）。指示灯的管理很简单，通常可由与某一指示灯有关的功能模块直接管理，例如，上下限报警模块直接管理上下报警指示灯，也可在用户 RAM 中开辟一个指示灯状态映像区，由各功能模块改变映像区的状态，该模块由监控主程序中的显示管理模块来管理。

8.4.2 中断管理

为了能及时处理各种可能事件，提高实时处理能力，所有的微机化测控系统几乎都具有中断功能，即允许被控过程的某一状态或实时时钟或键操作中断正在进行的工作，转而处理该过程的实时问题。当这一处理工作完成后，再回去执行原先的任务，即监控程序中确认的工作。一般说来，未经事先“同意”（开放中断），不允许过程或实时时钟申请中断。能够发出中断请求信号的外设或事件称为中断源。微机化测控系统中常见的中断源有过程通道、实时时钟、面板按键、通信接口和系统故障。

通常，微机化测控系统开机时，处于自动封锁中断状态，初始化结束后，监控主程序执行一条“开放中断”命令，使测控系统在一旦发现中断后，即能进入中断工作方式。

中断过程如下：

①必须暂时保护程序计数器的内容，以便使 CPU 在服务程序执行完时能回到它在产生中断之前所处的状态。

②必须将中断服务程序的入口地址送入程序计数器。这个服务程序能够准确地完成申请中断的设备所要求的操作。

③在服务程序开始时，必须将服务程序需要使用的 CPU 寄存器（例如累加器、进位位、专用的暂存寄存器等）的内容暂时地保护起来，并在服务程序结束时再恢复其内容。否则，当服务程序由于自身的目的而使用这些寄存器时，可能会改变这些寄存器的内容。那么当 CPU 回到被中断的程序时就会发生混乱。

④对于引起中断而将 $\overline{INT}$ 变为低电平的设备，系统必须进行适当的操作使 $\overline{INT}$ 再次变为高电平。

⑤如果允许发生中断，则必须将允许中断触发器再次置位。

⑥最后，恢复程序计数器原先保存的内容，以便返回到被中断的程序。

以上仅介绍了只有一个中断源的情况。事实上，在实际系统中往往有两个以上的中断源。因此设计者要根据测控系统的功能特点，确定多个中断源的优先级，在软件上作出相应处理。运行时，当多个中断源同时提出申请时，主机要识别出哪些中断源在申请中断，辨别和比较它们的优先级，优先响应级别高的中断请求。另外，当 CPU 在处理中断时，还要能响应更高级的中断请求，而屏蔽掉同级或较低级的中断请求。这就要求设计者精心安排多中断源的级别及响应时间，使次要工作不致影响主要工作。

中断是一个十分重要的概念。不同的微处理器的中断结构不同，处理方法也有区别。软件设计人员应充分掌握所选用的微处理器的中断结构，以设计相应的中断程序模块。中断模块分中断管理模块和中断服务模块两部分。微处理器一旦响应中断后所执行的具体服务内容，由各测控系统的功能所决定，所编写的程序无论在结构上，还是在处理方法上与非中断服分程序无特别的不同，故无须作特别的介绍。

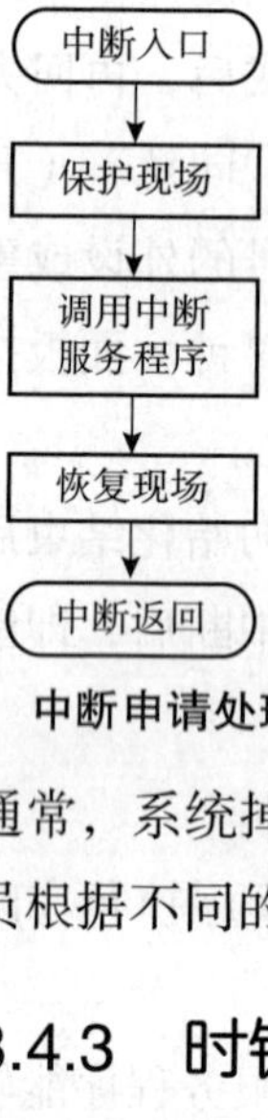

图8.8　中断申请处理流程

与前面的中断过程相对应，中断管理软件模块，通常应包括以下功能：断点现场保护，识别中断源和判断优先级；如果允许中断嵌套，则再次开放中断（单片机除外），中断服务结束后恢复现场，如图 8.8 所示。

通常，系统掉电总是作为最高级中断源。至于其他中断源的优先级，则由设计人员根据不同的计算机系统的功能特点来确定。

8.4.3　时钟管理

时钟是微机化测控系统中不可缺少的组成部分，主要作为定时器，并用于以下 7 个方面：

①过程输入通道的数据采样周期定时。

②过程输出通道控制周期的定时。

③参数修改，按键改变数字增减速度的定时（对一些采用 +/– 两个按键来修改参数的测控系统，通常总是先慢加减几步，然后快加减或呈指数速度变化）。

④多参数巡回显示时的显示周期定时。

⑤动态保持方式输出过程通道的动态刷新周期定时。

⑥电压——频率型 A/D 转换器定时电路。

⑦故障监视电路的定时信号。

实现上述各种定时，不外乎使用硬件、软件两种方法。

硬件方法是采用可编程定时 / 计数器接口电路（如 CTC、8253）以及单片机内的定时电路。使用时，只要在监控主程序的初始化程序或时钟管理程序中，对它进行工作方式预置和时间常数预置即可。但由于受到硬件上的限制，这种定时方法的定时间隔不可能做得太长，也难以用 1~2 个定时器实现多种不同时间的定时。软件延时方案虽然简单，仅编写一段程序而无需硬件成本，但要占用大量 CPU 时间，且实时性差，定时精度低，是一种不可取的方法。因此，在微机化测控系统中广泛采用的定时方法是软件与硬件相结合的方法。这种方案几乎不影响测控系统的实时响应，而且能实现多种时间间隔的定时。

在软件与硬件相结合的定时方法中，首先由定时电路产生一个基本的脉冲。硬件定时时间到，产生中断申请。监控主程序随即转入时钟中断管理模块。在设计软件结构时，可串行或并行地设置几个软件定时器（在用户 RAM 区）。若一个定时间隔是另一个的整数倍，软件定时器可设计成串行的；若不是整数倍，则可设计成并行的。当硬件定时中断一到，这些软件时钟分别用累加或递减方法计时，并由软件来判断是否溢出或回零（即定时时间到），这一程序段一般不会很长，故对测控系统的实时性影响极小。采用这一方法，可方便地实现多个定时器功能。时钟管理模块的任务仅是在监控主程序中对各定时器预置初值和在响应时钟中断过程中判断是否时间到。一旦时间到，则重新预置初值，并建立一个标志，以提示应该执行前述 7 种功能中的某项服务程序。服务程序的执行一般都安排在时钟中断返回以后进行。由查询中断中建立的标志状态来决定是否执行该功能。

8.5 硬件故障的自检

8.5.1 自检方式

自检就是利用事先编制的程序对测控系统的主要部件进行自动检测，以确定是否有故障以及故障的内容和位置。自检是微机化测控系统应具备的基本功能之一，也是提高可靠性和可维护性的重要手段之一。

一般地讲，故障诊断的基本原理是对被测部件输入一串数据——试验数据，然后观察相应的输出数据，并对观察结果进行分析，确定故障的内容和位置。试验数据、观察到的结果数据和故障的对应关系应在故障诊断前准备好。

微机化测控系统的自检方式可分为三种类型：

（1）开机自检

开机自检在电源接通或系统复位之后进行。自检中如果没发现问题，就进入测控程序；如果发现问题，则及时报警，以避免测控系统带病工作。开机自检是对测控系统正式投入运行之前所进行的全面检查。

（2）周期性自检

周期性自检是指在测控系统运行过程中，间断插入的自检操作。这种操作可以保证测控系统在使用过程中一直处于正常状态。周期性自检不影响测控系统的正常工作，因而只有当出现故障给予报警时，用户才会觉察。

（3）按键自检

具有键盘自检功能的测控系统面板上应设有“自检”按键，当用户对系统的可信度发出怀疑时，便通过该键来启动一次自检过程。

自检过程中，如果检测到系统出现某些故障，应该以适当的形式发出指示。微机化测控系统一般都借用本身的显示器，以文字或数字的形式显示“出错代码”，出错代码通常以“Error X”字样表示，其中“X”为故障代号，操作人员根据“出错代码”，查阅操作手册便可确定故障内容。除了给出故障代号之外，往往还给出指示灯的闪烁或者音响报警信号，以提醒操作人员注意。

微机化测控系统的自检项目与其功能、特性等因素有关。一般来说，自检内容包括ROM、RAM、总线、显示器、键盘以及测控电路等部件的检测。测控系统能够进行自检的项目越多，使用和维修就越方便，但相应的硬件和软件也越复杂。

8.5.2 自检算法

（1）ROM或EPROM的检测

由于ROM中存在着测控系统控制软件，因而对ROM的检测是至关重要的。ROM故障的检测常用“校验和”方法，具体做法是：在将程序机器码写入ROM的时候，保留一个单元（一般是最后一个单元），此单元不写程序机器码而是写“校验字”，“校验字”应能满足ROM中所有单元的每一列都具有奇数个1。

自检程序的内容是：对每一列数进行异或运算，如果 ROM 无故障，各列的运算结果应都为“1”，即校验和等于 FFH，这种算法如表 8.1 所示。

表 8.1 校验和算法

ROM 地址	ROM 中的数值								备注
0	1	1	0	1	0	0	1	0	
1	1	0	0	1	1	0	0	1	
2	0	0	1	1	1	1	0	0	
3	1	1	1	1	0	0	1	1	
4	1	0	0	0	0	0	0	1	
5	0	0	0	1	1	1	1	0	
6	1	0	1	0	1	0	1	0	
7	0	1	0	0	1	1	1	0	校验字
----	1	1	1	1	1	1	1	1	校验和

理论上，这种方法不能发现同一位上的偶数个错误，但是这种错误的概率很小，一般可以不予考虑。若要考虑，须采用更复杂的校验方法。

（2）RAM 的检测

数据存储器 RAM 是否正常可通过校验其“读写性能”的有效性来体现的。通常选用特征字 55H（01010101B）和 AAH（10101010B），分别对 RAM 中每一个单元进行先写后读的操作，其自检流程图如图 8.9 所示。

判别读 / 写内容是否相符的常用方法是“异或法”，即把 RAM 单元的内容求反并与原码进行“异或”运算，如果结果为 FFH，则表明该 RAM 单元读写功能正常；否则，说明该单元有故障。最后再恢复原单元内容。上述检验属于破坏性检验，只能用于开机自检。若 RAM 中已存有数据，在不破坏 RAM 中原有内容的前提下进行检验就相对麻烦一些。

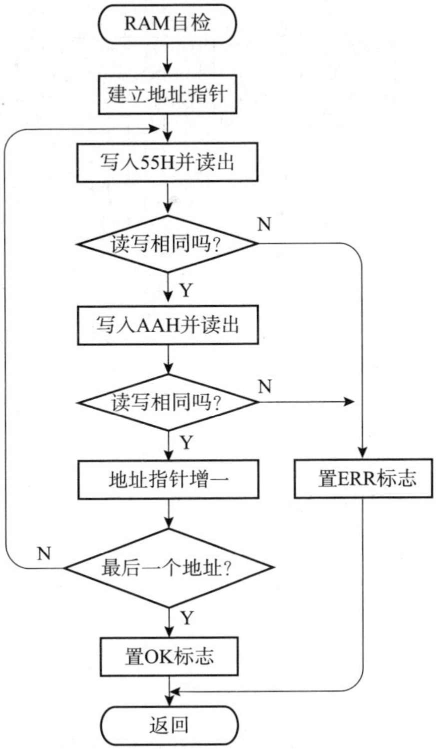

图 8.9 RAM 自检流程图

（3）总线的自检

许多微机化测控系统中的微处理器总线都是经过缓冲器再与各 I/O 器件和插

件等相连接，这样即使缓冲器以外的总线出了故障，也能维持微处理器正常工作。这里所谓总线的自检是指对经过缓冲器的总线进行检测。由于总线没有记忆能力，因此设置了两组锁存触发器，用于分别记忆地址总线和数据总线上的信息。这样，只要执行一条对存储器或 I/O 设备的写操作指令，地址线和数据线上的信息便能分别锁存到这两组 8D 触发器（地址锁存触发器和数据锁存触发器）中，通过对这两组锁存触发器分别进行读操作，便可判知总线是否存在故障，实现原理如图 8.10 所示。

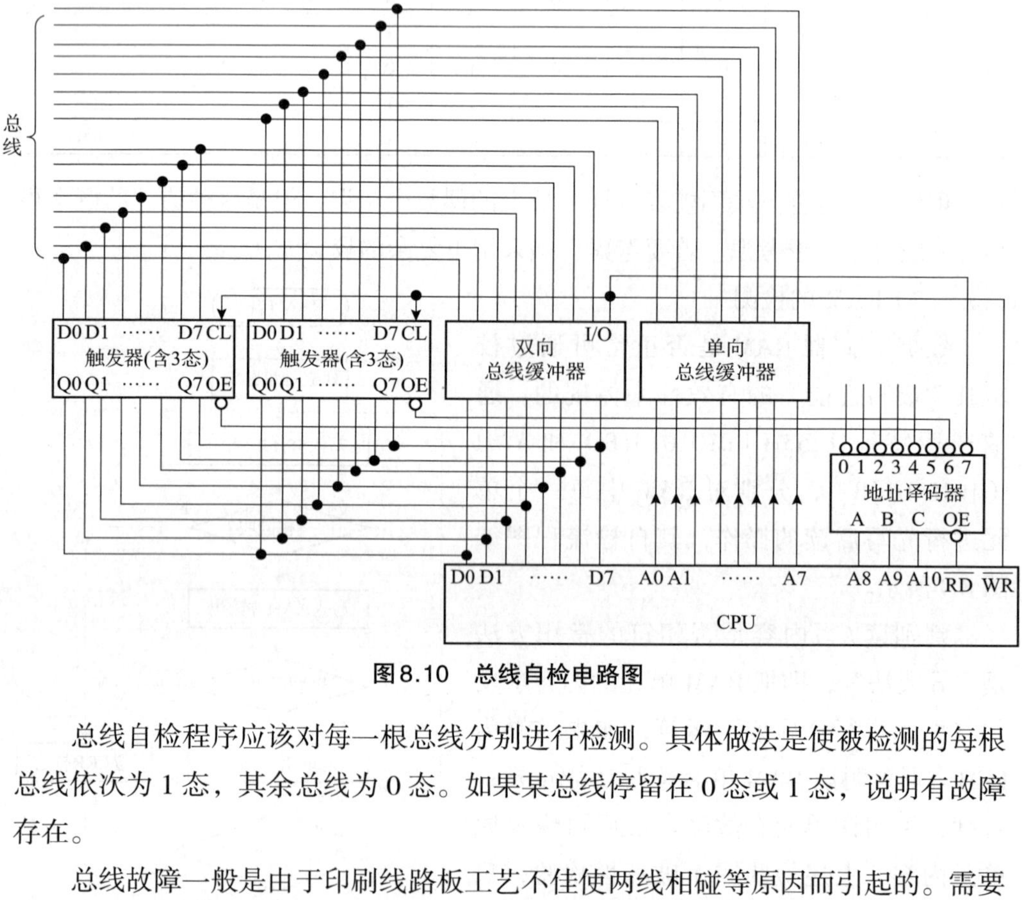

图8.10　总线自检电路图

总线自检程序应该对每一根总线分别进行检测。具体做法是使被检测的每根总线依次为 1 态，其余总线为 0 态。如果某总线停留在 0 态或 1 态，说明有故障存在。

总线故障一般是由于印刷线路板工艺不佳使两线相碰等原因而引起的。需要指出的是，存在自检程序的 ROM 芯片与 CPU 的连线应不通过缓冲器；否则，若总线出现故障便不能进行自检。

（4）显示器与键盘的检测

显示器、键盘等 I/O 设备的检测往往采用与操作者合作的方式进行。检测程序的内容为：先进行一系列预定的 I/O 操作，然后操作者对这些 I/O 操作的结果进行验收，如果结果与预先的设定一致，就认为功能正常；否则，应对有关I/O通道进行检修。

键盘检测的方法是，CPU每取得一个按键闭合的信号，就反馈一个信息。如果按下某单个按键无反馈信息，往往是该键接触不良；如果按某一排键均无反馈信号，则一定与对应的电路或扫描信号有关。

七段式LED显示器的检测一般有两种方式：一是让各显示器全部发亮，即显示出8.8.8.…，当显示表明显示器各发光段均能正常发光时，操作人员只要按任意键，显示器应全部熄灭片刻，然后脱离自检方式进入其他操作。二是让显示器显示某些特征字，几秒钟后自动进入其他操作。

思考题

1. 结构化编程的优点有哪些？
2. 软件功能测试的目的是什么？
3. 智能仪器的监控程序是个什么样的结构？
4. 监控程序的作用是什么？
5. 键盘管理的一键一义是指什么？
6. 键盘管理的一键多义的提出目的是什么？
7. 智能仪器中实现时钟管理的功能单元是什么？
8. 智能仪器的自检算法有哪几种形式？

9　智能仪器设计的相关技术

随着科技的飞速发展，智能仪器也随着进步，许多新技术应用设计中，包括抗干扰技术，低功耗设计，网络通信技术，开关电源技术，机电一体化技术，CAD/CAM 软件技术等。本章主要介绍前三个技术。

9.1　抗干扰技术

9.1.1　噪声的定义和种类

电子电路中所称的噪声可以概括地认为是对有用信号以外的所有电子信号的一个总称。

在电子学中常使用的干扰这个术语，干扰被定义为：由外部噪声和无用电磁波在接收中所造成的骚扰。或定义为：在接收一所需信号时，非所需能量造成的扰乱效应，包括其他信号的影响、杂散发射、人为噪声等，自然噪声一般不计算在内。

下面要介绍的干扰，是指电子电路中的干扰，是整个系统或设备中的一个部分或其基本组成部分中的干扰。因此，抑制这部分本身产生的干扰和防止外界干扰的侵入是至关重要的。

抗干扰的定义是：结合电路的特点使干扰减少到最小。一个电子电路（甚至设备或系统），一方面害怕外界干扰的入侵，另一方面它又可能对其他电路产生干扰。因此，每一个电子电路、设备或系统在受干扰和干扰方面是有侧重点的，如低电平电路是受干扰的，所以主要是考虑防止外来干扰，而电源、振荡电路等主要是干扰源，要防止它干扰其他电子设备。

噪声是一种电子信号，而干扰是指某种效应，是由于噪声原因使电路产生的一种不良反应。

由于分类的角度不同，噪声的分类在各种文献中并不一样。在这里，从几个角度来对电子系统的噪声进行分类。

（1）从噪声表现的状态来分类

从噪声表现的状态可以把噪声分为规则噪声、连续的不规则噪声、间歇和瞬时噪声。

（2）从造成噪声的机理来分类

从造成噪声的机理来看，可分成内部噪声和外部噪声两大类。内部噪声又可分为热噪声、颤噪噪声、散粒噪声、交流噪声、热电势噪声、自激振荡和电化电势噪声等。外部噪声可分为人为噪声和自然噪声两种，人为噪声包括火花放电噪声、脉冲式噪声、开关式噪声和电波噪声等；自然噪声包括大气噪声、太阳系噪声和宇宙噪声等。

（3）根据噪声频率来分类

根据噪声频率，一般将噪声分为低频噪声和高频噪声两种。

（4）根据噪声对于电路作用的形态来分类

噪声对于电路作用的形态有两种：一种是串模，另一种是共模。

串模干扰就是串联于信号回路之中，使两根信号线之间存在一个电位差。串模干扰也称为线间干扰、横向干扰或差模干扰。图 9.1 是串模干扰示意图。产生串模干扰的主要原因为信号线分布电容的静电耦合、信号线传输距离较长引起的互感、空间电磁的电磁感应以及工频干扰等。串模干扰常常使放大器饱和、灵敏度下降和零点偏移。

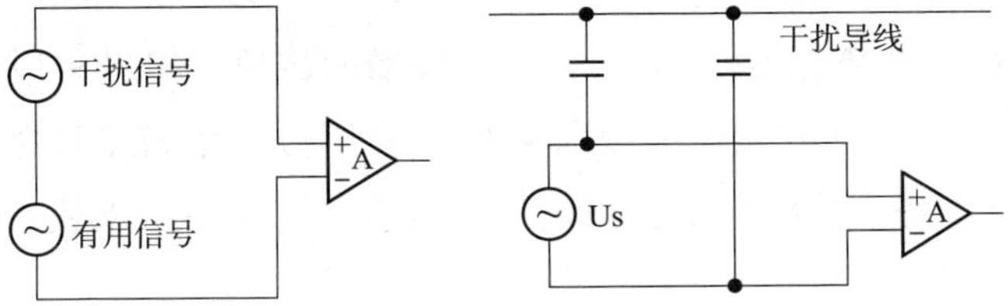

图9.1　串模干扰示意图

图 9.2 所示是共模干扰示意图。共模干扰为两根传输信号线上共同存在着对地干扰电压；当现场信号源的地与信号放大器的地之间相隔一段距离（如几十

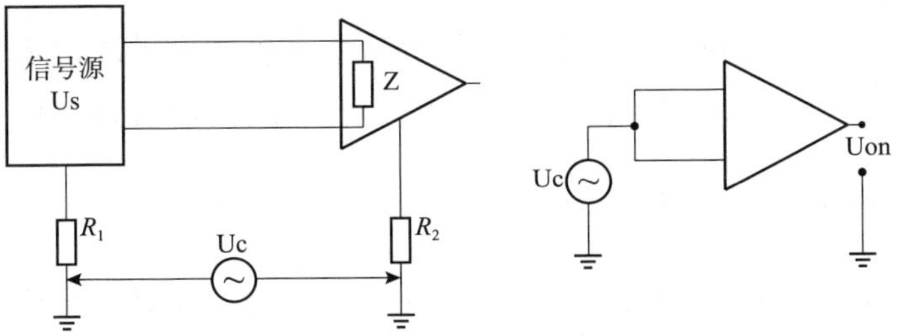

图9.2　共模干扰示意图

米），两地之间往往存在一个电位差 U_C，这个 U_C 对信号放大器产生的干扰，称为共模干扰。共模干扰也称为纵向干扰。

9.1.2 干扰现象

干扰是一种无所不在、随时可能产生的客观的物理现象，是妨碍某一事件（事物）正常运行（发展）的各种因素的总称。在仪表中，除了有用信号外，其他信号均可以认为是干扰信号，譬如绝缘泄漏电流，导致绝缘性能下降；分布电容电流，影响有用信号；受磁力线感应产生的感应电流耦合在有效信号中；强电器件之间的放电电流，损坏仪表器件等。所以，干扰是影响仪表平稳运行的破坏因素。

干扰可能来自于空间（如电磁辐射），也可能是其他信号的耦合（如静电耦合、电磁耦合、公共阻抗耦合等），或是设备之间产生了互感。

对于有用信号，也存在着彼此干扰的现象，特别是强电信号对弱电信号的影响。通常认为电力电子与电力传动装置是强电装置，而大多数仪表，由于只需低电压供电（如几伏电源电压），工作电流也只有毫安级，所以是弱电装置。当强电设备对弱电仪表干扰时，会使仪表无法稳定工作，甚至损坏。

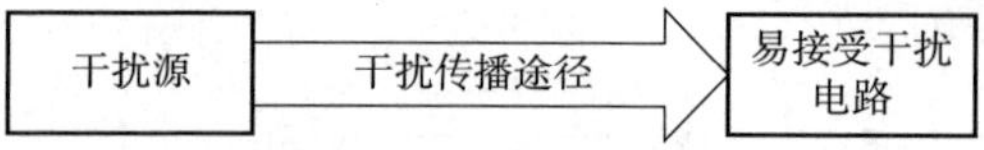

图9.3 干扰的形成

干扰形成有三个充要条件：干扰源；易接受干扰电路，如仪表；干扰传播的途径，如图 9.3 所示。

干扰源指产生干扰的元件、设备或信号，用数学语言描述如下：$\mathrm{d}u/\mathrm{d}t$，$\mathrm{d}i/\mathrm{d}t$ 大的地方就是干扰源。如：雷电、继电器、可控硅、电机、高频时钟等，都可能成为干扰源。

传播路径指干扰从干扰源传播到敏感器件的通路或媒介。典型的干扰传播路径是通过导线的传导和空间的辐射。

受干扰体指容易被干扰的对象，如 A/D、D/A 转换器，单片机，数字 IC，弱信号放大器等。

为了抑制干扰，必须从干扰形成的三个充要条件入手采取措施，因此抗干扰技术的基本原则为：抑制干扰源；切断干扰传播路径；提高仪器仪表的抗干扰性能。

9.1.3 干扰传播的途径

干扰虽然是一种破坏因素，但它必须通过传播途径才能影响到仪表。干扰的传播途径只有两个：有线传播和无线传播。有限传播的干扰一般为耦合型，大可覆盖有效信号，小可忽略不计；在一个有效的空间内，无线传播的干扰种类繁多，危害也较大。按照干扰产生的机理分析，影响仪表的干扰途径分为以下几大类。

（1）静电感应

各种导线之间、元件之间、线圈之间以及元件与地之间，都存在着分布电容。干扰电压经分布电容通过静电感应耦合于有效信号。图 9.4 为静电感应等效电路，U_1 为静电干扰电压，C 为分布电容，Z_2 为仪表或电路的等效阻抗，其静电感应噪声电压为：

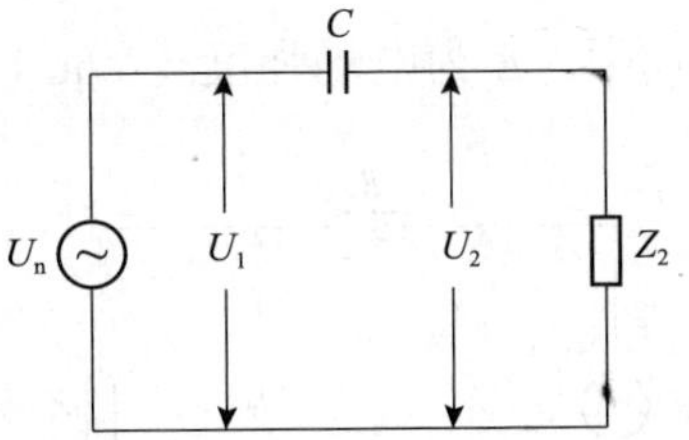

图9.4　静电感应耦合等效电路图

$$U_2 = j\omega CU_1Z_2$$

（2）电磁感应

由于干扰电流产生磁通，而此磁通是随时间变化的，它可在另一与之有互感的回路中产生电磁感应干扰电压。在仪表内部，印刷线路板中两根平行导线之间存在互感 M；在仪表外部，当两根导线在较长一段区间内平行架设时，也存在互感 M，图 9.5 为电磁感应等效电路，由电磁感应产生的电势为：

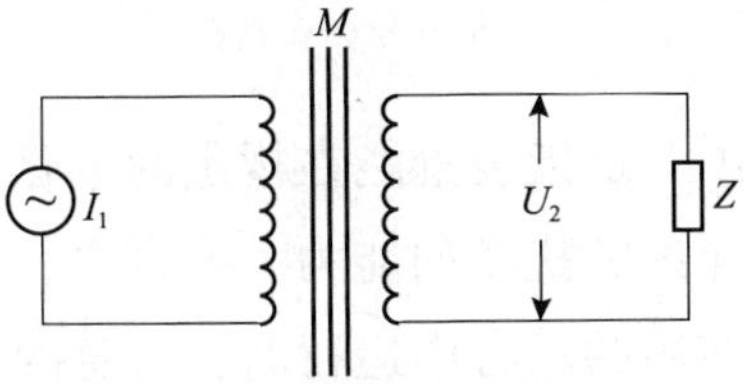

图9.5　电磁感应耦合等效电路

$$U_2 = j\omega MI_1$$

式中，I_1 为电磁干扰感应电流。

（3）公共阻抗

图 9.6 所示的是公共阻抗 R_C 的示意图，Z_1 和 Z_2 分别表示两个仪表（电路）的等效输入阻抗，它们的公共地线连接端 G 上产生的电压可等效为 Z_1 和 R_C 对电源 V_o 的分压以及 Z_2 和 R_C 对电源 V_o 的分压。若 $Z_1 \neq Z_2$，Z_1 与 Z_2 彼此产生干扰。若 G 端作为输出的公共点，对输出信号也有影响。

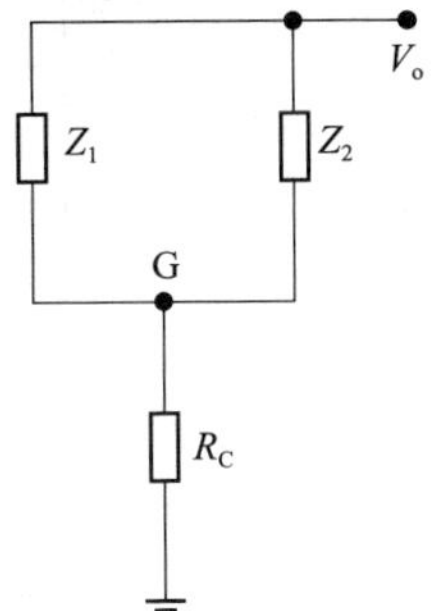

图9.6　公共阻抗示意图

（4）射电磁场

电磁场无所不在，在电能量交换频繁的地方，如电厂、变电站（所）相对更强。在高频电能变换装置中，强烈的电压和电流变化 $\mathrm{d}U/\mathrm{d}t$ 、$\mathrm{d}i/\mathrm{d}t$ 也产生辐射。而电源线、信号线在传输电源电压和电信号时，在线缆附近也产生电磁场。这种通电线缆，在电磁场中，接受电磁场影响产生感应电动势，同时也对空间进行电磁辐射，同天线一般，既辐射干扰波，也接受干扰波。而线缆所产生的感应电动势通过线缆对仪表、电路产生干扰。由辐射产生的干扰电压为：

$$U = E \times H$$

式中，E 为电场强度（V/m），H 为产生辐射干扰的天线的长度。

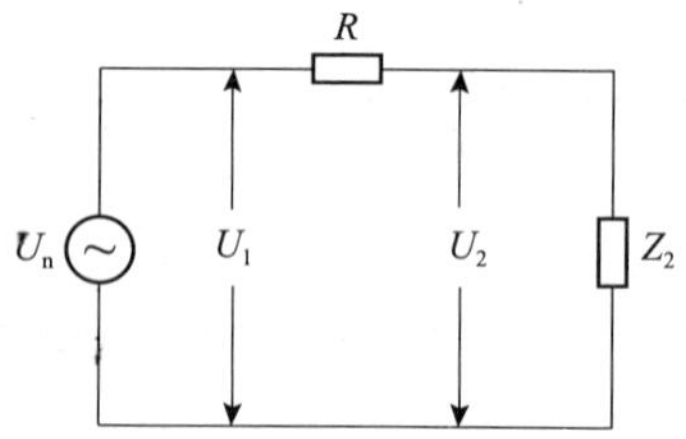

图9.7　漏电流耦合等效电路

（5）漏电流耦合

由于元器件的绝缘不佳和功率器件间距不够等而产生漏电和爬电现象，由此引入干扰，其等效电路如图 9.7 所示，图中 R 为绝缘电阻。干扰电压为：

$$U_2 = \frac{Z_2 U_1}{Z_2 + R}$$

9.1.4　电磁兼容设计

（1）电磁兼容性

电磁兼容性（Electromagnetic Compatibility，EMC）是指装置能在规定的电磁环境中正常工作，而不对该环境或其他设备造成不允许的扰动的能力。换言之，电磁兼容性是以电为能源的电气设备及其系统在其使用的场合中运行时，自身的电磁信号不影响周边的环境，也不受外界电磁干扰的影响，更不会因此发生误动作或遭到破坏，并能够完成预定功能的能力。

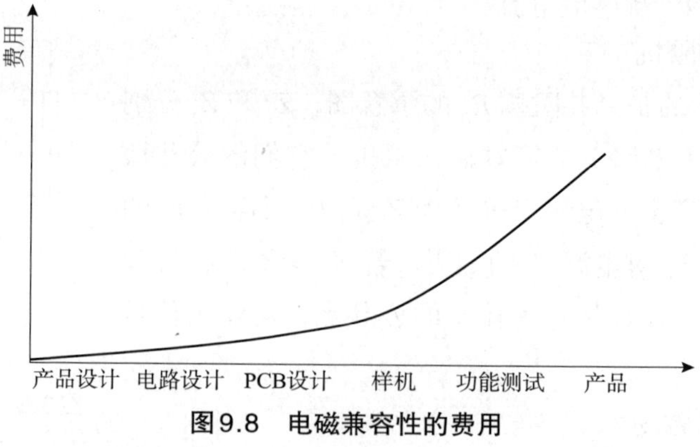

图9.8　电磁兼容性的费用

图 9.8 为在不同阶段处理电磁兼容性问题的费用，可见最经济、有效的电磁兼容性设计方法，是在设计的早期阶段，充分考虑评估电磁兼容性的技术要求。设计时要从系统级和板级两个层次考虑电磁兼容性问题。

（2）系统级层次

1）屏蔽技术。

屏蔽技术是利用金属材料对于电磁波具有较好的吸收和反射能力来进行抗干扰的。根据电磁干扰的特点选择良好的低电阻导电材料或导磁材料，构成合适的屏蔽体。屏蔽体所起的作用好比是在一个等效电阻（仪表）两端并联上一根短路线，当无用信号串入时直接通过短路线，对等效电阻（仪表）几乎无影响。

屏蔽一般分为 3 种：静电屏蔽、磁屏蔽和电磁屏蔽。

用导体做成的屏蔽外壳处于外电场时，由于壳内的场强为零，可使放置其内的电路不受外界电场的干扰；或者将带电体放入接地的导体内壳内，则壳内电场不能穿透到外部，这就是静电屏蔽。

磁屏蔽是用一定厚度的铁磁材料做成外壳，将仪表置于其内。由于磁力线很少能穿入壳内，可使仪表少受外部杂散磁场的影响。壳壁的相对磁导率越大，或壳壁越厚，壳内的磁场越弱。

电磁屏蔽是用一定厚度的导电材料做成外壳，由于进入导体内的交变电磁场产生感应电流，导致电磁场在导体中按指数规律衰减，而很难穿越导体，使壳内的导体不受到影响。

导线是信号传输的唯一通道，干扰将通过分布电容或导线分布电感耦合到信号中，因此导线的选取要考虑到电场屏蔽和磁场屏蔽，可用同轴电缆。屏蔽层要接地，同时要求同轴电缆的中心抽出线尽可能地短。有些元器件易受干扰，也可用铜铝及其他导磁材料制成的金属网包围起来，其屏蔽体（极）必须接地。

原则上，屏蔽体单点接地，在仪表内部选择一个专用的屏蔽接地端子，所有屏蔽体都单独引线到该端子上，而用于连接屏蔽体的线缆必须具有绝缘护套。在信号波长为线缆的 4 倍时，信号会在屏蔽层产生驻波，形成噪声发射天线，因此要两端接地；对于高频敏感的信号线缆，不仅需要两端接地，而且还必须贴近地线敷设。

仪表的机箱可以作为屏蔽体，可以采用金属材料制作箱体。采用塑料机箱时，可在塑料机箱内壁喷涂金属屏蔽层。

2）隔离技术。

隔离技术是抑制干扰的有效手段之一。仪表中采用的隔离技术分为两类：空间隔离及器件性隔离。

空间隔离技术包括：

①上述屏蔽技术的延伸。屏蔽技术是对仪表实施的一种包裹性措施，以排除静电、磁场和电磁辐射的干扰。若被屏蔽体内部的构成环节之间存在互扰，可采用空间隔离的方法，即把干扰体孤立起来，以抑制干扰。例如，负载回路中产生的热效应，可以通过机械手段与其他功能电路来实现温度场隔离。

②功能电路之间的合理布局。由于仪表由多种功能电路组成，当彼此之间相距较近时会产生干扰，应间隔一定的距离。例如，数字电路与模拟电路之间，智能单元与负载回路之间，微弱信号输入通道与高频电路之间等。

③信号之间的独立性。器件性隔离一般有信号隔离放大器、信号隔离变压器和光电耦合器，这些是通过电～磁～电、电～光～电的转换达到有效信号与干扰信号的隔离。

目前在智能仪表中采用最多的是光电隔离法。光电耦合器具有较强的抗干扰能力，同时还可以对主机形成一定的保护，使主机不会由于外部强干扰而造成损坏，如图 9.9 所示。

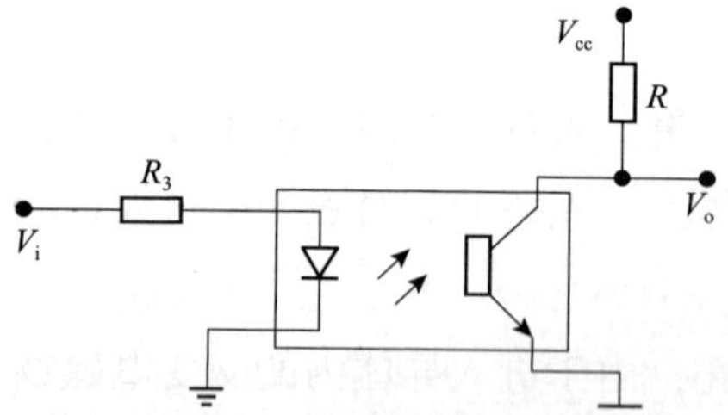

图9.9　光电耦合器电路

由于发光二极管的内阻非常小，只有几百欧姆，而干扰源的内阻一般很大，所以在发光二极管上得到的干扰电压是非常小的，因此大大削弱了干扰的强度。同时，由于发光二极管在有足够的电压和电流时才能发光，尽管干扰信号的电压很高，但其电流很小，则能量很小。因此它不足以驱动发光二极管发光，在光电隔离器的另一端就不会有干扰电压输出，图 9.10 是光隔前后的信号波形图。

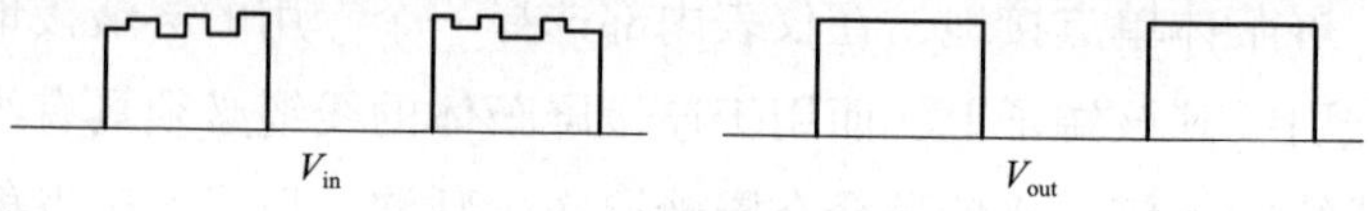

图9.10　光隔离前后的信号波形

3）接地技术。

接地技术是抑制干扰的有效技术之一，是屏蔽技术的重要保证。正确的接地能够有效地抑制外来干扰，同时可提高仪表自身的可靠性，减少仪表自身产生的干扰因素。

接地技术是关于地线的各种连接方法。仪表中所谓的地是一个公共基准电位点，可以理解为一个等电位点或等电位面。该公共基准点应用于不同的场合，就有了不同的名称，如大地、系统（基准）地、模拟（信号）地和数字（信号）地等。

接地的目的有两个：安全性和抑制干扰。因此，接地分为保护接地、屏蔽体接地和信号接地。

保护接地主要用在仪表的供电电源端，如图 9.11 所示。该仪表的供电电源 U_1 为交流 220V，电源插座的绝缘电阻为 R_1，仪表外壳（虚线框）与大地之间的电阻为 R_2，构成一个分压电路，则 A 点的电压 $U_A = (U_1R_2)/(R_1+R_2)$。正常条件下的 R_1 很大，几乎开路，$U_A = 0$，如果 R_1 由于各种原因而降低，甚至为零时，人体接触外壳，就要造成触电危险；如果仪表外壳可靠接地，令 $R_2 = 0$，强制将仪表外壳的电位变成大地电位，保证了人身安全，起到了保护作用。

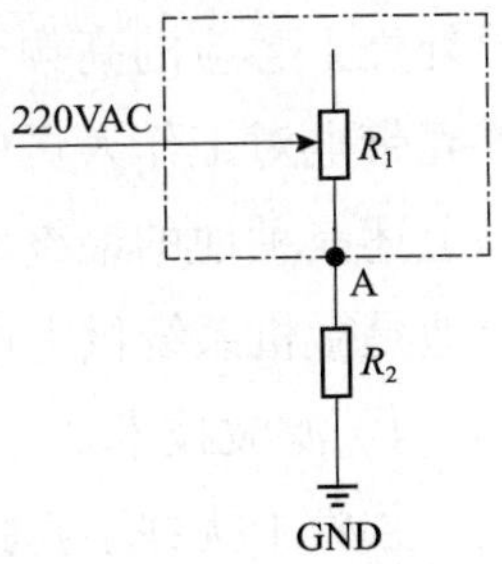

图9.11 保护电路示意图

屏蔽体接地及接地原则在屏蔽技术中已有论述。信号接地需要根据电路性质决定，可有以下几种接地方式。

①一点接地。

低频电路建议采用一点接地，有放射式接地线路和母线式接地线路。放射式接地方式就是电路中各功能电路的地直接用接地导线与零电位基准点连接；母线式接地线路是采用具有一定截面积的优质导电体作为接地母线，直接接至零电位点，电路中的各功能块的地可以就近接至该母线上。如果采用多点接地，在电路中形成多个接地回路，当低频信号或脉冲磁场经过这些回路时，会引发电磁感应噪声，由于每个接地回路的特性不一，在不同的回路闭合点产生电位差，形成干扰。

②多点接地。

高频电路宜用多点接地。高频时即使较短的地线也将有较大的阻抗压降，加之分布电容的作用，不可能实现一点接地，因此可采用平面式接地方式，利用一个良好的导电平面体（如采用多层线路板中的一层）接至零电位基准地上，各高频电路的地就近接至该地平面。由于导电平面的高频阻抗很小，基本保证了每个接地处电位的一致，同时增加旁路电容等减少接地回路的压降。

若电路中高低频均有，可将上述接地方法组合使用。

③微机系统的接地。

可分为直流模拟地、直流数字地、电源交流地、微机系统地、微机系统的安全保护地和防雷保护地。直流模拟地是传感器、变送器、放大器、模拟转换器、数模转换器的基准零电位，该地直接影响信号的精度，在微机系统中采用单点接地法。直流数字地是微机系统中所有数字型电路的基准零电位，该地线中具有高频性的脉冲工作电流，可采用接地母线，或在印刷线路板上依据信号走向构成地线闭合回路等。微机系统安全保护地的目的是使微机系统的外壳与大地等电位，给外壳上感应的高频干扰电压提供低阻抗的泄放通道，起到屏蔽作用，同时避免外壳带电对工作人员构成危险，所以安全地也称保护地或机壳地。微机系统地就是上述三种地的最终回流点，直接与大地相连，达到恒定的基准零电位。电源交流地是微机系统供电电源地，为动力线地，决不可与上述地连接。

4）滤波技术

共模干扰并不直接对电路引起干扰，而是通过输入信号回路的不平衡转换成串模干扰来影响电路的。对信号进行滤波是抑制串模干扰的常用方法之一。根据串模干扰的频率与被测信号频率的分布特性，选用低通、高通或带通滤波器等。滤波器有两种：一是由电阻、电容、电感构成的无源滤波器，二是基于反馈式运算放大器的有源滤波器。一般串模干扰的频率比实际信号大，因此可采用无源电容低通滤波器或有源低通滤波器。

（3）板级层次

1）元器件的选择和电路设计。

构成电路的基本单元是元器件，选择合适的元器件是抑制干扰的基本保证。每一种电子元件都有各自的特性，因此，要求在设计时仔细考虑。下面介绍一些常见的用来减少或抑制电磁干扰的元件和电路设计技术。

①电阻。由于表面贴装元件具有低寄生参数的特点，因此，表面贴装电阻总是优于有引脚的电阻。对于有引脚的电阻，应首选碳膜电阻，其次是金属膜电阻，最后是绕线电阻。

在放大器的设计中，电阻的选择非常重要。在高频环境下，电阻的阻抗会因为电阻的电感效应而增加。因此，增益控制电阻的位置应该尽可能地靠近放大器电路，以减少电路板的电感。

②电容。电容种类繁多，性能各异，它的使用可以解决许多 EMC 问题。

电解电容适用于低频终端，主要是存储器和低频滤波器领域。在中频范围（从 kHz 到 MHz），陶瓷电容比较合适，常用去耦电路和高频滤波。特殊的低损耗陶瓷电容和云母电容适于高频应用和微波电路。

为了得到最好的电磁兼容性，电容具有低的 ESR（Equivalent Series Resistance，等效串联电阻）值是很重要的，因为它会对信号造成大的衰减，特别是在应用频率接近电容谐振频率的场合。

电容在电路设计中常用作旁路电容和去耦电容。旁路电容一般作为高频旁路器件来减少对电源模块的瞬态电流需求。通常电解电容比较适合做旁路电容，电容值取决于印刷电路板（PCB）上瞬态电流需求，一般在 10~470 μF 范围内。去耦电容的主要功能的取值大约是旁路电容的 1/100~1/1000，陶瓷电容常被用来去耦。在选择去耦电容时，除考虑容值外，ESR 值也会影响去耦能力，为了去耦，应选择 ESR 值低于 1Ω 的电容。

③电感。电感主要分为开环和闭环两类，开环电感的磁场通过空气闭合，而闭环电感通过磁芯完成磁路，因此，在电路设计中使用这类电感更理想，如图 9.12 所示。

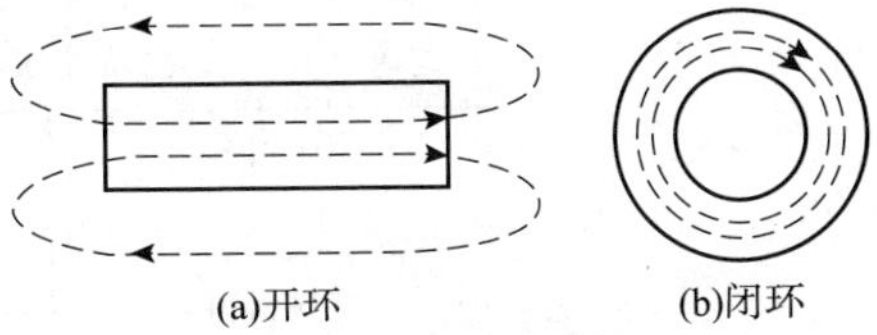

图9.12 保护电路示意图

④二极管。二极管是最简单的半导体器件，由于具有独特的特性，可解决许多电磁兼容性问题。

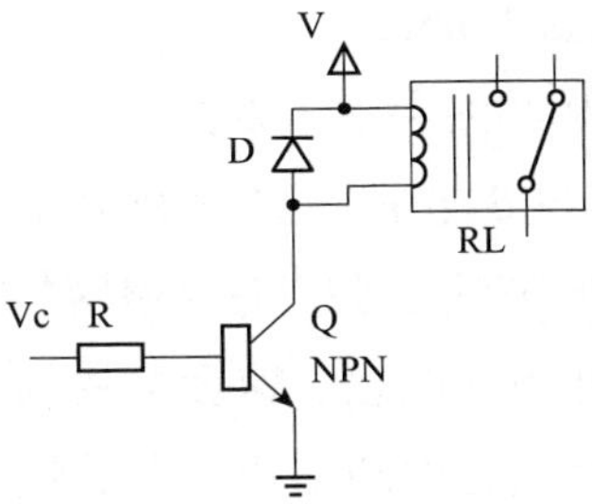

图9.13 二极管的保护作用

许多电路为感性负载，在高速开关电流的作用下，系统中产生瞬态反电动势，二极管是抑制这类噪声源的最有效的器件之一，图 9.13 就是二极管在该类领域中的一个典型应用。

⑤集成电路。现代数字集成电路主要使用 CMOS 工艺制造，其静态功耗很低，但在高速开关的情况下，CMOS 器件需要电源提供瞬时功率，因此必须对这些器件加去耦电容以满足要求。在设计 PCB 板时，电源和地之间的去耦电容引线越短越好或者越靠近 IC 放置。

2）电路板上的布线技术。

除了元器件的选择和电路设计外，良好的印刷电路板（PCB）布线在电磁兼容性中也是一个非常重要的因素。

①板上分割。分割是指用物理上的分割来减少不同种类线之间的耦合，尤其是通过电源线和地线。

图 9.14 给出了用分割角将 4 个不同类型的电路分割开的例子。在地线面，非金属的沟用来隔离 4 个地线面。电容和电感作为板子上每一部分的过滤器，减少不同电路电源面间的耦合。高速数字电路由于其更高的瞬时功率需要而放在电

源入口处。对于电容和电感，最好使用不同数值的，可为不同的电路提供不同的滤波特性。

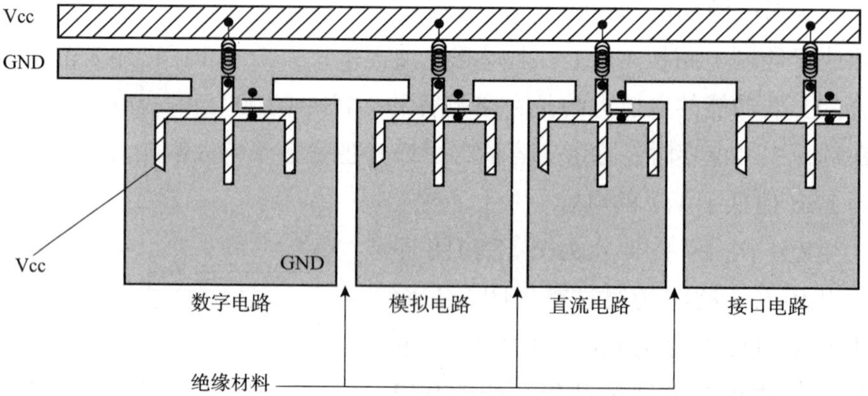

图 9.14　PCB 板上分割技术

②接地技术。接地技术应用于多层 PCB，也应用于单层 PCB。接地技术的目标是最小化接地阻抗，进而减少从电路返回到电源之间的接地回路的电势。

对于单层和双层 PCB 的地线和电源线的宽度最小应为 1.5mm。

对于多层 PCB，电源面和接地面尽可能近地放置在相邻的层中，以便在整个板上产生一个大的 PCB 电容，这种 PCB 电容的优点是它具有非常高的频率响应和均匀分布在整个面上的低串联电感。速度最快的关键信号设计在临近接地面的一边，非关键信号则放置在靠近电源面。

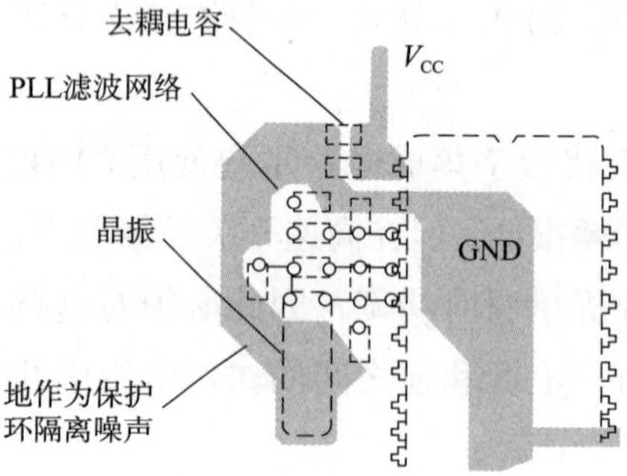

图 9.15　PCB 板上的保护环

保护环也是一种常用的接地技术，尤其应用于晶振附近的布线，如图 9.15 所示。

③布局布线技术。这里介绍，在 PCB 布局布线中应遵循的几个重要规则：

对于高速信号，过孔产生 1~4nH 的电感和 0.3~0.8pF 的电容，因此，对于高速信号通道，过孔应该设计的尽量小。对于高速的并行线（如地址线和数据线），如果必须利用过孔，应保证每根信号线的过孔数一致。

布线时避免 90° 折线，减少高频噪声发射，当需要转折时，全部的直角路径应该采用 45° 的，图 9.16 是 45° 路径的一般规则。

短截线产生反射，因此，应避免在传送高频率和敏感信号路径上使用短截线，如图 9.17 所示。

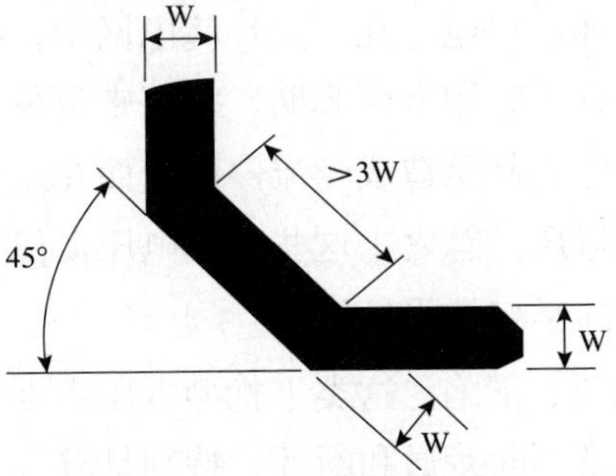

图9.16 45° 路径规则

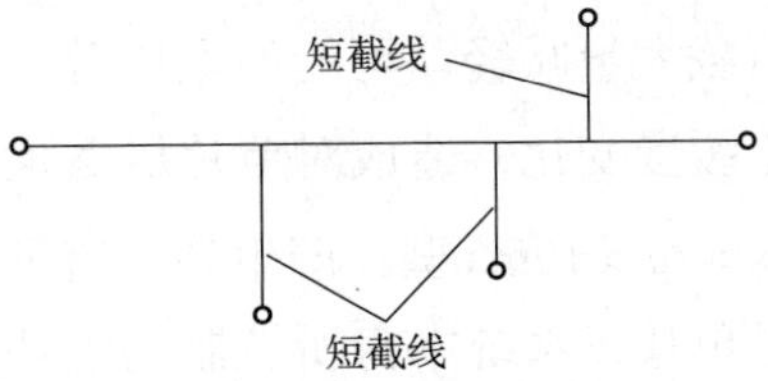

图9.17 短截线

布线时应尽量减少回路环的面积，以降低感应噪声。

3）单片机电源抗干扰技术。

单片机控制系统因体积小、功能强、成本低、使用灵活而得到广泛应用。但是单片机控制系统的工作环境，大都在工业生产现场或者在机械设备中，同强电联系较多，就必然存在着一些自然因素或人为因素产生的电磁能量，这些能量作为干扰通过一定途径进入单片机控制系统，影响控制指令正常执行，造成控制事故或控制失灵。若在测量通道中产生干扰，则会使测量产生误差，导致测量精度下降或测量无法进行。故在单片机系统设计时必须进行抗干扰设计，以保证单片机系统工作可靠。经分析影响单片机系统可靠性的因素很多，但主要是它的供电系统，因此在单片机控制系统设计之前，对供电系统存在的干扰因素进行详细分析，采用有抗干扰措施的设计方案就成为必要了。

单片机供电系统存在干扰因素的原因及干扰因素的种类如下：

①供电系统存在干扰因素的原因。首先，如果供电电源是理想电压源，没有内阻存在，那么任何干扰都会被电源吸收，在线路中不会产生任何干扰电压。但是实际上供电系统都存在内阻，因而在线路中产生干扰电压是必然的，这是单片机供电系统存在干扰因素的根本原因。其次，随着工业迅速发展，电源污染问题日趋严重，强电干扰随时发生，而单片机控制系统大都工作于工业环境中，工业环境中的强电干扰肯定会对单片机的工作产生极大破坏作用。因此，有必要对单片机供电系统进行深入研究，分析干扰因素种类，针对性地进行抗干扰设计，才能确保单片机控制系统正常工作。

②供电系统存在干扰因素的种类。干扰因素大都以电压形式影响系统工作，干扰电压总是叠加到电源电压上，使电源电压发生变化。若把电源电压变化持续

时间 Δt 的长短作为条件，根据电压的大小将干扰电压分成以下几类：

$\Delta t > 1s$ 型：产生现象特征是过压、欠压、停电。在工业环境电网中，都存在大型电机电器，在这些大型机器启动时，或者在用电高峰期，线路中负载都超出发电厂额定功率的负载能力，形成欠压供电，甚至造成轮流停电。而在用电低峰期，负载大量减轻，可能使电压升高造成过压。总之，这些干扰电压促使电源电压发生缓慢变化，造成对单片机系统工作的影响是明显的。

$1s > \Delta t > 10ms$ 型：产生现象特征是浪涌、下陷。这类干扰型电压产生的原因一般是单片机系统本身所控制的大功率设备不断接通和断开。特别是较大功率的电机，在启动时，较大的起动电流在供电线路内阻上将产生很大压降，使电网中电压瞬变，造成浪涌和下陷。这些干扰叠加在正弦交流电压上沿线路传输，若幅度不大，在 ±10%～±15%，不会直接毁坏系统，但连续几个 ±10%～±15% 的浪涌或下陷，电压会通过电子交流稳压器在变化点产生振荡，从而使电源产生 ±30%～±40% 的电压变化，这样单片机系统将无法工作。

Δt 为微秒型：产生现象特征是尖峰电压。产生尖峰电压的原因很多，如闪电、汽车打火、无线电发射、电弧等，可在输电线路中引起上千伏或几千伏的尖峰电压。即使是断电器的触点通断也可在网中引起 600V 左右的尖峰电压。尖峰电压持续时间短，但对单片机系统的正常运行危害极大，易造成指令逻辑功能紊乱，甚至冲掉程序。

Δt 为纳秒型：产生现象特征是射频干扰。这是空间众多的射频电磁波造成的，对单片机系统工作影响较小。

其他：半周期内的过压或欠压。

③单片机供电系统的抗干扰措施和抗干扰设计。

为了防止供电系统的干扰电压对单片机系统影响，必须采取有效措施使各种干扰电压消除或削弱，才能确保单片机可靠工作。采取具体措施主要是在供电配置上下功夫。

采用交流滤波和快速响应式交流稳压器。交流进线端加交流滤波器可滤除高频干扰，如电网上大功率设备启停造成瞬间干扰，对工作在环境恶劣的电网中，还要设计快速响应式交流稳压器，防止电源系统过压与欠压，有利于提高整个系统的可靠性。

采用隔离变压器。交流电路中的高频干扰可以靠变压器初次级绕组组间寄生电容耦合，从初级到次级。因此，在供电系统中加隔离变压器，隔离变压器的初级和次级绕组间用屏蔽层隔离，以减小分布电容，提高抗共模干扰能力。

采用低通滤波器。对供电系统的干扰信号进行频谱分析可知，干扰信号大部分是高次谐波，因此，宜采用低通滤波器，滤去高次谐波，通 50Hz 基波，改善电源波形。低通滤波器位置不同，滤波元件参数不同。在高压端和低压端时的电路分别如图 9.18 和图 9.19 所示。注意处在高、低压两种情况下，低通滤波器的元件参数不同。整流后也可采用双 T 滤波电路消除 50Hz 工频干扰。双 T 滤波器如图 9.20 所示。

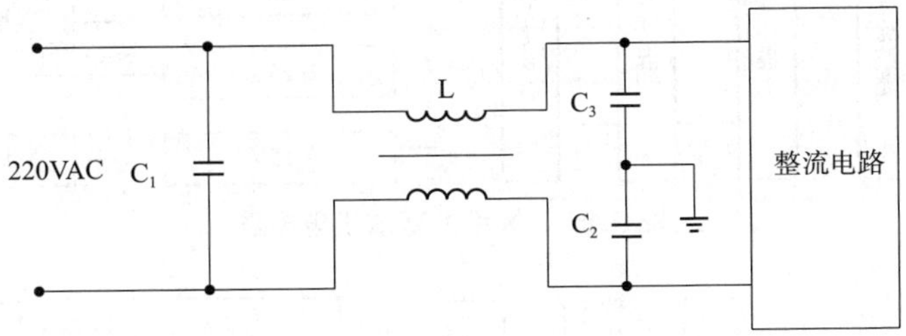

图 9.18　高压端滤波电路原理图

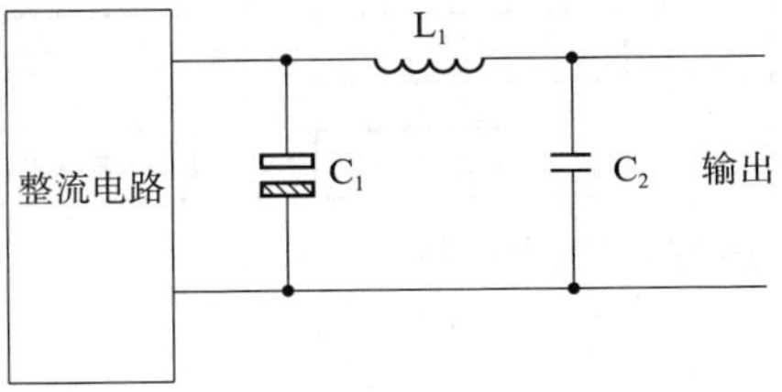

图 9.19　低压端滤波电路原理图

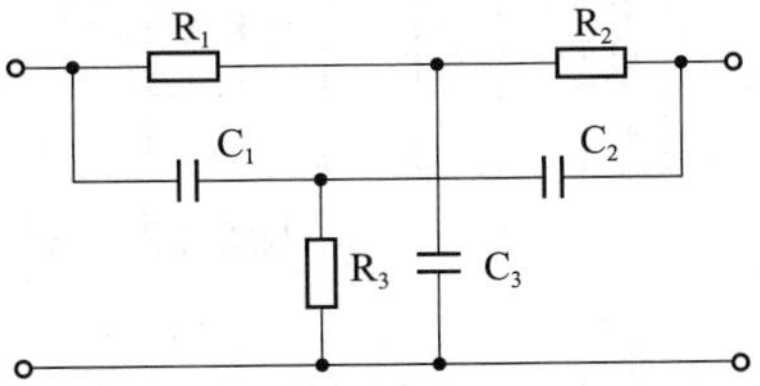

图 9.20　双 T 带阻滤波电路

采用分级供电方式。采用分级供电方式，可使单片机系统每个功能块都有单独电源，可以减少公共阻抗的相互耦合及和公共电源的相互耦合。这样每一路电源就可以单独地根据本功能块特点进行设计。在使用中一个功能块有故障，不影响其他功能块工作，大大提高了供电的可靠性。

其他措施。对要求特高或者工作环境特别恶劣的单片机控制系统，还可采用高抗干扰稳压电源、干扰抑制器和悬浮式供电系统，彻底消除干扰，限于篇幅请读者参阅有关文献。

④抗干扰供电系统设计方案举例。

在进行单片机控制系统设计时，其供电系统设计还要根据系统工作的具体要求和工作环境，适当选择抗干扰措施。这里只给出工作环境一般和电网环境特别恶劣两种情况下的设计方案以供参考。若单片机系统工作环境一般，电源电压基本稳定，系统工作对精度要求不高，只强调体积小，低成本情况下可去掉交流稳压器和隔离变压器以减小体积和成本。图 9.21 为参考电路结构。若单片机系统所处的工作环境比较恶劣，特别是同一电网中大功率用电器频繁启动，或者系统工作对精度要求较高，这时就采取各方面措施保证系统正常工作。图 9.22 为参考电路结构。

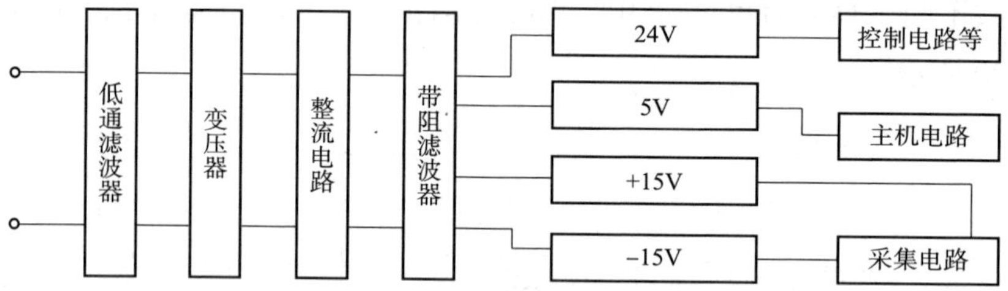

图 9.21　单片机基本供电电路

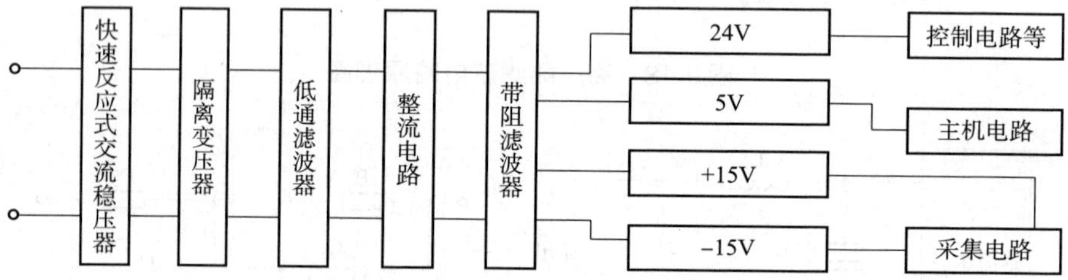

图 9.22　恶劣条件下单片机供电电路

9.1.5　软件抗干扰技术

除了注意电磁兼容性问题，工作时单片机系统依据 CPU 中程序存储器的程序指令进行工作，CPU 中的程序计数器 PC 给出将要执行的指令地址，该地址反映在地址线上，选通程序存储器中该地址的指令。指令内容通过数据线送入 CPU 执行相应的操作，其中还有若干条控制线进行控制。这样一个指令操作仅需微秒级的时间。一般智能仪表的一个工作循环要执行几千至几万条这样的指令，才能完成一次从采样到输出的测量任务。从以上分析可见，对于智能仪表而言，要使其工作正常，必须按正确的顺序运行每一条指令，正确运行指令的每一环节，地址线、数据线、控制线上的信号必须准确无误，不允许出现哪怕是短暂到几微秒的错误。如此短暂时间的错误，在常规仪表中几乎无碍大局，大都可被滤波网络滤掉。而在智能仪表中如执行若干条错误指令就可能造成灾难性的后果，比如地址总线上给出一个错误的地址。该地址上恰是一条输出指令，输出结果必然是错误的，而仪表的输出可能在控制着一个工艺过程，必然导致生产的混乱。对于单片机系统而言，一个错误指令的执行就很可能完全打乱程序正确运行的顺序而落入死循环，即单片机系统是十分敏感的。对于智能化仪表而言，全面严格地进行抗干扰设计是提高其运行可靠性的重要手段。因此，在设计智能仪表中，一些软件技术的采用也可大大提高仪表的抗干扰能力。

（1）数字滤波

尽管许多硬件抗干扰措施被采用，但外界的干扰信号总是或多或少的进入系统中，一种补救的方法就是采用数字滤波技术，如程序判断滤波、中位滤波、算术平均滤波和加权平均滤波等。这些方法可参考第七章内容。

（2）指令冗余

干扰信号还未作用到 CPU 本身，CPU 还能正确地执行各种数字滤波程序。如果干扰信号已经通过某种途径作用到了 CPU 上，CPU 就不能按照正常状态执行程序，从而引起混乱。这就是通常所说的程序“跑飞”。

程序“跑飞”后往往将一些操作数当作指令码来执行，从而引起整个程序的混乱。采用指令冗余是使“跑飞”的程序恢复正常的一种措施。所谓指令冗余就是在一些关键的地方，人为地插入一些单字节的空操作指令 NOP。当程序“跑飞”到某条单字节指令上时，就不会发生将操作数当成指令来执行的错误。应该注意的是，在一个程序中指令冗余不能使用过多，否则会降低程序的执行效率。

（3）软件陷阱

采用指令冗余使“跑飞”的程序恢复正常是有条件的，首先“跑飞”的程序必须落到程序区，其次必须执行到所设置的冗余指令。如果“跑飞”的程序落到非程序区（如 EPROM 中未用完的空间或某些数据表格等），或在执行到冗余指令之前已经形成了一个死循环，则指令冗余措施就不能使“跑飞”的程序恢复正常了。这时可以采用另一种软件抗干扰措施，即所谓软件陷阱。

软件陷阱是一条引导指令，强行将捕获的程序引向一个指定的地址，在那里有一段专门处理错误的程序。假设这段处理错误的程序入口地址为 ERR，则下面 3 条指令即组成一个软件陷阱。

```
NOP
NOP
GOTO ERR
```

软件陷阱一般安排在下列 4 种地方：

①未使用的中断向量区。

②未使用的大片 EPROM 空间。

③表格。有两种表格，即数据表格和散转表格。由于表格的内容与检索值有一一对应的关系，在表格中间安排陷阱会破坏其连续性和对应关系，因此只能在表格的最后安排陷阱。如果表格区较长，则安排在最后的陷阱不能保证一定能捕捉到“跑飞”的程序，有可能在中途再次“跑飞”。

④程序区。程序区是由一系列的指令所构成的，不能在这些指令中间任意安排陷阱，否则会破坏正常的程序流程。但是在这些指令中间常常有一些断点，正常的程序执行到断点处就不再往下执行了。如果在这些地方设置陷阱，就能有效地捕获“跑飞”的程序。

（4）监督定时器

如果“跑飞”的程序落到一个临时构成的死循环中时，冗余指令和软件陷阱都将无能为力。为了防止死循环，经常使用监督定时器又称“看门狗”（WATCHDOG Timer）用于监视程序正常运行。

程序监视定时器有如下特征：

①本身能独立工作，基本上不依赖于 CPU，CPU 只在一个固定的时间间隔内与之打一次交道，表明整个系统目前尚属正常。

②当 CPU 落入死循环之后，能及时发现并使整个系统复位。

目前，有许多“看门狗”芯片可供选择。同时在有些新型的单片机中（如一些型号的 PIC 单片机，STC 系列单片机以及 32 位的单片机）已经集成了片内的硬件 WATCHDOG 电路，使用起来更为方便。

PIC16F87X 单片机中的硬件“看门狗”原理。

PIC16F87X 单片机中有硬件“看门狗”，其原理图如图 9.23 所示。WDT 定时器的时钟由芯片内部独立的 RC 振荡器提供，不需外接任何元件就可以运行。注意，WDT 定时器的 RC 振荡器与 OSC1/CLKIN 引脚上的 RC 振荡器无关，即使 OSC1 和 OSC2 引脚上的时钟停止工作（如睡眠状态），“看门狗”也照样可以工作。

由于“看门狗”的时钟由 RC 振荡电路提供，所以它的准确度受环境因素影响较大。在不考虑预分频器的情况下，“看门狗”的定时周期为 7~33ms，典型值为 18ms。如果需要更长的时间，就需要把预分频器分配给看门狗。预分频器的最大分频比为 1/128，这样可使“看门狗”的定时时间扩大 128 倍，达到 2.3s。故“看门狗”的定时常数可设置为 18ms~2.3s。

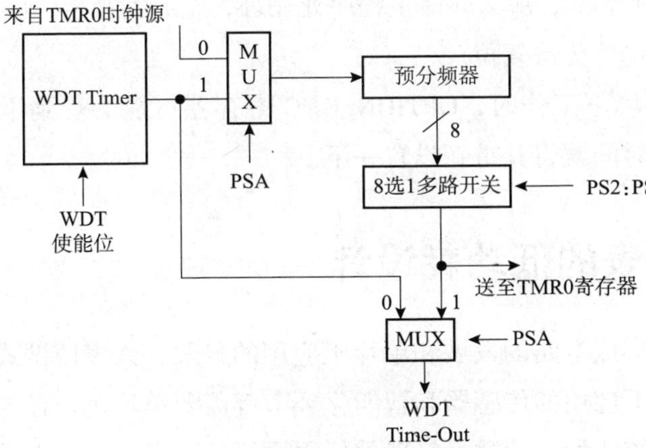

图 9.23　监督定时器工作原理

在正常工作状态，WDT 时间到就会产生一个复位信号（即“看门狗”复位）。如果单片机处于睡眠模式，WDT 超时会把芯片唤醒，继续正常工作。WDT 超时，STATUS 寄存器中的 TO 位将被清 0。“看门狗”只能由芯片配置字中的 WDTE 位使能或关闭，而不被软件控制。

如果把预分频器配置给 WDT，用 CLRWDT 和 SLEEP 指令可以同时对 WDT 和预分频器清 0，从而防止计时溢出引起芯片复位。所以在正常情况下，必须在每次计时溢出之前执行一条 CLRWDT 指令（即喂一次“狗”），避免引起芯片复位。当系统受到严重干扰处于失控状态时，就不可能在每次计时溢出之前执行一条 CLRWDT 指令，WDT 就产生计时溢出，从而引起芯片复位，使其失控状态重新进入正常运行状态。

“看门狗”设计中的注意事项：

①看门狗清零指令 CLRWDT 和睡眠指令 SLEEP，不仅可以使看门狗定时器清零，还可以同时把预分频器清零（如果预分频器已经分配给 WDT 使用）。但是预分频器的分频比以及配置关系不会改变。

②“喂狗”的时机。“喂狗”就是指“看门狗”定时器清零，使“看门狗”电路继续起作用。“喂狗”一般安排在等待查询的循环体内部、耗时很大的函数体内部或主程序任务队列中，而不安排在定时器中断服务程序中。

死机多发生在程序的指令和数据错位、PC“跑飞”等场合。因为处理器速度很快，如果“跑飞”的程序不被死循环套住，那么很容易自动重新复位的，但是很多情况下偏偏会被死循环套牢，那么就必须将“看门狗”复位了。如果用定时器中断实现“喂狗”，那么即使主程序死循环，定时器必定依旧正常“喂狗”，这样“看门狗”仍然无法复位。

③在噪声环境下工作时，OPTION_REG 寄存器可能会受到干扰而改变，所以最好每隔一段时间就将其重新设置一下。

9.2 仪表的低功耗设计

随着大规模集成电路的发展和单片机应用的普及，许多便携式智能仪器仪表以及在特殊条件下应用的传感器和智能化环节都需要单片机。在这种情况下，除了要求单片机系统体积小、重量轻以外，很重要的一点就是要求系统低功耗。要降低整个系统的消耗，必须从系统中的各个环节抓起。

9.2.1 低功耗设计基础

智能仪器仪表的低功耗技术是其设计中不可忽视的重要内容。

（1）低功耗是国际上节能和绿色环保的要求

实际上，节能是全球化的热潮，如计算机里的许多芯片过去用 5V 供电，现在用 3.3V、1.8V，并提出了绿色电器的概念。很多厂商很注重微控制器的低功耗问题，低功耗单片机系统不仅在手持式装置中是必须的，在工业现场仪表中也需要低功耗单片机。从近两年的多国仪器仪表展上可以发现，有些工业仪表已经改成了用电池供电，这种仪表可在 5 年甚至 10 年不更换电池、不用维护，免除了通常工厂每年要停产 15~20 天检修仪表的麻烦。

（2）核心微处理器的单片化，为大幅度降低功耗提供了技术基础

单片机的真正单片化已经成为单片机发展的主流，绝大部分资源都在单片机芯片内部，不需要扩展。过去的单片机一般都需要进行各种扩展，如 ROM、RAM、A/D、D/A、数字 I/O、显示驱动等。现在的单片机，大部分都是单芯片工作，过去需要扩展才能实现的功能，在单片机内部都可以完成。单片机的真正单片化，省去了大量的硬件开发调试工作，使用方便，工作效率大大提高；单片机系统的可靠性、抗干扰能力大大提高，经过实验测试，同样功能的系统，采用单片方式比总线扩展方式要强很多；系统成本降低；微控制器电源电压可以很容易降下来，

电源电压降低后，系统功耗可大幅度降低。

（3）核心微处理器电源电压允许在很宽的范围内波动，为提高电池利用率提供了技术基础

单片机芯片的工艺特点等决定了单片机在很宽的电源电压范围内都能正常工作，单片机电源电压范围的放宽，可进一步拓展单片机应用领域，对于便携式或手持式仪器（装置），可以放心地使用电池作为电源，而不必关心电池放电过程电压曲线是否平稳、是否会因此影响单片机正常工作，更不必因电池供电而专门增加稳压电路，从而减少了功率消耗。

（4）电池直接供电和低功耗提供了应用系统抗干扰新方法

低功耗系统省去了很多难度较大的工作。例如仪器仪表有时在实验室状态下没有问题，连续运行 72h，甚至旁边使用电钻、电焊机都没有问题，而到现场还是频繁出现因干扰而影响精度问题，这一般不是来自外界的问题，而是电源间的串扰，若改用电池，这个问题则可以巧妙地解决了。

9.2.2　低功耗设计方法

低功耗设计要从硬件和软件两方面进行考虑。

（1）低功耗硬件设计要点

①选用节能的微处理器。同样的工作状态，电源电压不同，功耗是非线性增加的。

②尽量选用 CMOS 集成电路。CMOS 集成电路（Complementary Metal Oxide Semiconductor），即互补金属～氧化物～半导体集成电路，它最大优点是微功耗（静态功耗几乎为零），其次的优点是输出逻辑电平摆幅大，因而抗干扰能力强，同时它的工作温度范围也宽，因此，CMOS 电路一开始出现就和低功耗便携式仪器仪表结下了不解之缘。

早期的 CMOS 电路速度比较低，但随着 HCMOS 电路的出现，其速度已完全能够和 LSTTL 电路匹配，而且他们的功能、使用和引脚几乎完全兼容，基本可以直接替代。

③采用电池低电压供电。系统功耗和系统电源电压存在一定的函数关系。电源电压越高，系统功耗越大。

④尽量使用高速低频工作方式。低功耗单片机系统几乎全部采用的是 CMOS 器件，而 CMOS 集成电路由自己的结构所决定，它的静态功耗几乎为零，仅在逻

辑状态发生转换期间，电路有电流流过。所以它的动态功耗和它的逻辑转换频率成正比，和电路的逻辑状态转换时间成反比，因此，CMOS 集成电路从降低功耗的角度上来说应当快速转换，低频率的工作。

⑤充分利用微处理器上集成的功能。微控制已经将许多硬件集成到一块芯片中，使用这些功能比用扩展方式扩展外围电路要有效得多。单片化的成本要比使用扩展方式低，而且性能更好。如外围器件的驱动电压很难降低到微处理器芯片的水平，微处理器可以降到 1.8V，外围电路降到 3V 恐怕有相当多的芯片就会工作不稳定，而微控制器内部集成的硬件却可以有更好的电压适应能力。

⑥选用低功耗高效率的外围器件和电路。在必须选择使用某些外围器件时，尽可能多选择低功耗、低电压、高效率的外围器件，如 LCD 液晶显示器、EE-PROM 等，此外尽量选用低功耗、高效率的电路型式。低功耗的电路以低功耗为主要技术指标，他不盲目追求高速度和大的驱动能力，以满足要求为限度，因而电路的工作电流都较小。

⑦妥善处理芯片闲置引脚。由于 CMOS 电路都是电压控制器件，它的输入阻抗很高。如果输入引脚浮空，在输入引脚上很容易积累电荷，产生较大的感应电动势。由于 CMOS 输入端都有保护电路，虽然感应电动势不会损坏器件，但很容易使输入引脚电位处于过渡区域。这时反相器 P 沟道和 N 沟道两个场效应管均处于导通状态，使电路功耗大大增加。因而 CMOS 电路的输入引脚不能浮空。

（2）低功耗软件设计要点

①对功耗进行实时管理。暂不使用的功能及时停止其运行，或者置于低功耗状态。对于片内和外围扩展芯片都是如此。

现在不少单片机都设计有节能（低功耗）运行模式：待机运行模式（休眠方式）和掉电运行模式。

系统进入待机运行模式时，虽然片内的振荡器仍在继续振荡，但通往 CPU 内部的时钟已被门电路切断，CPU 处于休眠状态。在进入待机模式之前的一瞬间，CPU 和 RAM 的状态被完整的保存下来，如堆栈指针、程序计数器、程序状态字等。处于待机状态时，虽然 CPU 在休眠，但内部时钟仍供给中断电路、计数器、定时器、串行口，所以这些器件仍在工作。

在掉电运行模式下，片内的振荡器停止工作，随着时钟的停止，单片机的各种活动停止，只有片内 RAM 保持原来数值，各引脚的输出值仍保持原来值，这时单片机的功耗也降至最小，达到几微安或几纳安数量级，例如PIC16F87X单片机在5V、4 MHz条件下工作耗电为2mA，而在休眠方式下运行，耗电仅仅只有1μA，该类型单片机没有掉电运行模式，仅休眠方式就足以满足大多数应用场合的要求。

一般系统中并不是所有电路任何时间都在工作，所以可以进行供电控制，将系统进行模块化设计，这样对各模块都可以进行分时供电控制。

总结起来，软件的功耗实时管理应注意以下几点：

做到系统在有效运行及电路动态运行时才消耗功耗，尽量成为一个零功耗系统。

应注意对电源的监视和控制，根据电源状况迅速切换工作模式，同时根据功能需要，接通相应模块的电源。

充分利用片内的定时器实现延时，避免使用软件指令循环延时。

尽可能将等待一段时间或循环检查条件满足后才去“干正事”的程序纳入到各种中断的中断服务程序。

采用自动掉电方式。利用实时时钟，显示一定时间后无操作，自动转入休眠模式。

②优化算法。算法的优化亦可降低功耗。如在测温的查找算法中，当获得A/D转换值，要通过查表获得温度值时，使用二分折半算法和分段查找算法功耗是不同的，理论上可以估算，在700个测量点的查找中，用折半查找最坏情况下10次可以查找到结果，而用分段查找算法，有的要90次，这和段的大小有关。但此时仪表处于高速工作状态，功耗较大，少查找非常有利于降低系统的功耗。

9.3 串行通信技术

9.3.1 串行通信的基本方式

串行通信是将构成字符的二进制数据位，按照一定的顺序逐位传输的通信方法。它只需要一条数据线，硬件成本低，可以使用现有的通信通道，故在智能仪器仪表中，通常采用串行通信方式来实现仪器或计算机系统之间的数据传送。为了有效地进行通信，通信双方必须遵从统一的通信协议，所谓通信协议是指通信双方的一种约定。约定中包括对数据格式、同步方式、传送速度、传送步骤、检验纠错方式以及控制字符定义等问题作出统一规定。根据在串行通信中，对数据流的分界、定时及同步的方法不同，串行通信可分为同步通信和异步通信两种方式。

（1）同步通信方式

同步通信方式中，必须规定字符的有效数据位数，并以数据块形式进行传送。用同步字符指示数据块的开始，同步字符可采用单字符或多字符。同步字符之后为传送的数据，数据块之后为 CRC（Cyclic Redundancy Check，循环冗余校验）码字符，用于检验同步传送的数据是否出错。同步字符、数据块、CRC 校验码组成传输的一帧信息。

同步通信是以数据块（字符块）为信息单位进行传送的，要求每帧信息的每一位都要严格同步，也就是说，不仅字符的位传送是同步的，字符与字符之间的传送也应该是同步的，这样才能保证收 / 发双方对每一位都是同步的。这种通信方式对时钟同步要求非常严格，要求收 / 发两端必须使用同一时钟来控制数据块传输中字符与字符、位与位之间的定时。

同步通信的优点是传输速率快，数据收发连续，一般用于数据量较大和数据传输速率较高的场合。不足之处是硬件较复杂。

（2）异步通信方式

异步通信是以字符为单位传送的，传送中以起始位开始，之后依次是数据位（5 位到 8 位）、奇偶校验位（1 位）、停止位（1 位、1 位半或 2 位）。从起始位开始到停止位结束组成一帧信息。一般停止位后面不会紧接下一字符的起始位，而是维持 1 状态，这些位称为空闲位。

异步通信中，收 / 发双端没有统一的时钟，当发送端发出一帧信息后，接收端首先识别起始位，同步时钟，然后同步接收紧跟而来的数据位及停止位。一旦一个字符传送完毕，线路将处于空闲状态，下一个字符出现时，再重新同步。

在异步通信中，收 / 发双方必须具有相同的波特率。所谓波特率，是指每秒串行发送或接收的二进制位（bit）的数目，其单位为 b/s（每秒比特数）。它是衡量数据传输速率的指标，也是衡量传输通道频带宽度的指标。目前常用的波特率有 300b/s、600b/s、1200b/s、2400b/s、4800b/s、9600b/s 和 19200b/s 等。

异步传送对每个字符都附加了同步信息，降低了对时钟的要求，硬件较为简单，但冗余信息（起始位、停止位和奇偶校验位）所占比例较大，数据的传输速度一般低于同步传送方式。

异步通信一般用在数据传送时间不能确知，发送数据不连续，数据量较少和数据传输速率较低的场合；目前，在微机测量和控制系统中，串行数据的传输大多使用异步通信方式。

9.3.2　RS-232C 串行通信总线标准

（1）RS-232C 标准概述

RS-232C 是美国电子工业协会（EIA）在 1969 年公布的数据通信标准。RS 是推荐标准（Recommended Standard）的英文缩写，232C 是标准号。全称是 EIA-RS-232C 标准。最初 RS-232C 标准是为了把计算机通过电话网与远程终端相连而设计的。计算机输出的逻辑信号不宜直接接到电话网中，因而要先通过调制解调器（modem），把代表逻辑 1 和逻辑 0 的电平信号调制成音频信号，然后在电话网中传输。同样，接收端也需要通过调制解调器与电话网相接，以便把不同的频率信号还原成逻辑信号，送到终端设备。该标准定义了数据终端设备（DTE）和数据通信设备（DCE）之间的接口信号特性。其中 DTE 也可以是计算机，DCE 一般是指调制解调器。其标准连接如图 9.24 所示。

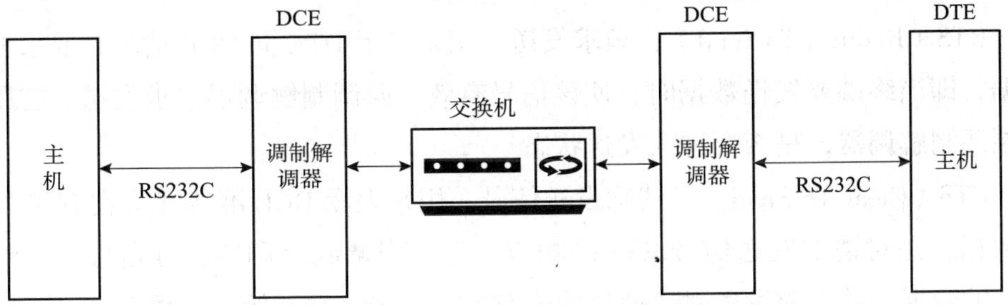

图 9.24　RS-232C 标准连接图

RS-232C 标准使用 ±15V 电源，并采用负逻辑，逻辑 1 电平在 -5~-15V 范围内，逻辑 0 电平在 +5~+15V 范围内。

（2）RS-232C 标准接口信号

RS-232C 接口定义了 25 条可以同外界连接的信号线（见表 9.1），并对它们的功能做了具体规定。

表 9.1 RS-232C接口信号定义

端子	符号	说明	端子	符号	说明
1	PG	保护地	14	TXD	辅信道的发送数据
2*	TXD	发送数据	15	TXC	发送器定时时钟（DCE 源）
3*	RXD	接收数据	16	RXD	辅信道的接收数据
4*	RTS	请求发送	17	RXC	接收器定时时钟
5*	CTS	清除发送	18		未定义
6*	DSR	数传机就绪	19	RTS	辅信道的请求发送
7*	SG	信号地	20*	DTR	数据终端就绪
8*	DCD	数据载波检出	21	SQD	信号质量检测
9		未定义	22*	RI	振铃指示
10		未定义	23	CI	数据信号速率选择器
11		未定义	24	TXC	发送器定时时钟（DTE源）
12	DCD	辅信道接收信号检测	25		未定义
13	CTS	辅信道的清除发送			

注：* 为常用信号，其他信号几乎很少使用。

常用的信号线说明如下：

TXD（Transmitted Data）：发送数据信号。通过 TXD 端，终端设备 DTE 将串行数据发送到调制解调器。

RXD（Received Data）：接收数据信号。通过 RXD 端，终端设备接收从调制解调器送来的串行数据。

RTS（Request To Send）：请求发送。用来表示 DTE 向 DCE 请求，要求发送数据，即当终端要发送数据时，使该信号有效，向调制解调器请求发送。它用来控制调制解调器，是否要进入发送状态。

CTS（Clear To Send）：清除发送信号。用来表示 DCE 准备好接收 DTE 发来的数据，是对请求发送信号 RTS 的响应信号。当调制解调器已准备好接收终端传来的数据，并向前发送时，使该信号有效，通知终端开始发送数据。

DSR（Data Set Ready）：数传机就绪信号。有效时，表明调制解调器处于可以使用的状态。

SG（Signal Ground）：信号地。

DCD（Data Carrier Detection）：数据载波检出信号。用来表示 DCE 已接通通信链路，通知 DTE 准备接收数据。当本地的调制解调器收到由通信链路另一端（远地）的调制解调器送来的载波信号时，使 DCD 信号有效，通知终端准备接收，并且由调制解调器将接收下来的载波信号解调成数字量后，沿接收数据线

RXD 送到终端。

DTR（Data Set Ready）：数据终端就绪信号。有效时，表明数据终端可以使用。

DTR 和 DSR 这两个信号有时连到电源上，上电后立即有效。因此这两个信号有效，只表示设备本身可用，并不说明通信链路可以开始进行通信了。

RI（Ringing Indicator）：振铃指示信号。当调制解调器收到交换台送来的振铃呼叫信号时，使该信号有效，通知终端，已被呼叫。

（3）RS-232C 串行通信的连接方法

①远距离通信的连接。所谓远距离是指传输距离大于 15m 的通信。远距离通信时，一般要加调制解调器，故所使用的信号线较多。此时，若在通信双方的调制解调器之间采用普通电话线进行通信，则只要使用 2~8 号及 20 号、22 号信号线进行联络与控制，如图 9.25 所示。

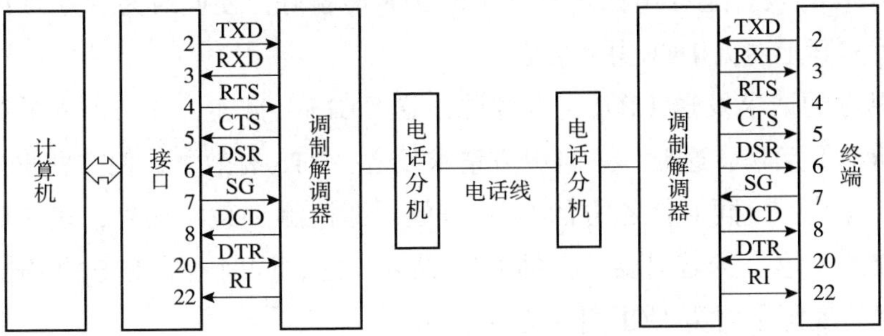

图9.25　远距离通信信号线的连接

②近距离通信的连接。近距离通信时，不采用调制解调器（称零调制解调器方式），通信双方可以直接连接，在这种情况下，只需使用少数几条信号线。最简单的情况，在通信中根本不用 RS-232C 的控制联络信号，只需使用 3 条线（发送线 TXD、接收线 RXD、信号地线 SG）便可实现全双工异步串行通信，如图 9.26（a）所示，图中的 2 号线与 3 号线交叉连接是因为直连方式时，把通信双方都当作数据终端设备看待，双方都可发送也可接收。在这种方式下，通信双方，只要请求发送 RTS 有效和数据终端准备好 DTR 有效就能开始发送和接收。

如果想在直接连接时，又考虑 RS-232C 的控制联络信号，则可采用零调制解调器方式的标准连接方法，其通信双方信号线的安排如图 9.26（b）所示。

从图 9.26（b）可知，RS-232C 接口标准定义的 9 个常用信号线都用到了，并且是按照 DTE 和 DCE 之间信息交换协议的要求进行连接的，只不过是把 DTE 本身发出的信号回送过来进行自连，当作对方 DCE 发来的信号，因此，又把这种连接称为双交叉环回接口。双方握手信号关系如下：

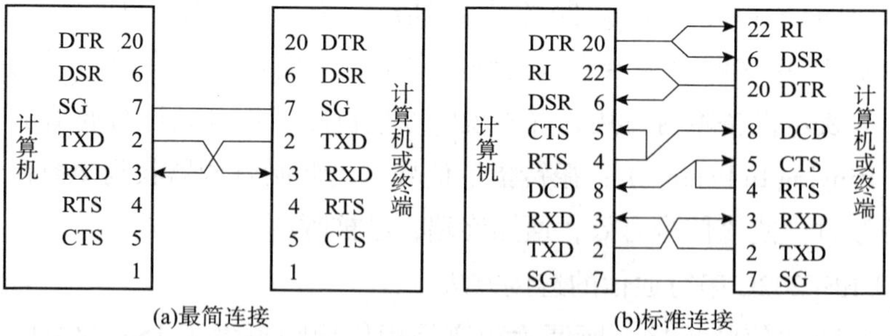

图9.26 RS-232C信号线的使用

①甲方的数据终端就绪（DTR）和乙方的数传机就绪（DSR）及振铃信号（RI）两个信号互联。这时，一旦甲方的DTR有效，乙方的RI就立即有效，同时又使乙方的DSR有效。这意味着只要一方的DTE准备好，便同时为对方的DCE准备好，尽管实际上对方DCE并不存在。

②甲方的请求发送（RTS）及清除发送（CTS）自连，并与乙方的数据载波检出（DCD）互联，这时，一旦甲方请求发送（RTS有效），便立即得到发送允许（CTS有效），同时使乙方的DCD有效，即检测到载波信号，表明数据通信链路已接通。这意味着只要一方的DTE请求发送，同时也为对方的DCE准备好接收，尽管实际上对方DCE并不存在。

③双方的发送数据（TXD）和接收数据（RXD）互联，这意味着双方都是数据终端设备（DTE），只要上述的握手关系一经建立，双方即可进行全双工传输或半双工传输。

9.3.3 RS-422/485总线标准

为了弥补RS-232总线通信速率低、传输距离短的缺陷，EIA制订了TIA/EIA-422-A标准，即平衡电压数字接口的电气特性，通常称为RS-422标准。在RS-422标准中只是规定了一种简单的实现多点通信的机制，只有一个发送器和最多10个接收器能被连接到一个差分通信总线上。1983年，在RS-422标准的基础上，EIA又制定了TIA/EIA-485标准，其名称为应用于多点平衡数字系统中的发送器和接收器的电气特性，简称RS-485标准。RS-485标准可以实现一条差分总线上最多32个收发器之间的真正的多点双向通信机制，它向下兼容RS-422协议。RS-422标准和RS-485标准只是规定了接口的电气特性，不涉及任何接插件、电缆及协议等方面的内容，这些都是由用户自己来定义的。

（1）RS-422 标准的特点及其应用

图 9.27 给出了 RS-422 标准的传输原理。RS-422 标准采用一对平衡的差分信号线 A 和 B 来传输逻辑 1 或 0，即接收器只根据 A 线和 B 线之间的电压差（差分电压）来决定被传送的数字量。当 A 线的电位比 B 线电位高 200mV 时（差分电压 U_{AB} >200mV），表示数字逻辑 1。当 A 线电位比 B 线电位低 200mV 时（差分电压 U_{AB}<-200mV），则表示数字逻辑 0。A 线对地电压 U_{OA} 及 B 线对地电压 U_{OB} 通常是互补的。除了有效的数字逻辑 1 和 0 以外，RS-422 标准还有一个第三逻辑态 Z，在这种状态下，总线上的发送器处于关闭状态，呈现出高阻状态。与单端信号相比，采用差分电路进行信号传输可以有效降低公共地线上的噪声电压（共模电压）的影响，从而能够在较长的距离下进行信号的传输。

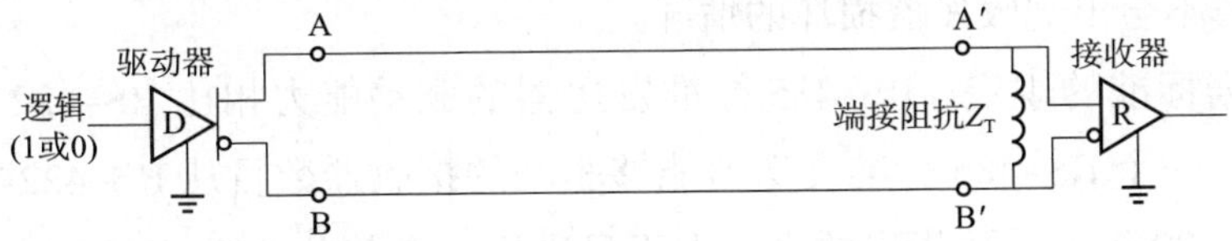

图 9.27　RS-422 标准的传输原理

RS-422 标准规定的最大传输距离为 4000ft（约 1219m），最大传输速度为 10Mbits/s，但是速度越快，传送距离越近。根据经验，传送距离（单位为 m）与数据传送速率（单位为 bits/s）之间的乘积不能超过 10^8。举例来说，如果要传送 500m 的距离，则数据发送速率不能超过 200kbits/s（10^8/500）。图 9.27 实际上给出了一个采用 RS-422 标准实现的单工点对点模式通信方案。根据 RS-422 标准，还可采用四线制来实现全双工点对点通信，即采用两对差分线进行数据传输，一对差分线用于发送，另外一对差分线用于接收。当采用四线制 RS-422 标准实现点对点通信时，通信双方没有主从的区别，可以实现完全的全双工通信：但是，当通过 RS-422 标准来实现多点通信时，只能采用一点对多点的半双工主从方式，即一个主发送器通过差分总线向多个从接收器发送数据。根据 RS-422 标准的规定，从接收器的最大数量为 10 个。在这种模式下，主设备可以向从设备发送数据，但是从设备之间无法进行通信。

（2）RS-485 标准的特点及其应用

RS-485 标准建立在 RS-422 标准之上，其主要在下列几个方面进行了改进：

①提高了收发器的共模电压承受范围。RS-422 标准的发送器能够承受的共

模电压的范围为 -250mV~+6V，接收器能够承受的范围为 -7~+7V。RS-485 标准的发送器和接收器能够承受的共模电压范围为 -7~+12V，这种共模电压承受能力的提高源于对驱动器的输出结构的改进。由于共模承受能力的提高，RS-485 标准收发器能够承受更高的地线上的压降。

②在进行多点通信时，RS-485 标准解决了 RS-422 标准只能采用一个发送器的主从通信模式的缺点，实现了真正的多点之间数据双向传输机制。支持 RS-485 标准的收发器可以通过一条差分总线实现互联，任意两个点之间都可以通过差分总线进行数据的互传。当然，在任意时刻所有连接到 RS-485 总线上的收发器中只能有一个允许向总线发送数据，其他发送器必须保持高阻 Z 状态。但是，如果发生了错误导致总线上两个发送器都处于有效状态，那么支持 RS-485 标准的收发器内部也会进行短路电流的保护。在通信双方的地电位差异不是很大的情况下，一般不会出现收发器损坏的情况。

③根据标准的规定，RS-485 标准发送器的驱动能力相比 RS-422 标准有很大的提高，一个 RS-485 标准发送器能够驱动的接收器数目从 RS-422 标准的 10 个增加到了 32 个。需要指出的是，由于只采用一条差分总线，RS-485 标准实际上只能处于半双工模式，即点与点之间不能同时进行数据的收发。

表 9-2 给出了 RS-422 标准和 RS-485 标准协议的主要特点比较。另外，除了图 9.28 中的连接方式外，RS-422/485 总线连接不能采用环形或星形结构。

表 9-2　RS-422 标准与 RS-485 标准电气规范的比较

参数	RS-422 标准	RS-485 标准
收发器数目	1 个驱动器/10 个接收器	32 个收发器
理论最长电缆距离/m	1200	1200
最大传输速率/（Mbit/s）	10	>10
最大共模电压/V	± 7	-7~+12V
驱动器差分输出电平/V	$2 \leq \lvert V_{OD} \rvert \leq 10$	$1.5 \leq \lvert V_{OD} \rvert \leq 5$
驱动器的负载能力/Ω	≥ 100	≥ 60
驱动器输出电流限制/mA	150（短路到 GND）	250（短路到 -7V 或 12V）
高阻状态，电源关闭/kΩ	60	12
接收器输入阻抗/kΩ	4	12
接收器灵敏度/mV	± 200	± 200

图 9.28 中还给出了两个 STC15 单片机通过异步串口和 RS-485 总线进行通信的原理。图 9.28 中，单片机的异步串口的两条信号线 TXD 和 RXD 经过电平变换芯片 MAX485 转换为 RS-485 差分信号进行长线传输，通过 UART 协议进行相互

通信。由于 RS-485 标准是半双工通信，其收发器（MAX485）有两个方向引脚来控制数据的传输方向（$\overline{RE}$ 和 DE），在图 9.28 中它们由单片机的 I/O 口 P1.0 来控制，能够使通信总线处于逻辑 1、0 或高阻态三种状态。通信的双方可自定义应用协议或者使用 MODBUS 协议来进行相互之间的握手并决定下一次传输的方向。

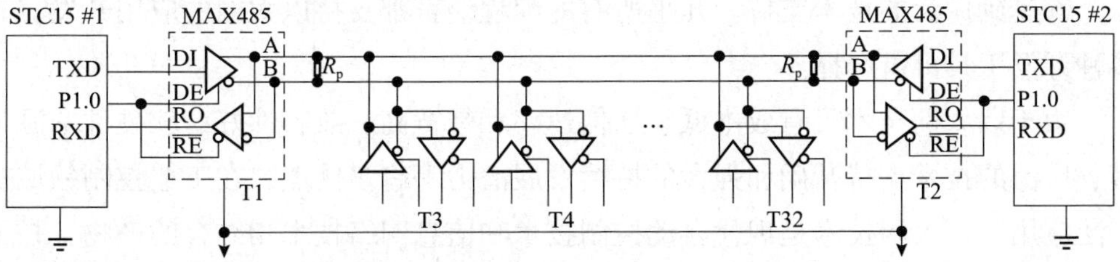

图 9.28 多点 RS-485 总线的连接实例

9.4 其他通信技术

9.4.1 以太网接口

以太网是在 20 世纪 70 年代研制开发的一种基带局域网技术，使用同轴电缆作为网络媒体，以太网的基本特征是采用一种称为载波监听多路访问 / 冲突检测 CSMA / CD（Carrier Sense Multiple Access / Collision Detection）的共享访问方案，即多个工作站都连接在一条总线上，所有的工作站都不断向总线上发出监听信号，但在同一时刻只能有一个工作站在总线上进行传输，而其他工作站必须等待其传输结束后再开始自己的传输。采用载波监听多路访问和冲突检测（CSMA / CD）机制，数据传输速率达到 10Mb/ s。但是如今以太网更多地被用来指各种采用 CSMA / CD 技术的局域网。

以太网是当今最流行、应用最广泛的通信技术，它具有以下特点：

①是一种开放式通信网络，不同厂商的设备很容易互联。这种特性非常适合于解决控制系统中不同厂商设备的兼容和互操作等问题。

②成本低、易于组网。以太网网卡价格低廉，以太网与计算机、服务器等接口十分方便。

③具有相当高的数据传输速率，可以提供足够的带宽。以太网的通信速率从 10Mb/s， 100Mb/s 发展到现在的 1000Mb/s，10Gb/s，在数据吞吐量相同的情况下，

通信介质的占用时间大大降低，有效地降低了网络碰撞的概率。

④以太网资源共享能力强。利用以太网作为现场总线，很容易将 I/O 数据连接到信息系统中，数据很容易以实时方式与信息系统上的资源、应用软件和数据库共享。

⑤以太网易与 Internet 连接。

⑥受到广泛的技术支持。几乎所有的编程语言都支持以太网的应用开发，有多种开发工具可供选择。

由于以太网技术具有成本低、通信速率和带宽高、兼容性好、软硬件资源丰富、广泛的技术支持基础和强大的持续发展潜力等诸多优点，在工业控制领域被广泛应用。以太网技术是现代自动控制技术和信息网络技术相结合的产物，是下一代自动化设备的标志性技术，也是改造传统工业的有力工具，同时是信息化带动工业化的重点方向。国内对工业以太网络技术的需求日益增加，在石油、化工、冶金、电力、机械、交通、建材、现代农业等领域都需要工业以太网络技术的支持。

9.4.2　CAN 现场总线

CAN（Controller Area Network）总线，即控制器局域网总线，由德国 Bosch 公司最先提出。Bosch 公司为了实现汽车电子控制装置之间的信息交换，设计了控制器局域网 CAN 总线。CAN 总线是国际上应用最广泛的现场总线之一。一个由 CAN 总线构成的网络中，理论上可以挂接无数个结点，实际应用中，结点数目受网络硬件的电气特性所限制。

CAN 能够使用多种物理介质，例如双绞线、光纤等，最常用的就是双绞线。信号使用差分电压传送。两条信号线被称为 CAN_H 和 CAN_L，静态时电压值均为 2.5V 左右，此时状态表示为逻辑 1；用 CAN_H 比 CAN_L 高表示逻辑 0，此时电压值通常为 CAN_H=3.5V 和 CAN_L =1.5V。

CAN 总线具有十分优越的性能，使人们乐于选择。这些特性包括：

① CAN 总线网络上的任意一个结点均可在任意时刻主动向网络上的其他结点发送信息。而不分主 / 从，通信灵活，可方便地构成多机备份系统及分布式测控系统。

②网络上的结点可分成不同的优先级，以满足不同的实时要求。

③采用非破坏性总线仲裁技术，当两个结点同时向网络上传送信息时，优先

级低的结点主动停止数据发送，而优先级高的结点可不受影响地继续传输数据。

④具有点对点、一点对多点及全局广播传送数据的功能。

⑤在通信速率为 5kb/s 时，通信距离最远可达 10km。

⑥通信距离为 40m 时，最高通信速率可达 1Mb/s。

⑦网络结点数可达 110 个。

⑧每一帧的有效字节数为 8 个，因此传输时间短，受干扰的概率低。

⑨每帧信息都有 CRC 校验及其他检错措施，数据出错率极低，可靠性极高。

⑩通信介质采用廉价的双绞线即可，无特殊要求。

⑪ 在传输信息出错严重时，结点可自动切断它与总线的联系，以使总线上的其他操作不受影响。

CAN 总线网络因为具有高性能、高可靠性以及独特的设计而越来越受到关注，现已形成国际标准，CAN 总线被广泛应用于工业现场控制、医疗仪器和汽车等众多领域。

9.4.3　蓝牙技术

蓝牙技术是一种近距离无线通信标准，它由爱立信、Intel、诺基亚、东芝和 IBM 等 5 家公司在 1998 年联合推出。1999 年 7 月 26 日推出了蓝牙技术 1.0 版本规范。蓝牙技术规范是无线数据和语音传输的开放式标准，它将各种通信设备、计算机及其终端设备、各种数字数据系统采用无线方式连接起来。它的传输距离为 0.1~10m，如果增加功率放大设备便可达到 100m 的传输距离。截至目前，蓝牙技术可以应用于局域网络中各类数据及语音设备，如 PC、拨号网络、笔记本计算机、打印机、数码相机、移动电话和高品质耳机等；应用蓝牙技术的典型环境有无线办公环境、汽车工业、信息家电、医疗设备以及学校教育和工厂自动控制等。

蓝牙技术的特点如下：

①使用频段不受限制：蓝牙标准定义的工作频率是 ISM（Industrial Scientific Medical）频段的 2.4GHz，用户使用该频段无须向各国的无线电资源管理部门申请许可证。

②同时传输语音和数据：蓝牙采用电路交换和分组交换技术，支持异步数据信道、三路语音同步话音信道、以及异步数据与同步语音同时传输的信道。

③采用分时复用多路访问技术：一个蓝牙主设备可以同时与最多 7 个不同的

从设备交换信息，主设备给每个从设备分配一定的时隙，以数据包的形式按时隙顺序传送数据。

④开放的接口标准：蓝牙创立者为了推广蓝牙技术的使用，将蓝牙的技术标准全部公开，使得全世界范围内的任何单位和个人都可以进行蓝牙产品的开发。

⑤具有很好的抗干扰能力：采用ISM频段和调频、跳频技术，使用前向纠错编码、ARQ（Automatic Repeat-reQuest，自动重传请求）、TDD（Time Division Duplexing，时分双工）和基带协议，很好地抵抗来自工作在ISM频段的无线电设备的干扰。

⑥适用范围广泛：由于蓝牙采用无线接口来代替有线电缆连接，具有很强的移植性，而且应用简单、容易实现，易于推广，因此可用于多种场合。

⑦蓝牙模块体积很小、低功耗、便于集成。

⑧价格低：随着市场需求的扩大，各个供应商纷纷推出自己的蓝牙芯片和模块，使得蓝牙产品价格飞速下降。

9.4.4 USB总线

目前，USB总线技术应用日益广泛，各种台式电脑和移动式智能设备普遍配备了USB总线接口，同时出现了大量的USB外设，USB接口芯片也日益普及。在智能仪器中装配USB总线接口，既可以使其方便地连入USB系统，以提高智能仪器的数据通信能力，又可使智能仪器选用各种USB外部设备，增强智能仪器的功能。

USB（Universal Serial Bus）即通用串行总线。它是在传统计算机组织结构的基础上，引入了网络的某些技术，现已成为新型计算机的主流接口。USB是一种电缆总线，支持主机与各式各样“即插即用”外部设备之间的数据传输。USB总线的主要优势体现在以下几个方面。

（1）速度和接口形式

在最初的USB1.1版本中，USB支持两种总线数据传输速率：一种是在全速（full speed）模式下的12Mb/s，另一种是低速（low speed）模式下的1.5Mb/s。这两种模式可以同时存在于一个USB系统中。引入低速模式主要是为了降低对速度要求不高的设备的成本，如鼠标、键盘等。

1999年推出的USB2.0版本，向下兼容USB1.1，其数据传送速率可达120~240Mb/s。2000年发布的USB2.0版本中，已经将USB支持的带宽提升到480Mb/s。

2008 年 11 月，由 Intel、微软、惠普、德州仪器、NEC、ST-NXP 等业界巨头组成的 USB 3.0 Promoter Group 宣布，该组织负责制定的新一代 USB 3.0 标准已经正式完成并公开发布。USB 3.0 的理论速度为 5.0Gb/s，其实只能达到理论值的 50%，那也是接近于 USB 2.0 的 10 倍了。USB3.0 的物理层采用 8b/10b 编码方式，这样算下来的理论速度也就 4Gb/s，实际速度还要扣除协议开销，在 4Gb/s 基础上要再少点。可广泛用于 PC 外围设备和消费电子产品。

USB 3.1 Gen2 规范由英特尔等公司发起。数据传输速度提升可达速度 10Gb/s。与 USB 3.0（即 USB 3.1 Gen1）技术相比，新 USB3.1 Gen2 技术使用一个更高效的数据编码系统，并提供一倍以上的有效数据吞吐率。它完全向下兼容现有的 USB 连接器与线缆。

USB 3.0 Promoter Group 在 2017 年 7 月正式公布了 USB 3.2 标准，以代替 USB 3.1。USB 3.2 将比 USB 3.1 的速率快一倍。

USB 接口传输速率的提高，支持了要求具有高速数据传输速率的外设。

随着各种数码设备的大量普及，特别是 MP3 和数码相机的普及，我们周围的 USB 设备渐渐多了起来。然而这些设备虽然都是采用了 USB 接口，但是这些设备的数据线并不完全相同。这些数据线在连接 PC 的一端都是相同的，但是在连接设备端的时候，通常出于体积的考虑而采用了各种不同的接口。

常用的 USB 接口形式有：Type–A（标准 USB 接口），mini B–5Pin，mini B–4Pin，mini B–8Pin，mini B–8Pin–2 × 4，Micro USB–B，Type–C 等见图 9.29。

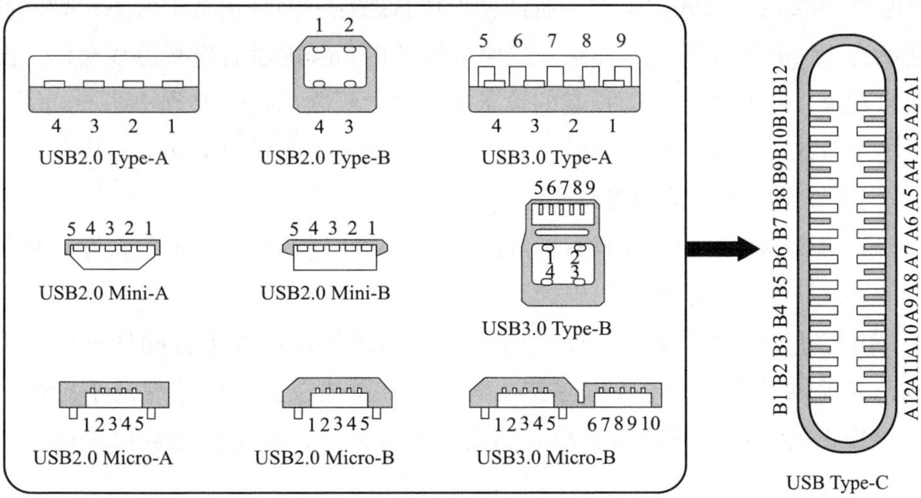

图 9.29　常见的 USB 接口形式

（2）总线拓扑体系

USB 系统采用级联星形拓扑，该拓扑由 3 个基本部分组成：主机（host）、集线器（hub）和功能设备。主机包含有主控制器和根集线器（root hub），控制 USB 总线上的数据和信息的流动，每个 USB 系统只能有一个根集线器，它连接在主控制器上。集线器是 USB 结构中的特定成分，它提供叫作端口（port）的点将设备连接到 USB 总线上，同时检测连接在总线上的设备，并为这些设备提供电源管理，负责总线的故障检测和恢复。

（3）即插即用

USB 接口具有即插即用功能，即插即用主要包含两个方面的内容，一是热插拔，即带电插拔；二是自动配置。热插拔通过物理层实现，而自动配置主要依靠软件协议实现。

传统的串口并不支持热插拔，因为串口在热插拔时会产生很强的电流，易烧毁硬件电路或接口芯片。

（4）低功耗

USB 设备的供电方式有两种，即自供电和总线供电。所谓自供电就是由设备自己提供电源，设备不需要从 vBUS（总线电源感知引脚）上取得电流，这类设备的功率不受 USB 协议的限制，设计时只需要将 vBUS 用电容连接到 GND 就可以了。

总线供电设备完全从 vBUS 上取得电流，它的功率受 USB 协议的限制，一般不能超过 500mA。总线供电设备有两种工作状态：一种是正常工状态，另一种是挂起状态。USB 协议规定，如果总线供电设备在 3ms 内没有进行总线操作，设备需要自动进入挂起状态，而挂起的设备从总线上吸收的电流必须小于 500pA。总线供电设备在进入挂起状态以后，可以通过唤醒操作恢复到正常工作状态。

（5）外设具有标准的接口

USB 协议体系中的外设具有标准的接口，从底层的物理和电气特性，到上层的软件协议、数据通信都有明确的定义。

USB 除上面介绍的特点外，USB 总线技术还将外设和主机硬件进行最优化集成，并提供了低价的电缆和连接头等。USB 总线在协议中还规定了出错处理和差错校正的机制，可以对有缺陷的设备进行认定，对错误的数据进行校正或报告。

9.4.5 OTA 技术

空中下载技术（Over-the-Air Technology；OTA），是通过移动通信的空中接口实现对移动终端设备及 SIM 卡数据进行远程管理的技术。经过移动公网多年的应用与发展，已十分成熟，网络运营商通过 OTA 技术实现 SIM 卡远程管理，还能提供移动化的新业务下载功能，例如移动终端的软件升级维护，汽车车联网应用的车辆固件升级和应用的更新。

要实现 OTA 功能，至少需要两块设备，分别是服务器与客户端。服务器只有一个，客户端可有多个。服务器通过串口与 PC 机连接，需要下载的镜像文件存放于 PC 机，命令执行器给服务器发命令及镜像文件。首先命令执行器控制服务器广播当前可用的镜像文件信息，客户端收到信息后进行对比，若有与自身相匹配的镜像，则向服务器请求数据。服务器收到请求后，向命令执行器索取固定大小的块，再点对点传送给客户端。镜像传输完毕后，客户端进行校验，校验无误后发送终止信号。

OTA 可采用短信方式、PUSH 方式和网上定制 3 种方式。

①短信方式。用户点击移动终端上的“菜单管理”选项发送短消息，向 OTA 服务器请求下载服务；OTA 服务器通过短信方式将下载数据发送给用户的移动终端设备，SIM 卡自动完成数据更改。

此方式的优点是操作较为简便、对网络资源要求低、执行速度快。修改数据打包后一次性下载到 SIM 卡中，不需要移动终端与网络频繁进行交互，这样既降低了网络负荷，也不必对现网进行改造，使得业务流程简捷易行。

缺点是难以承担大量应用数据传输。

②基于浏览器方式。用户登录 OTA 服务器，查找应用菜单，根据需要从网络后台服务器中下载相应的数据。

优点是用户根据需要，主动选择所需业务数据，符合未来发展趋势，可采用 GPRS 或者 4G，5G 网络传输方式，传输速率高。

缺点是在移动终端设备需要与 OTA 服务器交互较多的应用数据，对网络资源要求高。

③ PUSH 方式。网络运营者根据业务需要，通过短信或移动邮件方式向终端用户发送新业务数据下载的链接通知，用户点击该链接实现远程自动数据或程序更新。

此方式的优点是操作简便、业务流程简单，与基于浏览器方式相比，更节省网络资源，不需要移动终端与网络频繁进行交互，传输方式可采用 GPRS 或 4G、5G 网络传输方式，传输速率高。

缺点是网络需要根据不同用户有针对性地发送业务数据，对网络资源要求高。

思考题

1. 形成干扰的三个要素是什么？
2. 电路的噪声以哪两种形态存在？
3. 干扰是如何进入电路的？
4. 使用电磁兼容性设计的好处？
5. 屏蔽技术可以使用哪几种形式？
6. 一点接地和多点接地的适用场合有哪些？
7. 在 PCB 制作时，布线为什么使用 45° 路径规划？
8. 软件抗干扰措施有哪些？
9. 如何实现低功耗设计？
10. 智能仪器中常用的网络通信技术有哪些？
11. 何为 OTA 技术？

10 智能仪器设计实例

智能仪器的发展是随着科学技术的发展在不断前进的。与其密切相关的技术有IC、机械加工、CAD、程序语言、电源技术以及一些新型的环保设计理念等。本章介绍几个典型设计实例，有传统的设计技术也有新型的设计技术。

10.1 数字频率计的设计

在电子技术以及计算机技术的应用中，经常会用到频率的测量。利用单片机的定时 / 计数器功能，加上一些简单的外围电路，就能够很方便地设计出一个低频信号频率计。

10.1.1 系统组成与设计方案

本系统以89C51单片机为核心，扩展8279显示接口芯片、晶体振荡器（6MHz）、显示驱动电路和共阴极数码管组成数字频率计系统。

电路基本组成如图10.1所示。利用单片机中的T0、T1两个定时 / 计数器分别对闸门时间和被测信号进行同步计数。当单片机上电复位时，开始定时及计数工作。定时时间一到，计数器T1中的计数值即为被测信号 f_x 的频率；单片机输出T1的计数值送8279显示接口芯片，在LED显示器上将被测信号 f_x 的频率进行数码显示。

由于89C51单片机内部的两个定时 / 计数器都是16位的，最大计数范围为 2^{16}=65536。在本系统中，闸门时间为1s，则所测信号的最高频率为65536Hz。为实现频率较高信号的测量，一种是采用分频器对被测信号进行分频后测量；另一种是采用单片机内部计数器计数溢出中断技术，对被测信号进行计数。在本系统中，测量信号的频率范围大多为低频信号，为简化系统电路，采用定时器溢出中断技术对被测信号进行频率测量。

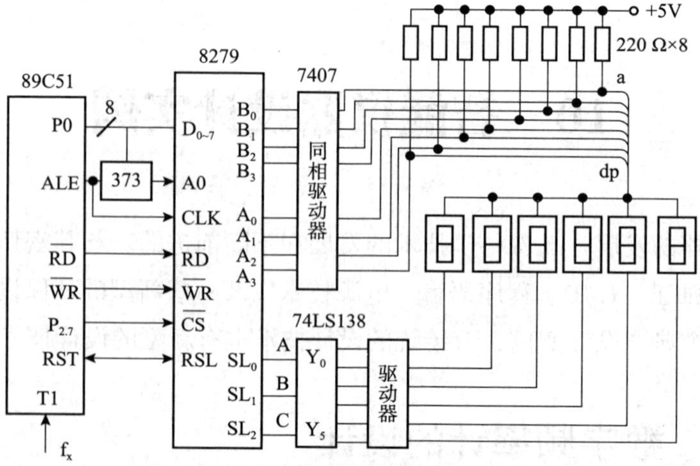

图 10.1　数字式频率计原理图

10.1.2　频率计的程序框图

频率计程序采用中断结构方式。如图 10.2（a）所示的是定时器 T0 中断程序流程图；如图 10.2（b）所示的是计数器 T1 中断程序流程图；如图 10.3 所示的是频率计主程序流程图。

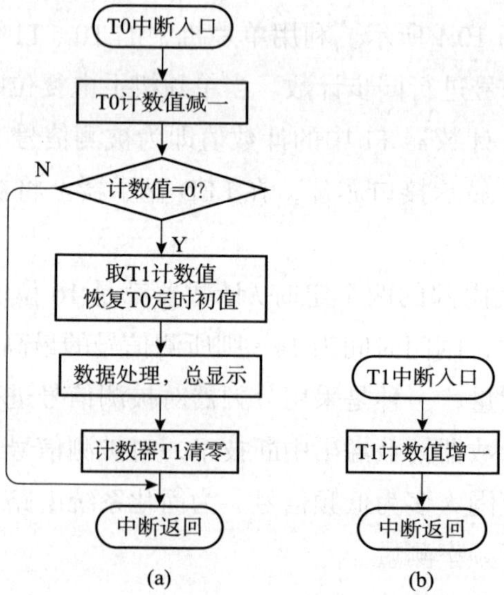

图 10.2　频率计定时器中断流程图

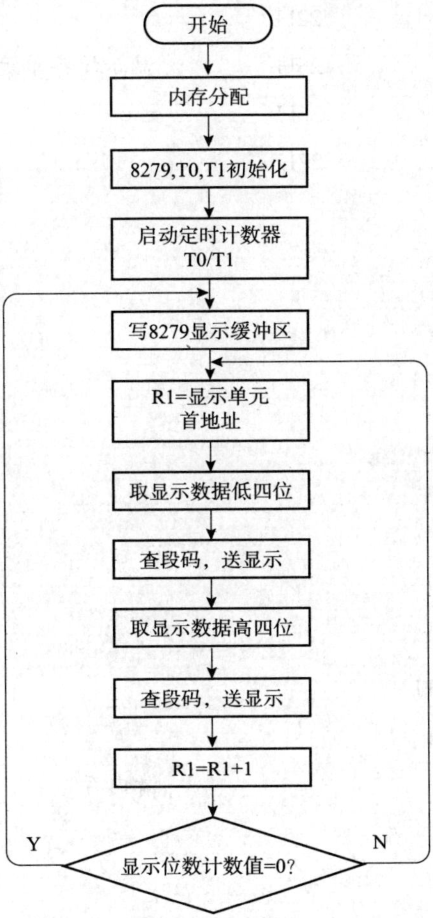

图 10.3 数字式频率计主程序流程图

10.1.3 频率计的程序设计

在图 10.1 中显示接口芯片 8279 的命令口和数据口地址为 7F00H 和 7F01H，选用定时器 T0 定时，中断入口地址为 000BH；计数器 T1 计数，中断入口地址为 001BH。程序如下：

```
PORT     EQU     7F00H     ; 8279 数据口地址
COUNT    EQU     24H       ; 计数器 T1 溢出中断存储单元
TTM      EQU     23H       ; 定时器 T0 中断次数存储单元
ZAN0     EQU     20H       ; 数据暂存单元
ZAN1     EQU     21H
```

```
      ZAN2    EQU      22H
      XIAN0   EQU      25H        ; 显示缓存单元
      XIAN1   EQU      26H
      XIAN2   EQU      27H

      ORG 0000H
      AJMP    ST
      ORG 000B H
      AJMP    T0INT
      ORG 001B H
      INC     COUNT
      RETI
      ORG 0100H
ST:   MOV     A ,#00H
      MOV     R1,#20H
      MOV     R7,0AH
RAM:MOV       @R1,A               ; 清内存
      INC     R1
      DJNZ    R7, RAM
      MOV     SP,#70              ; 设堆栈指针
      MOV     DPTR,#PORT+1        ; 8279 显示 RAM 全部清零
      MOV     A ,#0D1
      MOVX    @DPTR,A
      MOV     A,#2AH              ; 送分频命令
      MOVX    @DPTR,A
      MOV     A ,#00H             ;设置键盘 / 显示方式 8 字符显示，左边输入
      MOVX    @DPTR,A
      MOV     COUNT,#00H
      MOV     TMOD,#51H           ; 定时器 0 定时，T1 计数，工作在方式 1
      MOV     TL0,#0B0H           ; 置 T0 时间常数，每 0.1s 中断一次
      MOV     TH0,#3CH
```

```
    MOV     TL1,#00H              ; 置 T1 计数初值
    MOV     TH1,#00H
    MOV     TTM,#10               ; 设置定时器 T0 中断次数，100ms×10=1s
    SETB    TR0                   ; 启动定时 T0
    SETB    TR1                   ; 启动计数 T1
    SETB    ET0
    SETB    ET1
    SETB    PT1
    SETE    EA                    ; 开中断
DISPLLAY :
    MOV     DPTR,#PORT+1          ; 写显示缓冲 RAM 命令
    MOV     A,#90H
    MOVX    @DPTR,A
    MOV     R7,#03H               ; 03 表示显存字节数
    MOV     R1,#XIAN0             ; 显示存储单元首地址
    MOV     DPTR,#PORT            ; 8279 数据端口地址
DL0:MOV     A,@R1                 ; 从单元取数值送 ACC
    MOV     R2,A                  ; 存入 R2 中
    ANL     A,#0F0H               ; 获取高半字节
    ACALL   TABLE
    MOVX    @DPTR,A               ; 送人缓冲区
    MOV     A,R2
    SWAP    A
    ANL     A,#0FH                ; 获取低半字节
    ACALL   TABLE
    MOVX    @DPTR,A               ; 送入缓冲区
    INC     R1                    ; 地址加 1
    DJNZ    R7,DL0                ; 字节都显示完了吗？未完则继续
    LJMP DISPLAY

    TABLE : INC A                 ; 取相应段显码
```

```
        MOVC    A,@A+PC
        RET
        DB      3FH,06H,5 B H,4FH,66H
        DB      6DH,7DH,07 H,7FH,6FH

T0INT :
        MOV     TL0,#0B0H           ; 重新送初值
        MOV     TH0,#3 C H
        DJNZ    TTM,T0RET           ;计数值减一，到 1s 了吗? 没有则退出到 T0RET
        CLR     EA                  ; 关中断
        MOV     ZAN0,TL1            ; 读 T1 计数值 , 送暂存单元
        MOV     ZAN1, T H1
        MOV     ZAN2,COUNT
BINTOBCD:
        MOV     R0,#ZAN0            ; 二进制数据转换为十进制数据
        MOV     R1,#XIAN0           ; 显示缓存首地址
        MOV     R7,#03H             ; 待转换的二进制字节数
BMBCD:
        MOV     A,R0                ; 入口 : R0 中的数据为待转换数据的首地址
        MOV     R5, A               ; 出口 : R1 中的数据为转换完数据的首地址
        MOV     A,R1
        MOV     R6,A
        MOV     A,R7
        MOV     R3,A
        INC     R3
        CLR     A
CLBCD:
        MOV     @R1,A
        INC     R1
        DJNZ    R3, CLBCD
        MOV     A,R7
        MOV     B,#08H
        MUL     AB
```

```
        MOV     R3, A
LP0:    MOV     A,R5
        MOV     R0,A
        MOV     A,R7
        MOV     R2,A
        CLR     C
LP1:    MOV     A,@R0
        RLC     A
        MOV     @R0,A
        INC     R0
        DJNZ    R2,LP1
        MOV     A,R6
        MOV     R1,A
        MOV     A,R7
        MOV     R2,A
        INC     R2
LP2:    MOV     A,@R1
        ADDC    A,@R1
        DA      A
        MOV     @R1,A
        INC     R1
        DJNZ    R2,LP2
        DJNZ    R3,LP0
        MOV     A,R6
        MOV     R1,A
        MOV     TTM,#10                  ; 重新设置 T0 中断次数
        MOV     COUNT,#00H               ; 计数器 T1 清零
        MOV     TH1,#00H
        MOV     TLI,#00H
        SETB    EA                       ; 开中断
T0RET:
        RETI                             ; 中断返回
END
```

10.2 电子血压计的设计

测量血压的仪器称为血压计。血压计的测量原理可分为直接测量法和间接测量法两种。间接法测量血压计主要分为水银柱式血压计和电子式血压计两大类。由于水银柱式血压计体积较大，携带不方便，所以在日常家庭中应用不是很广泛。电子血压计体积小，携带方便，使用比较方便。

电子血压计是利用现代电子技术与血压间接测量原理进行血压测量的医疗设备。其技术经历了最原始的第一代电子血压计 G1-NIBPM（机械式定速排气阀）、第二代电子血压计 G2-NIBPM（电子伺服阀）、第三代电子血压计 G3-NIBPM（加压同步测量）及第四代 G4-NIBPM（集成气路）的发展。血压间接测量法中，分为听诊法（Auscultatory method）和示波法（Oscillometric method）。以听诊法原理制成的电子血压计，虽然实现了自动检测，但仍未彻底解决其固有缺点，即误差大、重复性差、易受噪音干扰。绝大多数血压监护仪和自动电子血压计采用了示波法间接测量血压。示波法测血压通过建立收缩压、舒张压、平均压与袖套压力震荡波的关系来判别血压。

10.2.1 测量原理及仪器构成

目前多数的电子血压计使用示波法来测量血压。第二代血压计的结构框图如图 10.4 所示。由压力传感器，信号处理电路，键盘，显示，气泵控制电路，气压控制阀，MCU 及电源等部分组成。

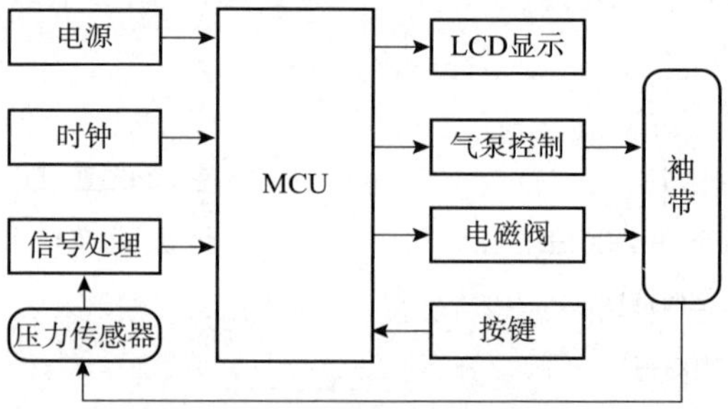

图10.4 电子血压计原理框图

示波法测量血压的过程是将袖带加压至阻断肱动脉血流，然后缓慢减压，其间手臂中会传出声音及压力小脉冲。使用压力传感器测量手臂中传到袖带中的小脉冲，并加以差别，从而得出血压值。测量波形示意图如图 10.5 所示。

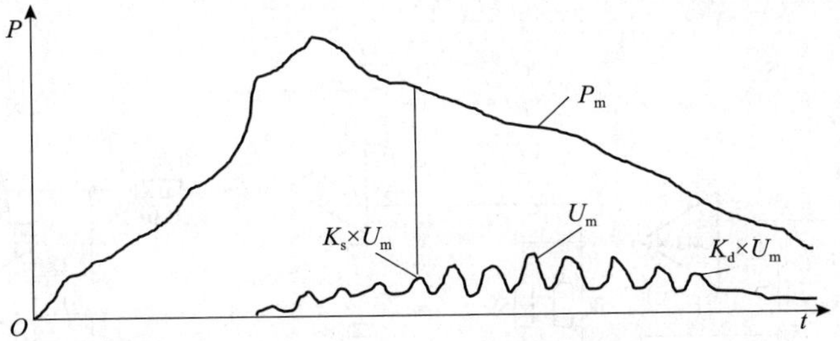

图 10.5 电子血压计测量原理

图中 U_m 为在缓慢放气过程中我们得到的脉搏信号的最大幅值。在传统的经验算法中，收缩压的大小是幅值为 $U_m \times K_s$ 对应的袖带压力，舒张压的大小是幅值为 $U_m \times K_d$ 对应的袖带压力。一般取 K_s=0.54 和 K_d=0.72 来计算。这两个 K_s 的值和 K_d 的值是由大数据计算得出的，而每个人又有不同的差异，所以单纯由 K_d 与 K_s 得到舒张压与收缩压有的时候出现误差。因此在实际测量的过程中可以对整个算法进行了适当的优化。

（1）传感器

传感器的型号为 MPS20N0040D 封装和引脚结构如图 10.6 所示。它采用 SMD 封装，被广泛应用于与气压相关的产品，并且具有良好的可重复性和长时间的工作稳定性。量程：0~40 kPa。典型工作电压 5V。桥臂电阻典型值为 5kΩ。

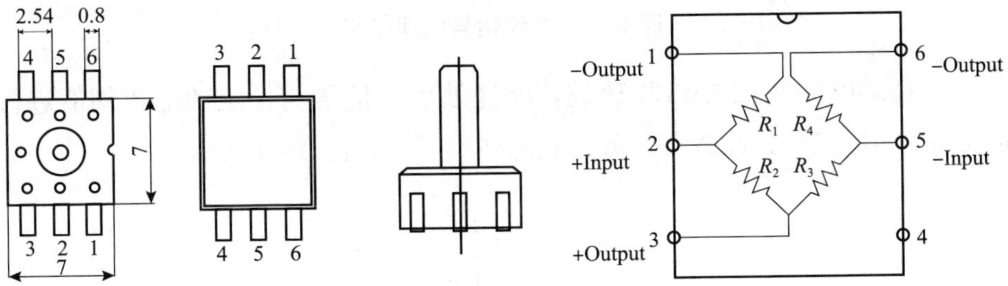

图 10.6 MPS20N0040D 封装和引脚

（2）信号调理电路

如图 10.7 所示。电路中使用 2 片 LM324 作为放大器。前一级为放大器差分信号放大，输出用于血压的直流分量测量。电压增益为 1。

第二级为带通滤波器。健康人的脉搏范围 60~100 次 / 分，频率大致为 1~2Hz。选择该参数设计一个带通滤波器。先进行 0.8Hz 的高通滤波，其输出信号放大后再进行 3.8Hz 的低通滤波。最终信号用于血压的交流成分测量。电路如图 10.8 所示。

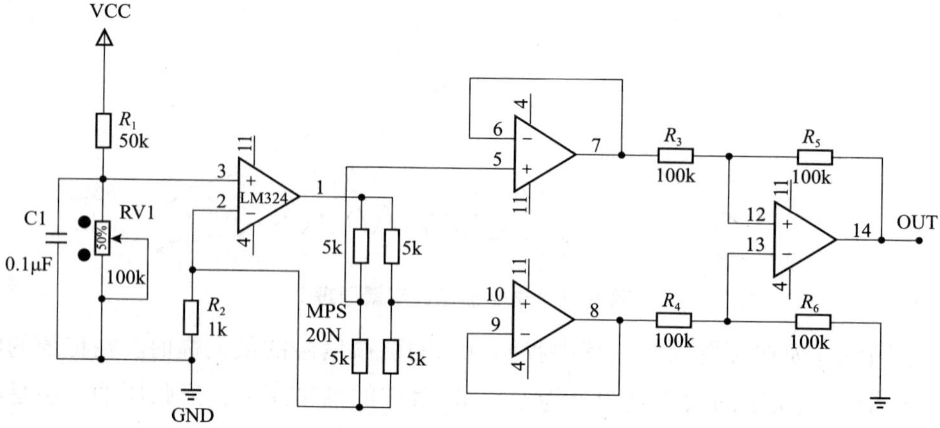

图 10.7　直流信号调理电路

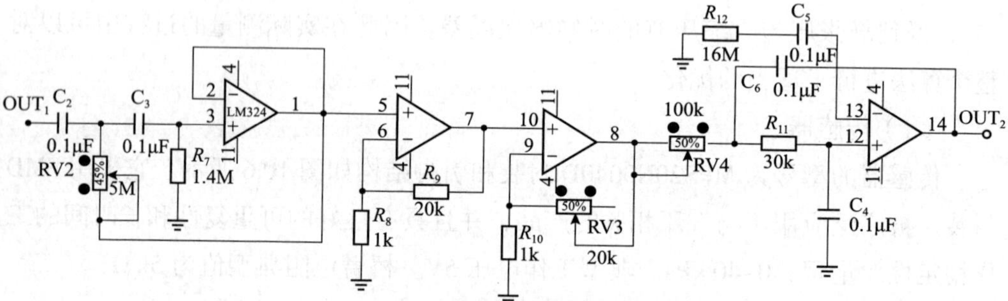

图 10.8　交流信号调理电路

脉搏测量电路使用 LM311 比较器将滤波后的信号与一定的电压阈值进行比较输出脉冲到 MCU 的计数器计数得到脉搏参数。如图 10.9 所示。

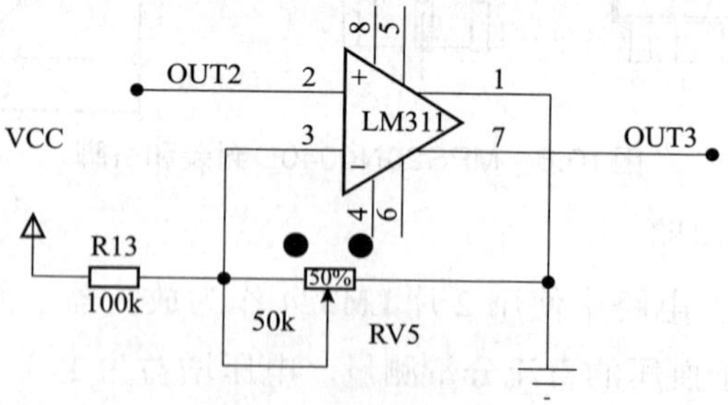

图 10.9　脉搏测量电路

（3）按键和显示

使用两个独立式按键和低功耗的 LCD 显示。按键为启动 / 停止，数据读出。显示为 TN 工艺 LCD 段式显示。通常为定制的型号。

（4）气泵控制电路

根据测量的需要打开气泵，是空气进入袖带，以达到测量所需要的工况。控制电路比较简单，如图 10.10 所示。

（5）电磁阀控制电路

第二代血压计在测量中需要匀速使袖带的压力下降，电磁阀的控制信号为一PWM 波形。调整占空比来控制阀的开度。控制电路见图 10.11。

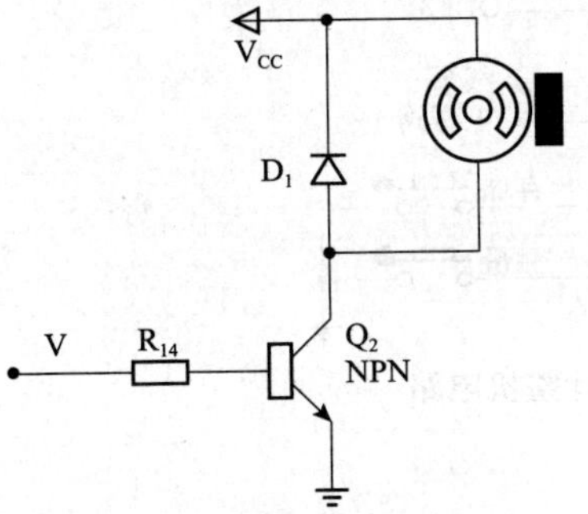

图 10.10　气泵控制电路图

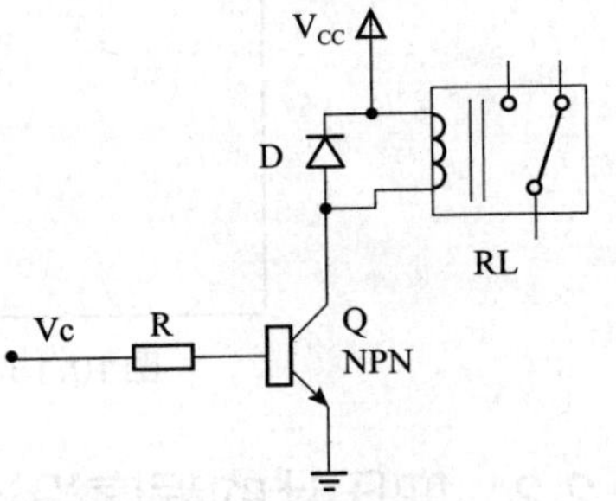

图 10.11　电磁阀控制电路

（6）MCU

主控制器使用 G80F928 单片机，该单片机是增强型 MCS-51 内核的型号，内部有 ADC，RC 振荡器，FLASH 容量 64kB，集成了段式 LCD 的驱动器，可直接驱动 LCD。引脚图见图 10.12。整机参考电路如图 10.13 所示。

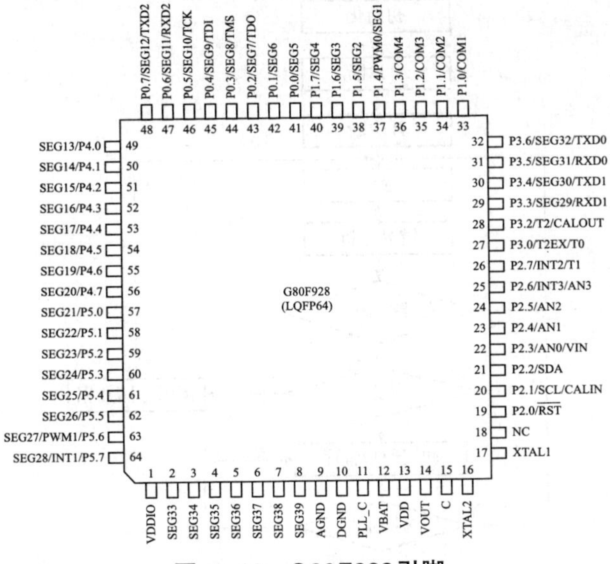

图 10.12　G80F928 引脚

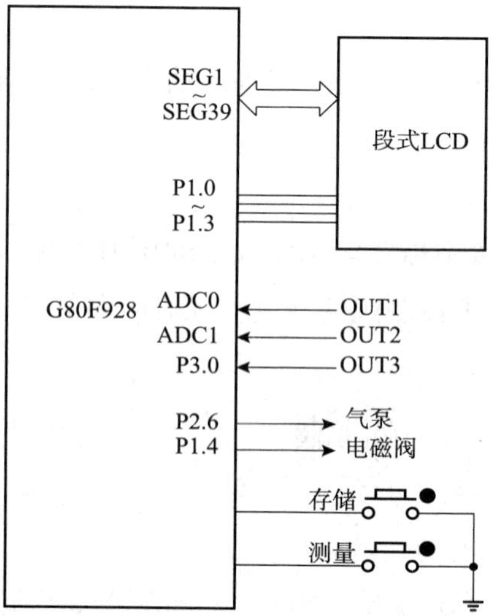

图 10.13　血压计整机电路

10.2.2　血压计的程序设计

要较好地完成血压测量，根据需要软件任务可分为：键盘和显示程序、直流电压测量子程序、交流电压测量子程序、脉搏测量子程序、参数保存读出子程序、自检和报警子程序及定时子程序等。主程序流程图如图 10.14。程序略。

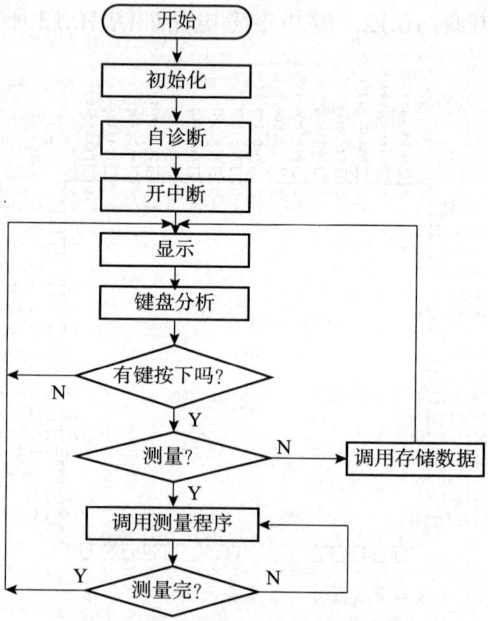

图 10.14　血压计主程序流程图

10.3　四旋翼飞行器设计

10.3.1　四旋翼飞行器结构形式及其运动

旋翼对称分布在机体的前后、左右四个方向，四个旋翼处于同一高度平面，且四个旋翼的结构和半径都相同，四个电机对称的安装在飞行器的支架端，支架中间空间安放飞行控制计算机和外部设备。结构形式如图10.15所示。

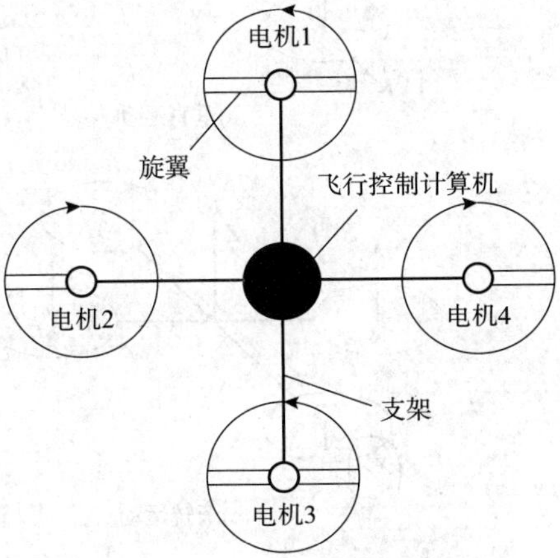

图10.15　四旋翼飞行器的机构

四旋翼飞行器通过调节四个电机转速来改变旋翼转速，实现升力的变化，从而控制飞行器的姿态和位置。四旋翼飞行器是一种六自由度的垂直升降机，但只有四个输入力，同时却有六个状态输出，所以它又是一种欠驱动系统。

四旋翼飞行器的电机1和电机3逆时针旋转的同时，电机2和电机4顺时针旋转，因此当飞行器平衡飞行时，陀螺效应和空气动力扭矩效应均被抵消。

在图10.16中，电机1和电机3作逆时针旋转，电机2和电机4作顺时针旋转，规定沿 x 轴正方向运动称为向前运动，箭头在旋翼的运动平面上方表示此电机转速提高，在下方表示此电机转速下降。

①垂直运动：同时增加四个电机的输出功率，旋翼转速增加使得总的拉力增大，当总拉力足以克服整机的重量时，四旋翼飞行器便离地垂直上升；反之，同时减小四个电机的输出功率，四旋翼飞行器则垂直下降，直至平衡落地，实现了沿 z 轴的垂直运动。当外界扰动量为零时，在旋翼产生的升力等于飞行器的自重时，飞行器便保持悬停状态。

②俯仰运动：在图10.16（b）中，电机1的转速上升，电机3的转速下降（改变量大小应相等），电机2、电机4的转速保持不变。由于旋翼1的升力上升，旋翼3的升力下降，产生的不平衡力矩使机身绕 y 轴旋转，同理，当电机1的转速下降，电机3的转速上升，机身便绕 y 轴向另一个方向旋转，实现飞行器的俯仰运动。

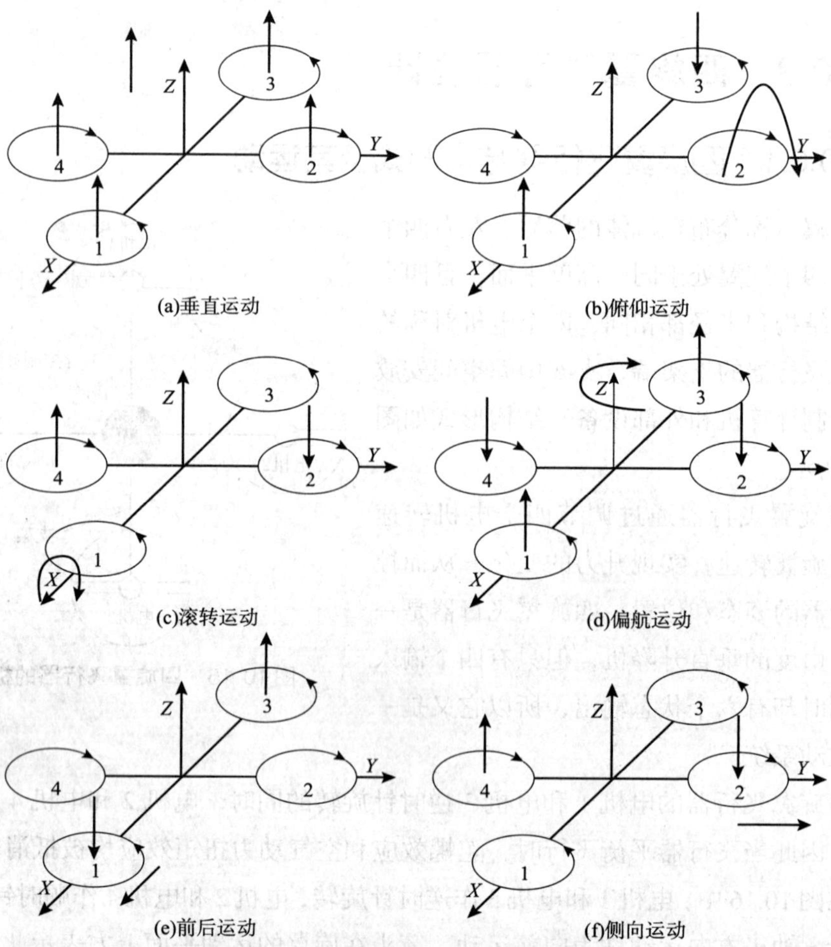

图 10.16　四旋翼飞行器的运动方式

③滚转运动：与图 b 的原理相同，在图 10.16（c）中，改变电机 2 和电机 4 的转速，保持电机 1 和电机 3 的转速不变，则可使机身绕 x 轴旋转（正向和反向），实现飞行器的滚转运动。

④偏航运动：旋翼转动过程中由于空气阻力作用会形成与转动方向相反的反扭矩，为了克服反扭矩影响，可使四个旋翼中的两个正转，两个反转，且对角线上的各个旋翼转动方向相同。反扭矩的大小与旋翼转速有关，当四个电机转速相同时，四个旋翼产生的反扭矩相互平衡，四旋翼飞行器不发生转动；当四个电机转速不完全相同时，不平衡的反扭矩会引起四旋翼飞行器转动。在图 10.16（d）中，当电机 1 和电机 3 的转速上升，电机 2 和电机 4 的转速下降时，旋翼 1 和旋翼 3 对机身的反扭矩大于旋翼 2 和旋翼 4 对机身的反扭矩，机身便在富余反

扭矩的作用下绕 z 轴转动，实现飞行器的偏航运动，转向与电机 1、电机 3 的转向相反。

⑤前后运动：要想实现飞行器在水平面内前后、左右的运动，必须在水平面内对飞行器施加一定的力。在图 10.16（e）中，增加电机 3 转速，使拉力增大，相应减小电机 1 转速，使拉力减小，同时保持其他两个电机转速不变，反扭矩仍然要保持平衡。按图 10.16（b）的理论，飞行器首先发生一定程度的倾斜，从而使旋翼拉力产生水平分量，因此可以实现飞行器的前飞运动。向后飞行与向前飞行正好相反。在图 10.16（b）、图 10.16（c）中，飞行器在产生俯仰、翻滚运动的同时也会产生沿 x、y 轴的水平运动。

⑥侧向运动：在图 10.16（f）中，由于结构对称，所以侧向飞行的工作原理与前后运动完全一样。

10.3.2 硬件设计

四旋翼飞行器是以意法半导体公司的 32 位微处理器 STM32F103C8T6 为核心控制单元，惯性传感器 MPU6050 与地磁传感器 HMC5883L 为检测模块，电调、无刷电机为执行机构等模块搭建的惯性导航硬件系统。四旋翼飞行器在飞行过程中通过惯性检测单元 MPU6050 的三轴加速计、三轴陀螺仪模块与 HMC5883L 检测自身各方向的加速度与角速度，并通过核心单元 STM32F103C8T6 对惯性检测单元检测回的数据进行滤波、校正，计算出飞行器的空间姿态，再结合当前姿态与遥控器给定的目标姿态偏差量，进而控制电调驱动无刷直流电动机转速的改变，以达到目标姿态。

整个系统主要分 3 个部分：主控系统模块、传感器模块、电机驱动模块。

（1）主控系统的设计

主控系统采用意法半导体公司的 STM32F103C8T6 为主控芯片。该芯片是 32 位微处理器，采用基于 ARM 公司的 32 位 Cortex-M3 微控制器内核的 MCU，工作频率可达 72MHz，含有高达 64kB 的闪存与 20kB 的 SRAM，两条高速总线 APB 搭载所有外设。其片内外设包含 3 个 12 位 ADC、4 个通用 16 位定时器与 2 个 PWM 定时器，2 个 I^2C 接口、3 个 SPI 接口、5 个串口接口等。外部引脚为 64 个，LQFP 封装等特点完全有能力承担系统的设计要求。最小系统原理图如图 10.17 所示。

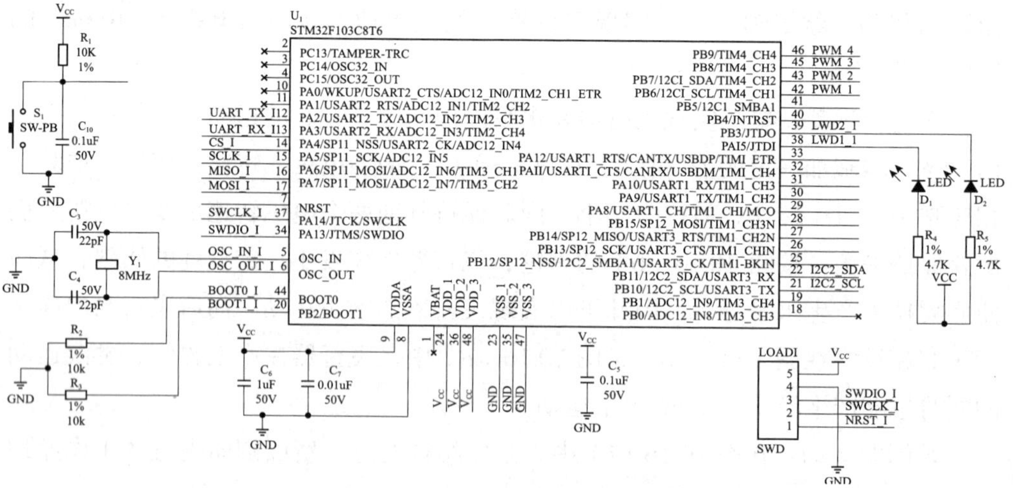

图10.17　四旋翼飞行器的三轴加速度计电路

该最小系统采用4.7V锂电池供电，而控制器为3.3V供电，所以利用稳压芯片LM1117–3.3将4.7V转换为MCU的工作电压3.3V，并且为了提高芯片供电电压的稳定性，采用了电容与磁珠组成滤波电路，增强了工作电压的抗干扰性。同时为提高芯片的稳定性与工作效率采用外接晶振的方式，并且还增加了电源指示与程序指示电路，能直观显现出电源的工作状态与程序的执行状态。除此之外，结合程序的可调试性在其外部增加了按键、串口、NRF2401等调试模块，极大地提高了程序的调试效率。电源电路如图10.18所示。

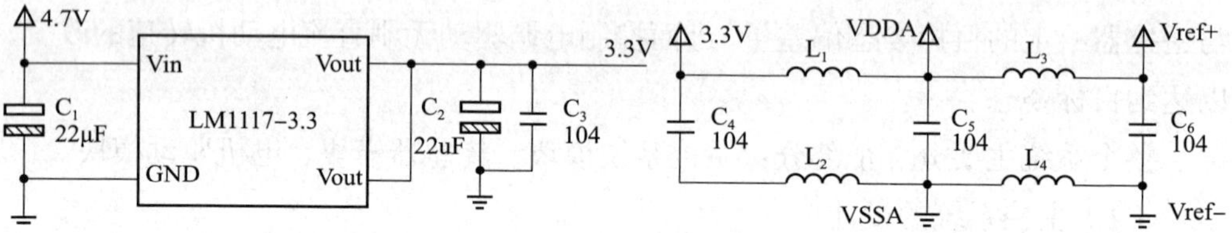

图10.18　四旋翼飞行器的电源电路

（2）传感器电路模块

1）姿态传感器。

综合查询加速度计与陀螺仪的原理及使用方法，由于本设计使用互补滤波的方法，不仅要它们之间合理的配合，还须考虑加速度计与陀螺仪之间安装位置。为了避免复杂的机械结构及综合以上特点，最终选用MPU6050三轴陀螺仪、三轴地磁传感器。

MPU6050 传感器为 24 引脚小体积的 QFN 封装，外围电路非常简单，仅需 3 个电容即可工作，通信方式为两线制的 I²C 协议，极大节省了硬件电路板的空间。在 MPU6050 内部有一个 51 内核的单片机将加速度计、陀螺仪测量值的模拟量转为数字量。当然为了满足用户的测量要求，陀螺仪与加速度计的精度都是可控的，陀螺仪测量范围为 ±250°/s、±500°/s、±1000°/s、±2000°/s，加速度计测量范围为 ±2g、±4g、±8g、±16g。在此基础上还有较高的通信频率，最高可达 400Hz，完全满足设计要求。MPU6050 模块电路如图 10.19 所示。

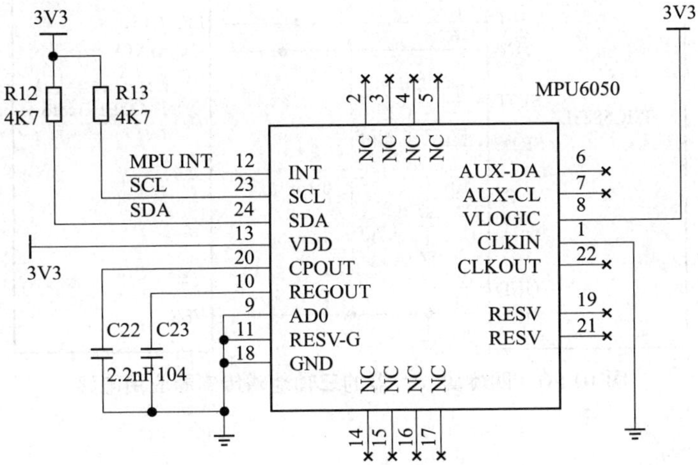

图 10.19　MPU6050 陀螺仪电路

2）地磁传感器。

由于陀螺仪加速度计模块在检测四旋翼飞行器的空间信息时存在着零点漂移，为了解决这一问题本设计引入了地磁计。地磁计用来检测机体在飞行过程中航向的偏移量，利用这一特点来校正陀螺仪加速度的零点漂移与测量误差。结合地磁传感器的特点，本设计选用了三轴地磁传感器 IC 芯片 HMC5883L。

HMC5883L 为 16 引脚的 QFN 封装，其尺寸 3. 0mm × 3.0mm × 0.9mm，分辨率为 5mGs，检测的磁场大小为 ±8Gs，通信方式同样也是两线制的 I²C 协议。其特点完全满足设计要求，设计中电路如图 10.20 所示。

（3）驱动器与电动机的选型

四旋翼飞行器的数学模型为一个典型的非线性系统且为大功率输出设备，想要控制四旋翼飞行器稳定地飞行，驱动电路的设计是十分重要的。基于节约成本与缩短开发时间等综合考虑，本设计选用了市场比较成熟的电子调速器（俗称电调）。由于航模电调调整的都是力矩而不是转速，这正是设计所需要的，因为螺旋桨产生的升力与转速的平方成正比，而角加速度与力矩成正比，电调控制电动机产生的升力与输出的油门量成正比，所以使控制方式变得简单了。电调力矩与油门的关系如图 10.21 所示。

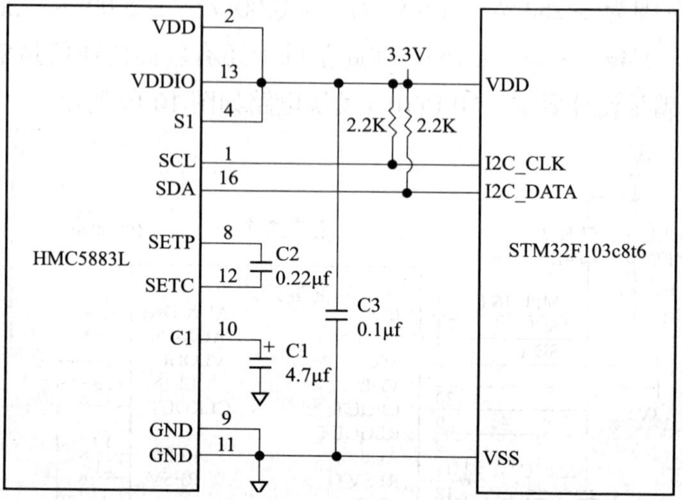

图 10.20　四旋翼飞行器的三轴地磁传感器应用电路

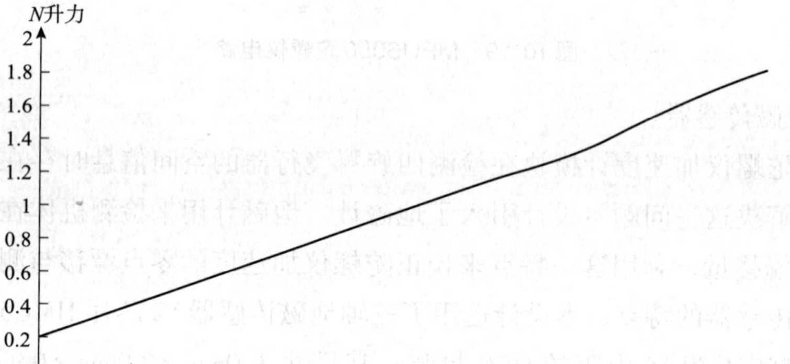

图 10.21　电调力矩与油门的关系

结合四轴尺寸搭载负载能力，最终选择了好赢 XRotor 20A 的电调，而电动机为朗宇天使 980K 的无刷电动机。两者共同构成了四旋翼飞行器的驱动系统，使其有了较强的驱动能力。图 10.22 与图 10.23 为本设计所使用的电调与电动机。

图10.22 电调

图10.23 电动机

10.3.3 程序设计

具体应用程序如下：

```
# include " include . h "
extern u8 sentDateFlag;
int main ( void )
{
    IAC_Init();                         // 系统各模块初始化
    Sensor_Init();                      // 传感器初始化
    paramLoad();
    State_Display();                    //oled 数据显示
    ALGH_set();                         // 设置电调油门行程
    EnTIM3();                           // 开定时器
while (1)
    {
        if ( sentDateFlag )             //10ms 向上位机发送一次数据
        {
            sentDateFlag =0;
            Data_Send_Senser();
            Data_Send_Status();
        }
        BATTDispaly ();                 // 电压与遥控器各通道数据显示
```

```
    }
中断程序
# include "stm32f10x_it.h"
# include " include.h"
u8  sentDateFlag =0;
void TIM3_IRQHandler ( void )          //2.5ms 中断一次
{
    static u16  msl =0;
    if (TIM3->SR &TIM_IT_Update )
    {
        TIM3->SR =~ TIM_FLAC_Update ; // 清中断标志位
        ms1++;
        GET_FOUR_PWM();            // 获取遥控数据
        Prepare_Data();            // 传感器数据获取与处理
        Get_Alnitude();            // 机体姿态解算
        CONTROL( angle.pitch , angle.roll,0); // 电动机的控制
        if ( ms1 ==8)
        {
            msl =0;
            Deblocking();          // 飞控板的上锁与解锁
            if( ARMED )   LED_Sailing (5);
            sentDateFlag =1;
        }
    }
}

#include "include.h"
Struet_ctrl  ctrl;
u8  ARMED =0;
vs16   Moto_duty [4];
```

```
void CONTROL(float rol,float pit,float yaw)
{
    slatic float rol_old , pitch_old;
    if( ctrl.ctrlRate >=2)                          // 内环进行2次控制，外环进行1次控制
    //****************** 外环 PID ************************//
    // 俯仰计算
    pit = pit - ( Rc_Data. P T C H - Rc _ Dala.pitch_offset )/15;
    ctrl.pitch.shell.increment += pit;     // 俯仰误差计算
    // 积分限幅
    if ( ctrl.pitch.shell.increment > ctrl.pitch.shell.increment_max )
        ctrl.pitch.shell.increment = ctrl.pitch.shell.increment_max;
    else if ( ctrl.pitch.shell.increment < -ctrl.pitch.shell.increment_max )
        ctrl.pitch.shell.increment = -ctrl.pilch.shell.increment_max ;
    ctrl.pitch.shell.pid_out = ctrl.pitch.shell.kp*pit + ctrl.pitch.shell.ki * ctrl.
pitch.shell.
        increment + ctrl.pitch.shell.kd *( pit - piteh_old );
    pitch_old = pil;                                   // 存储俯仰偏差
    // 横滚偏差计算
    rol = rol -( Rc_Data.ROLL - Rc_Data.roll_ofsel )/15;
    ctrl.roll.shell.inerement += rol ;      // 误差积分
    if ( ctrl.roll.shell.increment > ctrl.roll.shell.increment_max )
        ctrl.roll.shell.inerement = ctrl.roll.shell.inerement_max ;
    else if ( ctrl.roll.shell.inerement < -ctrl.roll.shell.inerement_max )
        ctrl.roll.shell.inerement = - ctrl.roll.shell.inerement_max ;
    ctrl.roll.shell.pid_out = ctrl.roll.shell.kp * rol + ctrl.roll.shell.ki *Ctrl.roll.shell.
        inerement + ctrl.roll.shell.kd* ( roll - roll_old );
    roll_old = rol ;                        // 存储横滚偏差
    // 航向偏差计算
    ctrl.yaw.shell.pid_out = ctrl.yaw,shell.kp(Re_Data.YAW - Rc_Data.yaw_offset)/5+
        ctrl.yaw.shell.kd * sensor.gyro.origin.z ;
```

```
ctrl.ctrlRate =0;
}
        ctrl.ctrlRate ++;
//****************** 内环 PD *************//
ctrl.roll.core.kp_out = ctrl.rol.core.kp *( ctrl.roll.shell.pid_out + sensor. gyro.
    radian.y*RtA);          //机体顺时针为正方向，陀螺仪逆时针为正
ctrl.roll.core.kd_out = ctrl.rol.core.kd *(sensor.gyro.origin.y – sensor.gyro.histor.y);
ctrl.pitch.core.kp_out = ctrl.pitch.core.kp*(ctrl.pitch.shell.pid_out + sensor.gyro.
    radian.x*RtA );
ctrl.pitch.core.kd_out=ctrl.pitch.core.kd*(sensor.gyro.origin.x–sensor.gyro.histor.x);
ctrl.yawcore.kp_out = ctrl.yaw.core.kp*(ctrl.yaw.shell.pid_out+sensor.gyro.radian.
    z*RtA);
ctrl.yaw.core.kd_out = ctrl.yaw.core.kd*(sensor.gyro.origin.z–sensor.gyro.histor.z);
ctrl.roll.core.pid_out = ctrl.roll.core.kp_out + ctrl.roll.core.kd_out;
ctrl.pitch.core.pid_out = ctrl.pitch.core.kp_out + ctrl.pitch.core.kd_out;
ctrl.yaw.core.pid_out = ctrl.yaw.core.kp_out + ctrl.yaw.core.kd_out;
sensor.gyro.histor.x = sensor.gyro.origin.x ;  //存储陀螺仪的历史值
sensor.gyro.histor.y = sensor.gyro.origin.y ;
sensor.gyro.histor.z = sensor.gyro.origin.z ;
if ( Rc_Data.THRO T TLE >1100)
{
    int   date_THRO T TLE = Rc_Data.THROTTLE ;
    Moto_duty [0]= date_THkO T TLE –1000– ctrl.roll.core.pid–
out–ctrl.pitch.core.
        pid_out - ctrl.yaw.core.pid_out ;
    Moto_duty [1]= date_THRO T TLE –1000– ctrl.roll.core.pid_
out+ ctrl.pitch.core.
        pid_out + ctrl.yaw.core.pid_out ;
    Moto_duty [2]= date_THRO T TLE –1000+ctrl.rol.core.pid_out
+ ctrl.pitch.core.
```

```
            pid_out - ctrl.yaw.core.pid_out ;
        Moto_duty [3]= date_THRO T TLE -1000+ ctrl.roll.core.pid_out
    - cttl.pitch.core.
            pid_out + ctrl.yaw.core.pid_out ;
        if ( Moto_duty[0]<=0)  Moto_duty[0]=0;
        if ( Moto_duty[1]<=0)Moto_duty[1]=0;
        if ( Moto_duty[2]<=0)Moto_duty[2]=0;
        if ( Moto_duty[3]<=0)Moto_duty[3]=0;
    }
    else
    {
        Moto_duty[0]= Moto_duty[1]= Moto_duty [2]= Moto_duty [3]=0;
        ctrl.pitch.shel.inerement =0;
        ctrl.roll.shell.inurement =0;
    }
    if ( ARMED )
        Moto_PwmRflash (Moto_duty[0],Moto_duty[1],Moto_du-
    ty[2],Moto_duty[3]); else
        Moto _ PwmRflash (0,0,0,0);
}
```

思考题

1. 实例 1 的测频方案是早期的频率测量方案，随着技术的发展，测试技术在进步，试使用先进的方案进行频率测量。提出你的设计方案。

2. 试画出电子血压计的主程序框图，并用 C 语言来实现软件设计。

3. 指出四旋翼飞行器的最小系统构成。

4. 地磁传感器的作用是什么？

5. 要提高四旋翼飞行器的性能，还可以做哪些方面的改进？

参考文献

［1］杨轶璐，刘强．STC 单片机基础及应用．[M]．北京：中国石化出版社，2016．

［2］赵新民，王祁．智能仪器设计基础［M］．哈尔滨：哈尔滨工业大学出版社，1999．

［3］王选民，智能仪器原理及设计［M］．北京：清华大学出版社，2008．

［4］周航慈，朱兆优，李跃忠．智能仪器原理与设计［M］．北京：北京航空航天大学出版社，2005．

［5］程德福，林君．智能仪器［M］．北京：机械工业出版社，2005．

［6］王祁．智能仪器设计基础［M］．北京：机械工业出版社，2016．

［7］曾翔军．智能仪器设计基础［M］．北京：中国电力出版社，2020．

［8］杨成慧．智能仪表技术［M］．北京：北京大学出版社，2017．

［9］孙宏军，张涛，王超．智能仪器仪表［M］．北京：清华大学出版社，2007．

［10］金锋．智能仪器设计基础［M］．北京：清华大学出版社，2005．

［11］周润景，谢亚楠．常用控制电路设计及应用［M］．北京：电子工业出版社，2017．

［12］曹江涛，孙传友．测控系统原理与设计［M］．北京：北京航空航天大学出版社，2014．